基礎からわかる

TCP/IP
第3版
ネットワークコンピューティング入門

村山公保 [著]

本書に掲載されている会社名・製品名は、一般に各社の登録商標または商標です。

本書を発行するにあたって、内容に誤りのないようできる限りの注意を払いましたが、本書の内容を適用した結果生じたこと、また、適用できなかった結果について、著者、出版社とも一切の責任を負いませんのでご了承ください。

　本書は、「著作権法」によって、著作権等の権利が保護されている著作物です。本書の複製権・翻訳権・上映権・譲渡権・公衆送信権（送信可能化権を含む）は著作権者が保有しています。本書の全部または一部につき、無断で転載、複写複製、電子的装置への入力等をされると、著作権等の権利侵害となる場合があります。また、代行業者等の第三者によるスキャンやデジタル化は、たとえ個人や家庭内での利用であっても著作権法上認められておりませんので、ご注意ください。
　本書の無断複写は、著作権法上の制限事項を除き、禁じられています。本書の複写複製を希望される場合は、そのつど事前に下記へ連絡して許諾を得てください。

出版者著作権管理機構
（電話 03-5244-5088, FAX 03-5244-5089, e-mail : info@jcopy.or.jp）

JCOPY ＜出版者著作権管理機構 委託出版物＞

まえがき

　私の研究室には「TCP/IPについて勉強したい」という学生がよくやって来ます。その学生にコンピュータに関する基礎知識がどれぐらいあるかを尋ねると、「えっ、ネットワークの勉強をするのに、コンピュータのことを知らなくてはいけないんですか？」という返事が返ってくることがあります。

　これは大きな誤解です。コンピュータのことを知らなくても、グラフ理論のようなネットワーク理論については勉強できるかもしれませんが、TCP/IPの勉強となると話は別です。

　TCP/IPはコンピュータネットワークを実現するためのしくみです。たくさんのコンピュータが相互に接続されてTCP/IPネットワークが作られています。コンピュータのしくみを理解していない人が、たくさんのコンピュータが集まって作られているコンピュータネットワークのしくみを理解できるはずがありません。

　本書はこのような視点からTCP/IPについて解説しています。ネットワークやTCP/IPのしくみについて、コンピュータを中心に視覚的に理解できるような構成にしました。特に第3章では、TCP/IPを学ぶ上で知っておかなければならないコンピュータの基礎知識について解説しています。第4章以降では、ネットワークの基礎知識を説明した後で、実際の製品に組み込まれているTCP/IPプロトコルスタックの機能を、わかりやすいように単純化し、標準的な機能に絞って解説しています。これらの解説を読めば、コンピュータがTCP/IPによる通信でどのような役割を果たしているか理解することができるでしょう。

　本書は、2007年発行の『基礎からわかるTCP/IPネットワークコンピューティング入門 第2版』の改訂版です。2007年は、インターネットといえばパソコンで利用する時代でした。それがスマートフォン中心の時代に変わりました。

　TCP/IPを取り巻く社会環境の変化は本当に激しいものです。もともと「TCP/IP」は「コンピュータ」と「コンピュータ」を接続するために作られたしくみでした。しかし最近では、「TCP/IP」を使いたいから「コンピュータ」を使う、というように主従が逆転したように思えることがあります。TCP/IPありきで通信システムが作られていて、TCP/IPを使いたいからコンピュータが利用されるのです。

　「オールIP化」という言葉が生まれ、電話、テレビ放送など、ありとあらゆる通信がTCP/IPで行われる時代になりました。これが実現できたのは、コンピュータがとても身近な存在になったからです。かつては、電話やテレビはコンピュータではありませんでした。でも、今では電話もテレビもコンピュータです。コンピュータになったことで、さまざまな機能を持つようになりました。スマートフォンは私たちにとって最も身近なコンピュータといえますが、数年前のパソコンの能力以上といえるほど高性能になっています。しかも、いつでもどこでもネットワークにつないで通信することができ

ます。それぐらい、コンピュータもネットワークも身近なものになりました。

　社会環境が変化しても、物事の基本となる考え方はそんなに大きく変わるものではありません。実際、改訂しても本書の基本的な考え方は改訂前と同じです。ぜひとも隅から隅まで熟読してほしいと思います。この本で、TCP/IP の根底に流れている思想を理解し、明日からの業務や勉学、研究に生かしてください。

　本書を読まれ、精進された方の中から「インターネット技術や高度情報化社会の発展に寄与する技術者」が生まれることを心の底から願っています。

　2015年2月

村 山 公 保

目次

まえがき   iii

第 1 章   TCP/IP 入門   1

1.1   ネットが当たり前の時代に 1

    1.1.1   身近なネット 1

    1.1.2   知らない人とつながるインターネット 2

    1.1.3   なんでもできるインターネット 3

    1.1.4   インターネットのしくみを考えた人たち 3

    1.1.5   基盤のしくみを知って、幅を広げよう 4

1.2   ネットってなんだろう 5

    1.2.1   ネットワークはコンピュータの可能性を広げる 5

    1.2.2   ネットワークがもたらす危険 6

    1.2.3   ネットワークを使うと共有できる 7

1.3   TCP/IP とは 8

    1.3.1   プロトコルスタックとしての TCP/IP 8

    1.3.2   ネットワークをつなぐのが TCP/IP 9

    1.3.3   イントラネット、エクストラネット 12

    1.3.4   いろいろなネットワークで使われる TCP/IP 13

1.4   ネットとアプリを支える TCP/IP 16

    1.4.1   TCP/IP アプリケーションの過去、現在、未来 16

    1.4.2   インターネットブームと TCP/IP 17

    1.4.3   オープンな TCP/IP 18

    1.4.4   異なる会社の製品でも通信できる 19

    1.4.5   地域を越えたコミュニティを形成する 19

    1.4.6   なんでもかんでも TCP/IP 20

1.5   TCP/IP はソフトウェア 21

    1.5.1   ネットワークの種類と用途を選ばない TCP/IP 21

    1.5.2   TCP/IP はソフトウェア 22

    1.5.3   ハードウェアとソフトウェアの関係 23

1.6   TCP/IP はパケット交換方式 27

    1.6.1   パケットとは 27

目次

1.6.2	TCP/IPはパケット交換方式を採用	28
1.6.3	パケット交換で1つの回線を共有する	28
1.6.4	障害に強いパケット交換方式	29
1.7	第1章のまとめ	31

第2章　TCP/IPの理解を助けるアプリとコマンド　33

2.1	パソコンを使ってTCP/IPを体験しよう	33
2.1.1	ネットワークはブラックボックス	33
2.1.2	裏側で何が行われているかを知るには	35
2.2	通信パケットの表示	36
2.2.1	パケットキャプチャとは	36
2.2.2	Wiresharkのダウンロードとインストール	37
2.2.3	Wiresharkの使い方	38
2.3	アドレスの表示	41
2.3.1	いろいろなアドレス	41
2.3.2	MACアドレスとIPアドレスの表示	42
2.3.3	ホスト名からIPアドレスを調べる（nslookupコマンド）	43
2.4	通信確認	44
2.4.1	トラブルシューティングの第一歩がping	44
2.4.2	pingコマンドの使い方	45
2.5	通信ルートの表示	46
2.5.1	tracerouteコマンド	46
2.6	通信状況の表示	47
2.6.1	ARPテーブルの表示	47
2.6.2	通信コネクション情報の管理	48
2.7	Webの通信を体験	49
2.7.1	Webの通信を体験できるコマンド	49
2.7.2	telnetコマンドによるWeb通信の体験	50
2.8	第2章のまとめ	52

第3章　ネットワーク技術を支えるコンピュータの基礎　53

3.1	コンピュータの基礎	53
3.1.1	コンピュータを理解しよう	53
3.1.2	コンピュータの種類	54
3.1.3	ハードウェアとソフトウェア	56

3.1.4	OS とアプリ	57
3.1.5	TCP/IP でのハードウェアとソフトウェア	59

3.2 ハードウェアの基本要素 60

3.2.1	コンピュータの中はネットワーク	60
3.2.2	バスの基礎	61
3.2.3	バスにおけるアドレスとデータの扱われ方	64
3.2.4	パラレル通信とシリアル通信	65
3.2.5	全二重通信と半二重通信	66
3.2.6	同期信号とクロック	67

3.3 バッファ、キュー、スタック、キャッシュ 69

3.3.1	バッファ	69
3.3.2	キューとスタック	71
3.3.3	いろいろなキュー（待ち行列）	72
3.3.4	キューの実現方法——リストとリングバッファ	74
3.3.5	キャッシュ	76

3.4 コンピュータのデータ表現 78

3.4.1	2 進数とデータ表現	78
3.4.2	ビット、バイト、オクテット	79
3.4.3	2 進数の基礎	81
3.4.4	2 進数の演算	83
3.4.5	ビッグエンディアンとリトルエンディアン	85
3.4.6	人が扱う情報をデジタル情報に	89

3.5 ソフトウェアの基本要素 91

3.5.1	5 種類のソフトウェア	91
3.5.2	ハードウェアの抽象化	92
3.5.3	ライブラリルーチンと API	95

3.6 プログラムの動作原理 96

3.6.1	ブートとロードと実行	96
3.6.2	プログラムは主記憶装置にロードされる	98
3.6.3	プロセスとタスク	99
3.6.4	アドレス空間と仮想記憶	100
3.6.5	プロセスと CPU とスレッド	102
3.6.6	プロセスとスレッドの違い	103

3.7 OS の役割 104

3.7.1	ハードウェアの制御と管理	105

viii　目次

3.7.2　動作モードとシステムコール 105

3.7.3　割り込みとビジーウェイト 107

3.7.4　OSによるプロセス管理 109

3.7.5　ソフトウェア割り込みと遅延実行 111

3.8　コンピュータの仮想化 114

3.8.1　仮想化とは 114

3.8.2　仮想化の種類 114

3.8.3　仮想化の利点 115

3.9　第3章のまとめ 116

第4章　ネットワークの基礎知識とTCP/IP　　　　　　　　　　　117

4.1　ネットワークの基礎知識 117

4.1.1　ノードとリンクとトポロジ 117

4.1.2　データリンク技術とインターネットワーキング技術 119

4.1.3　インターネットワーキング技術とインターネット 120

4.1.4　クライアント/サーバモデルと、ピアツーピアモデル 123

4.1.5　パケット交換と回線交換 127

4.1.6　ユニキャスト、マルチキャスト、ブロードキャスト、エニーキャスト 130

4.1.7　データ転送方式 132

4.1.8　ネットワークの構造 134

4.2　TCP/IP技術の構成 135

4.2.1　TCP/IPの4つの技術 135

4.2.2　TCP/IPの階層化原理 140

4.2.3　階層を結ぶインターフェイス 141

4.2.4　OSI参照モデル 142

4.2.5　階層モデルと実際の通信 146

4.3　ネットワークの性能 149

4.3.1　ネットワークの速さ 149

4.3.2　伝送速度と帯域 149

4.3.3　ネットワークのスループット 151

4.3.4　遅延時間 152

4.4　ふくそうとパケットの喪失 154

4.4.1　ネットワークの混み具合（ふくそう） 154

4.4.2　ふくそうが発生する場所 155

4.4.3　ふくそう時のルータの処理 156

| 4.5 | 物理的な通信とデータリンク | 157 |

4.5　物理的な通信とデータリンク 157

　4.5.1　Ethernetによるデータの配送 157

　4.5.2　リピータハブとスイッチングハブ 161

　4.5.3　スイッチングハブの学習 162

　4.5.4　データリンクの限界 166

　4.5.5　ルータによるネットワークの接続 167

　4.5.6　ルータが備えるさまざまな機能の概要 169

4.6　第4章のまとめ 171

第5章　IPはインターネットプロトコル　　　　　　　　　　173

5.1　IPの目的 173

　5.1.1　IPの役割 173

　5.1.2　IPには制限事項がある 175

　5.1.3　IPの基本――IPアドレスとルーティングテーブル 176

5.2　IPアドレスとネットワーク 177

　5.2.1　IPアドレスの基礎 177

　5.2.2　IPアドレスはインターフェイスに付けられる 179

　5.2.3　ネットワークアドレスとサブネットマスク 181

5.3　IPとルーティングテーブル 184

　5.3.1　IPによるパケットの配送 184

　5.3.2　ルータとルーティング 187

　5.3.3　ルーティングテーブルとパケットの配送 188

　5.3.4　デフォルトルート 190

　5.3.5　直接配送と間接配送 191

　5.3.6　IPパケットの配送例 192

5.4　IPのエラー処理 196

　5.4.1　ICMP 196

　5.4.2　パケットのループ 196

5.5　IPとデータリンク 197

　5.5.1　IPとデータリンクの関係 197

　5.5.2　ARP 199

　5.5.3　分割処理（IPフラグメンテーション） 200

　5.5.4　経路MTU探索 202

5.6　ルーティングプロトコル（経路制御） 203

　5.6.1　動的経路制御と静的経路制御 203

x　目次

5.6.2	メトリックによる経路制御	206
5.6.3	自律システムとルーティングプロトコルの種類	207
5.6.4	RIP（Routing Information Protocol）	207
5.6.5	OSPF（Open Shortest Path First）	209
5.6.6	BGP（Border Gateway Protocol）	212

5.7　コンピュータ内部のIPの処理 214

5.7.1　ホストの処理 214

5.7.2　ルータの処理 215

5.7.3　ルーティングテーブルとARPの内部構造 216

5.8　第5章のまとめ 219

第6章　TCPとUDP　　221

6.1　TCPとUDP 221

6.1.1　IPとTCP/UDP 221

6.1.2　クライアント/サーバモデルとポーリング/セレクティング方式 222

6.1.3　TCPとUDPとポート番号 223

6.1.4　ソケットインターフェイス 224

6.1.5　TCPとUDPの特徴の違い 227

6.2　IPそのままのUDP 228

6.2.1　UDPの役割 228

6.2.2　UDPによるデータの信頼性 229

6.3　非常に複雑なTCP 231

6.3.1　TCPの役割 231

6.3.2　セグメント単位でデータを送信 232

6.3.3　再送制御による信頼性の提供 233

6.3.4　TCPの内部変数（TCB）と入出力バッファ 236

6.3.5　コネクションの管理 237

6.3.6　フロー制御（ウィンドウフロー制御） 239

6.3.7　ふくそう制御 241

6.3.8　TCPにおけるデータの信頼性 243

6.4　コンピュータ内部のUDPとTCPの処理 244

6.4.1　UDPの内部処理 244

6.4.2　TCPの内部処理 245

6.5　第6章のまとめ 247

第7章　TCP/IPアプリケーション　249

7.1　ネットワークとアプリケーション 249

7.1.1　アプリケーションプログラムの役割 249

7.1.2　アプリケーションプログラムの構造 250

7.1.3　ストリーム型とデータグラム型 251

7.2　Webのしくみ 254

7.2.1　Webの概要 254

7.2.2　Webシステムの内部処理 256

7.2.3　HTTPによるWeb通信 257

7.3　電子メールのしくみ 260

7.3.1　電子メールのしくみの概要 260

7.3.2　電子メールにおけるMIME 262

7.3.3　SMTP 262

7.3.4　POP 265

7.4　マルチメディア通信 267

7.4.1　マルチメディア通信のしくみの概要 267

7.4.2　相手を呼び出すシグナリング 268

7.4.3　映像・音声データの転送 270

7.5　第7章のまとめ 272

第8章　IPを助けるプロトコルと技術　273

8.1　DNS 273

8.1.1　DNSの役割 273

8.1.2　ドメイン名の構造と管理 274

8.2　DHCP 277

8.2.1　DHCPとは 277

8.2.2　DHCPのしくみ 277

8.3　NAT（Network Address Translator） 278

8.3.1　NATとは 278

8.3.2　NATのしくみ 279

8.3.3　アドレス変換 280

8.4　セキュリティ 281

8.4.1　セキュリティ対策 281

8.4.2　ファイアウォールとIDS、IPS 282

8.4.3　プロキシサーバ（代理サーバ） 284

8.5 暗号化 286
8.5.1 暗号化とは 286
8.5.2 共通鍵暗号方式と公開鍵暗号方式 287
8.5.3 暗号化を使った通信 289
8.6 IPv6 291
8.6.1 IPv6とは 291
8.6.2 IPv6アドレス 291
8.6.3 IPv6アドレスのネットワーク部とホスト部 292
8.6.4 IPv6による通信 294
8.7 第8章のまとめ 296

付録   297
付A ヘッダフォーマット 297
付A.1 Ethernet（Ethernet II） 297
付A.2 ARP（Address Resolution Protocol） 298
付A.3 IP（Internet Protocol Version 4） 300
付A.4 ICMP（Internet Control Message Protocol） 304
付A.5 IPv6（Internet Protocol Version 6） 306
付A.6 TCP（Transmission Control Protocol） 309
付A.7 UDP（User Datagram Protocol） 313
付B IPアドレスに関する情報 314
付B.1 プライベートIPアドレス 314
付B.2 ネットマスク一覧表 314
付B.3 ネットマスクとネットワークアドレス 315
付B.4 10進数、16進数、2進数の対応表 316
付C 代表的なポート番号 318
付C.1 代表的なTCPのポート番号 318
付C.2 代表的なUDPのポート番号 320

索引   321

第01章

TCP/IP 入門

この本のタイトルになっている TCP/IP とは、いったいなんでしょうか。
この章では、TCP/IP の特徴と役割、性質について、簡単に説明します。

1.1 ネットが当たり前の時代に

1.1.1 身近なネット

皆さんは**ネット**を使ったことがあるでしょうか。使ったことがない人のほうがおそらく少ないでしょう。スマートフォン（スマホ）を持っていたら、いつでもどこでもネットを利用できる時代になりました。

ここでいうネットとは、**インターネット**（Internet）のことです。インターネットは、スマホ、携帯電話、パソコン、ゲーム機、テレビなどを使って利用することができる**コンピュータネットワーク**（computer network）です。でも、なんだか不思議な気がしませんか？ どこのメーカーのパソコンを買っても、どこの通信事業者のスマホを買っても、同じようにインターネットが利用できます。これは当たり前のことなのでしょうか？

そもそもインターネットとは何なのでしょうか？ メーカーや通信事業者が違っていても相互に通信できるのはなぜでしょうか？ そして、そのしくみは、どのようにしてできているのでしょうか。本書は、いつも使っていて身近なのに、実はよく知らない、インターネットのしくみを解き明かしていく本です。

1

1.1.2 知らない人とつながるインターネット

皆さんは **LAN** という言葉を聞いたことがあるでしょうか？ LAN を含む言葉として、無線 LAN や有線 LAN、LAN ケーブルなどがあります。LAN は、Local Area Network の略で、建物内や敷地内のように特定の範囲で構築された**ネットワーク**という意味です。学校や会社、家庭の中のネットワークは LAN になります。

市や県をまたぐような広い地域で構築されたネットワークを **WAN** といいます。WAN は Wide Area Network の略です。LAN や WAN は特定の組織が管理しているネットワークという意味合いが強いネットワークです。複数の組織が接続されていたとしても、知り合い同士が接続されている感じです。

これに対して、ネット（インターネット）は、異なる組織が接続されたネットワーク、知らない組織同士、知らない人同士が接続されたネットワークです。日本国内だけではなく、全世界が接続された公共的なネットワークという意味合いが強くなっています。

では、皆さんのパソコンやスマホは、どのようにしてネットに接続されているのでしょうか？ それは図1.1のようなイメージになるでしょう。

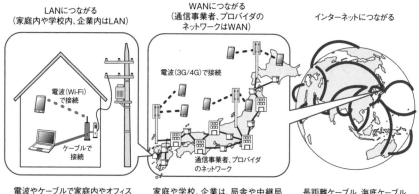

▶ 図1.1 LAN と WAN とインターネット

パソコンやゲーム機の場合には、電波を使った **Wi-Fi**（Wireless Fidelity）や、LAN ケーブルと呼ばれるケーブルで、LAN につながっていることでしょう。LAN ケーブルで使われている規格は **Ethernet**（イーサネット）といいます。Ethernet は古くからネットワークの通信で使われている規格で、歴史がありながらも、発展性も備えている、とても優れた通信規格です。

スマホの場合は、Wi-Fi で LAN につながることもできますが、**モバイル通信**の 3G や 4G（「G」は generation（世代）の略）のような方法で WAN につながることもでき

ます。

　スマホでネットにつないでいる場合には、Wi-Fiで接続すれば通信料がかからず、3Gや4Gで接続すると通信量に応じて料金が変わることがあります。なぜなのでしょうか？ 本書を読み進めて、いろいろな知識が身についてきたら、その理由もわかってくるかもしれません。

1.1.3　なんでもできるインターネット

　皆さんはネットを使って何をしているでしょうか？ チャットをしたり、メールをしたり、音声会話やビデオ会話をしたり、ゲームをしたり、調べものをしたり、動画を見たり、音楽を聞いたり、ブログやSNSなどを読んだり書いたりと、いろいろなことをしているでしょう。

　しかし、ネットの使い道はそれだけではありません。ネットは皆さんが知らないところでも、たくさん使われているのです。インターネットは南極の昭和基地や人工衛星にもつながっています。各地の気象センサー、地震計などにもつながっています。金融、交通、工場、医療、教育など、さまざまな情報の伝達や機器の制御などに使われています。でも、はじめからそうなっていたわけではありません。歴史が作り上げてきたのです。

1.1.4　インターネットのしくみを考えた人たち

　インターネットは人間が作ったものです。自然に生まれたものではありません。しかし、インターネットを作った人たちは、今皆さんがネットでしていることすべてを予見してインターネットを作ったわけではありません。

　現在のインターネットは、道路や上下水道、電気やガスのように、私たちの生活を支える**インフラ**（infrastructure）になっています。まちづくりで道路や電気を整備するときは、「街が将来こうなったらいいな」と考えます。でも街の実際の発展は、その街で生活する人々、街で働く人々によって作り上げられていきます。

　同じように、インターネットのしくみを作った人たちも、「将来こうなったらいいな」と思ってインターネットの土台となるしくみを作りました。そして、その後のインターネットの発展も、まちづくりと同様に、インターネットで活動する人々の影響を強く受けています。研究やビジネス、趣味、活動の場としてインターネットを活用する個人や団体の日々の活動によって発展してきたのです。

　とはいえ、土台となる部分のしくみが悪かったら、今のような形のインターネットは存在しなかったことでしょう。このような形でインターネットが育ったのは、基盤となっているしくみが高い自由度を持ち、時代の先を見据えた優れた設計になっていたからだといえます。

1.1.5 基盤のしくみを知って、幅を広げよう

　インターネットの使われ方は時代とともに変化しています。でも、それほど大きく変化していないものがあります。ネットを動かしている基盤技術である**TCP/IP**です。

　インターネットはTCP/IPというしくみで動いています。このしくみを理解することで、

- ネットにつながらないときに対処できる（トラブルシューティング）
- 家庭や職場のネットを構築するときに、どのような機材を買ったらよいか理解できる
- ネットに接続する機材の設定項目の意味がわかる
- ネットを使ったアプリを作るときに、どの規格や技術を使えば良いかがわかる

など、さまざまな利点が得られます。世の中には、時代の流れとともに変わっていくことがあります。学んだことが役に立たなくなることがあります。ところがTCP/IPは違います。そう簡単になくなりそうにありません。TCP/IPについて学んだことは、インターネットを使い続ける限り役立ちます。もしかしたら、一生役立つ知識になるかもしれません。しっかりと学んでいきましょう。

■ いつでもどこでも、ユビキタスの世界

　コンピュータの進歩とネットワークの発展によって、いつでもどこでもコンピュータやネットワークを利用できる環境が整いつつあります。このようなネットワークコンピューティング環境を**ユビキタス**（ubiquitous）といいます。

　以前は、外出先でインターネットを利用するには、ノートパソコンを持ち歩く必要がありました。しかも、アナログ電話回線を使ってダイアルアップ接続しなければならず、とても面倒なことでした。

　現在では、多くのホテルが、追加料金なしでインターネットに接続できる環境を提供しています。空港、駅、カフェ、ファーストフード店では、Wi-Fiによるインターネット接続サービスを提供する**ホットスポット**が増えています。

　携帯電話の時代を経て、スマートフォンの時代になり、いつでもどこでもインターネットが利用できる時代がきました。

　さらに時代が進めば、いたるところにネットワークに接続できる機器が存在し、スマートフォンすら持ち歩かなくてもなんでもできる時代がくるかもしれません。

1.2 ネットってなんだろう

1.2.1 ネットワークはコンピュータの可能性を広げる

1台のコンピュータを単独で使用する状態を**スタンドアロン**（stand alone）といいます。最近では、完全なスタンドアロンとしてコンピュータを利用することはとても少なくなってきました。もちろんスタンドアロンで使っても、コンピュータはとても便利な道具です。「コンピュータはなんでもできる」といわれるように、コンピュータは応用範囲が広く、ソフトウェア次第でどんな用途にも使えます。

しかし、スタンドアロンというのは、閉じた世界の中だけでコンピュータを使っていることを意味します。つまり、鎖国時代の日本のように、**外の世界との交流がほとんどない環境**ということです。

キーボードやマウスなどの入力装置を使って自分で入力・加工したデータを利用するだけならスタンドアロンでもよいでしょう。しかし、ほかのコンピュータとデータのやり取りをするには、USB メモリ、CD、DVD、BD（Blu-ray Disc）などにデータをいったん保存して、それを「手渡し」や「郵送」する必要があります。場合によっては、情報をプリントアウトして、それを見ながら入力し直さなければならないこともあります。鎖国時代の日本にたとえるならば、長崎の出島でのみオランダと交易できていたような状態です。

コンピュータをネットワークに接続すると、このような不便が改善されるだけではなく、コンピュータの可能性が何倍にも広がります。開国して文明開化した日本のように、外の世界との交流ができ、一気に世界が広がります。ネットワークで接続されているほかのコンピュータと直接データをやり取りできるようになり、いちいち「手渡し」や「郵送」する必要がなくなります。距離が離れていても、短い時間でデータをやり取りできるので、時間の節約にもなります。

業務の場合には、支店のコンピュータと本社のコンピュータをネットワークで接続すれば、入力した情報を即座にやり取りできます。取引先とネットワークで接続すれば、簡単に情報交換ができます。コンピュータには情報を加工する機能もあるので、ネットワークで転送したデータを処理してわかりやすく表示させることもできます。さらに、コンピュータは自動的にデータを送受信したり、受信したデータを自動的に処理したりできるので、業務処理を大幅に自動化できます。

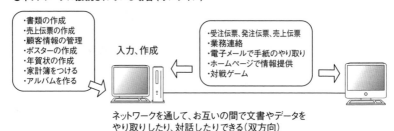

▶ 図 1.2　スタンドアロンとネットワーク利用

1.2.2　ネットワークがもたらす危険

　ただし、コンピュータをネットワークに接続すると、便利になることばかりではありません。便利になる反面、危険になることもあります。

　鎖国の話でたとえるならば、外の世界との交流がなくなると、食料の生産・捕獲や資源の採掘、技術開発などをすべて自分たちの国でやらなければならず、世界から取り残される可能性があります。しかし、開国すると、有害な情報の流入、法律で禁止している物品の密輸、病原菌や有害生物の侵入など、さまざまな問題が起きる可能性があります。

　これは、コンピュータをネットワークに接続するときにも起きる問題です。クラッカーによるコンピュータへの不正侵入や、コンピュータウイルスによるコンピュータシステムの破壊、機密情報の流出、大量のダイレクトメール（スパムメールと呼ばれます）など、さまざまな問題が起きる可能性があります。また、ネットワークを使った会話では、相手の顔が見えないため、過激な発言をしやすいといわれています。文字だけによる会話では、イントネーション（抑揚）がないため、誤解を与えやすく、いざこざも起きています。さらに、ネットには匿名性があると誤解して、深く考えずに法律に触れることをして警察に逮捕される人まで出ています。

　不正侵入やコンピュータウイルスから自分たちのコンピュータを守るためには、**セ**

キュリティ対策が必要になりますし、嘘の情報や誤った情報に惑わされないように、自分で情報の正否を判断できる能力が必要になります。また、ネットワークでいざこざを起こさないように、普段の生活以上にネットワーク上での言論には気をつける必要があるでしょう。さらに、ネットも現実世界と認識して、法に触れることをしないように注意しなければなりません。コンピュータをネットワークに接続することには、便利な反面、危険な面があることも理解しなければなりません。

■ ハッカーとクラッカー、ホワイトハットとブラックハット

　ネットワークで不正な行為をするネットワーク犯罪者のことを**クラッカー**（cracker）と呼びます。

　マスコミなどでは、ネットワーク犯罪者のことを**ハッカー**（hacker）と呼ぶことがありますが、これは本来の用法ではありません。ハッカーとはコンピュータのことを非常に詳しく知っている人のことを意味し、ネットワークよりもコンピュータと深い関係があります。

　皆さんのまわりには、本やマニュアルに載っていないようなことをたくさん知っている人はいないでしょうか。そういう人たちも一種のハッカーです。ハッカーにも悪人はいるかもしれませんが、むしろコンピュータ社会の発展に寄与している人や、貢献したいと考えている人のほうが多いことでしょう。

　マニュアルに載っていない情報を自力で調べる作業を**ハック**（hack）といいます。これは、自己の能力を高めるための知的な行為であり、悪いこととは限りません。悪意を持って他人のパスワードを調べたり、コンピュータシステムへの侵入の手口を調べる作業を**クラック**（crack）といいます。これは決してしてはいけません。犯罪です。

　クラッカーからネットワークを守るにはハッカーの技術が必要です。しかしながら、ハッカーという言葉を報道や日常会話、ネットで使うと、誤解されるおそれがあります。そこで、ネットワークセキュリティを守るハッカーを**ホワイトハット**（White-hat）ハッカー、悪意あるハッカーを**ブラックハット**（Black-hat）ハッカーと呼んで区別することがあります。

1.2.3　ネットワークを使うと共有できる

　ネットワークが使われる以前、オフィスなどでは図1.3の①のように「パソコン1台に1台のプリンタ」という環境が珍しくありませんでした。パソコンが10台あれば10台のプリンタがあったのです。スタンドアロンとしてパソコンを使っていた時代は、これが当然でした。

　その後、コンピュータ同士がネットワークで接続されるようになると、コンピュータを介してプリンタを**共有**するようになりました。プリンタが接続されているコンピュータを介して別のコンピュータからプリンタを利用できるようになったのです。便利にはなりましたが、「プリンタが接続されているコンピュータ」の電源が入っていなければ、他のコンピュータからプリントアウトできません。直接プリンタとつながっていないコンピュータにとっては、やはり不便なときがありました。

　現在では、ネットで接続してパソコンやスマートフォンから直接プリントアウトで

きる、ネットワーク接続型のプリンタが数多く販売されています。プリンタだけではありません。イメージスキャナやハードディスクなどもネットワークに接続されるようになりました。ネットワークに接続できるハードディスクを**NAS**（ナス：Network Attached Storage）といいます。NASを使うと、ファイルを簡単に共有することができます。

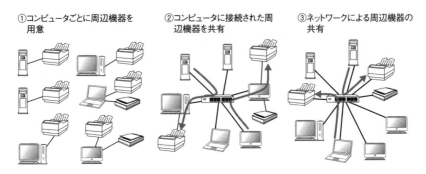

▶図1.3　ネットワークによる周辺機器の共有

　ネットワークを介して機器間で通信するためには、本書のテーマであるTCP/IPという通信技術が必要になってきます。TCP/IPに対応している機器同士ならば、ネットワークで接続すれば通信できるようになりますが、TCP/IPに対応していない機器をネットワークに接続できるとは限りません。

 TCP/IPとは

1.3.1　プロトコルスタックとしてのTCP/IP

　ネットワークを利用するためには、さまざまなしくみが必要です。ネットワークで通信するときに、コンピュータやネットワーク機器が守らなければならないしくみや事がらを、**プロトコル**（protocol）や**通信手順**と呼びます。そして、プロトコルや通信手順の代表といえるのが、本書で解説するTCP/IPです。現在のインターネットを動かしているプロトコルがTCP/IPなので、インターネットとTCP/IPは切っても切れない縁にあります。

　ただし、「TCP/IPはプロトコル」と一口に言っても、実際にはいくつかの意味や考え方があります。同じ「TCP/IP」という言葉が使われていても、時と場合によって意味が異なることがあるのです。

TCP/IPという言葉は、主に次の3つの意味で使われます。

- **TCPプロトコルとIPプロトコル**
  TCP（Transmission Control Protocol）とIP（Internet Protocol）という2つのプロトコルの意味です。この意味でのTCP/IPという表現は、アプリの開発現場などでよく使われます。TCPの代わりにUDP（User Datagram Protocol）というプロトコルが使われる場合は、「UDP/IP」という表現も使われます。

- **TCP/IPプロトコル群（TCP/IP Protocol Suite）**
  インターネットを動かしている通信技術一式をひとまとめにして総称するときの呼び名です。具体的には、TCP、UDP、IP、ICMP（Internet Control Message Protocol）、ARP（Address Resolution Protocol）などのプロトコルが含まれます。これが最も一般的な意味であり、多くの場合、「TCP/IP」はこの意味で使われます。

- **プロトコルスタック（Protocol Stack）としてのTCP/IP**
  あるプロトコル群の機能を実現するソフトウェアやハードウェアなどの実装のことを、**プロトコルスタック**と呼びます。実際にTCP/IPの機能が組み込まれた製品を使って通信をするときなどに使われるプロトコルスタックのことを指して、「TCP/IP」と言うこともあります。

　この本では、**プロトコルスタック**として**TCP/IP**を考えます。つまり、通信するために必要な機能を実現するソフトウェアやハードウェアのことをTCP/IPとして考えます。

1.3.2 ネットワークをつなぐのがTCP/IP

　そもそも**コンピュータネットワーク**とはなんでしょう？ それは、図1.4の上の図のように、複数のコンピュータをケーブルなどの通信回線で接続して、データをやり取りできるようにした環境です。複数のコンピュータ同士を接続するときには、**ハブ**（hub）と呼ばれる機器で接続します。この環境では、直接ネットで接続された機器の間でしかデータのやり取りができません。

　一方、TCP/IPは、ネットワークとネットワークを接続できる技術です。TCP/IPは、互いに独立していたネット同士を**ルータ**（router）と呼ばれる機器で接続し、異なるネットに接続されているコンピュータ間で通信できるようにしてくれます。このようにネットワークとネットワークを接続することを、**インターネットワーキング**（inter-networking）と呼びます。

　インターネットワーキングを実現する中心的な役割を担うのはルータです。コンピュータがほかのネットワークのコンピュータと通信したい場合には、そのデータをルータに送ります。するとルータが、目的のコンピュータが接続されているネットワークに向けて、データを転送してくれます。このようにして、それぞれのネットワークから送られてくるデータを中継するのがルータの役割です。

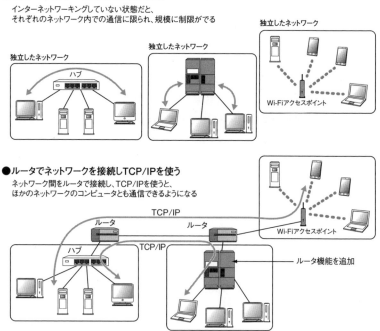

▶図1.4　コンピュータネットワークとTCP/IP

　ルータの内部でさまざまな処理を行いますが、そのときの処理の手順は、TCP/IPプロトコルスタックとして、ルータの内部に組み込まれています。つまりルータは、内部のソフトやハードによってインターネットワーキングを実現するコンピュータだと考えられます。ルータのソフトには、さまざまな機能が備えられており、きめ細かい通信制御ができます。また、ルータのソフトをバージョンアップすることで、ルータの機能を高めることもできます。

　インターネットは、図1.5のように、小さなコンピュータネットワークがたくさん集まってルータにより接続されています。それぞれの組織や家庭は**プロバイダ**（ISP：Internet Service Provider：インターネットサービスプロバイダ）と呼ばれるネットワーク接続業者に接続され、複数のプロバイダを通してすべてのネットが接続されます。

　家庭で使われる**ブロードバンドルータ**もルータの一種です。コンピュータ1台だけをインターネットに接続したければ、ブロードバンドルータを用意する必要はありません。ブロードバンドルータが必要になるのは、家庭内にある複数のコンピュータをインターネットに接続したい場合です。つまり「家庭に作られたLAN」と「インターネット」をつなぐためにブロードバンドルータを使います。

　外出先では**モバイルルータ**が使われることがあります。また、スマートフォンで**テザ**

リングして、パソコンやタブレット PC をインターネットに接続して使っている人もいることでしょう。テザリングは、スマートフォンをルータとして使う、という意味だと思って問題ありません。

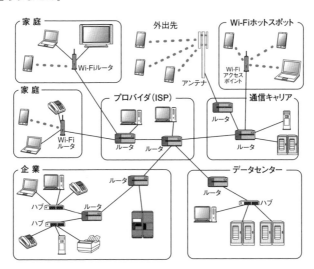

▶ 図1.5　インターネットはコンピュータネットワークの集まり

■ **汎用コンピュータと専用コンピュータ**

　コンピュータには、いろいろな用途に利用できる、**汎用目的のコンピュータ**と、特定の用途に特化した**専用コンピュータ**とがあります。

　たとえば、パソコンやスマホは、ソフトウェア次第でなんでもできるので、汎用目的のコンピュータといえます。この章の最初に「コンピュータはなんでもできる」という言い方をしましたが、それはこの汎用目的のコンピュータのことを指していたのです。

　これに対して、ゲームに必要な機能のみに特化したゲーム機や、ネットワークの通信処理に特化したルータは、専用コンピュータに含まれます。専用コンピュータは、専用処理に向いたハードウェアが備えられ、その機能を生かすようにソフトウェアが作られています。また、家電製品や自動車、工場の機械の制御などでは**組み込みシステム**が利用されていますが、これも専用コンピュータの一種です。

　汎用目的のコンピュータは、ゲームをすることも、ルータとして利用することもできます。汎用機は、ゲーム専用機やルータ専用機に比べて、専門的な能力や機能が低い場合がありますが、必要に応じて利用者自身がソフトウェアを開発しやすいという大きな利点があります。

　専用と汎用のどちらが良いかを単純に判断することはできません。それぞれに良い点、悪い点があるからです。それぞれの特徴を理解して、それを生かすことが大切です。

1.3.3 イントラネット、エクストラネット

TCP/IPは、世界を結ぶ**インターネット**だけでなく、**イントラネット**（intranet）や**エクストラネット**（extranet）で幅広く利用されています。

現在の**インターネット**は、世界中の企業や学校、研究機関、各種団体、政府機関などが接続された、世界最大のコンピュータネットワークです。インターネットが生み出されたもともとの目的の一つは、TCP/IPのような通信技術を研究し、**実証実験**することでした。TCP/IPは、インターネットで通信するための基盤技術として作られたのです。

現在では、TCP/IP技術をインターネット以外の環境で活用する動きが活発になっています。多くの企業がTCP/IPに対応したコンピュータやネットワーク機器を導入し、TCP/IPを使って社内のネットワークを構築しています。こうした社内ネットワークのように、TCP/IP技術を使って、ある一定の範囲内で構築したネットワークのことを、**イントラネット**と呼びます。

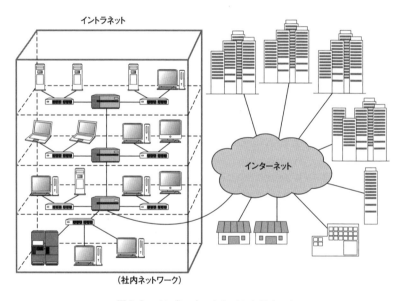

▶図1.6　インターネットとイントラネット

さらに、企業間のような限定された接続にTCP/IP技術を利用したネットワークは、**エクストラネット**と呼ばれます。エクストラネットは専用回線やインターネット上で暗号化技術を使う**VPN**（Virtual Private Network）などとして構築されます。エクストラネットでは、通常のインターネットと異なり、特定の組織間でしか通信できないように限定することで高品質でセキュリティの高いネットワークを作ることができます。

世界を結んでいるインターネットは、不特定多数の組織や家庭が接続されているため、どうしても**公共網**としての性質を強く持っています。公共網としてのインターネッ

トには、国境や身分を越えてさまざまな人々と情報交換ができるというすばらしい点があ
りますが、たくさんの人が同時に利用するため、ネットワークが混雑してなかなか
データが届かなかったり、悪意を持った人がネットワークで不正な行為をする危険性が
あるといった問題もあります。

このため、イントラネットやエクストラネットを構築するときには、インターネット
との関係をどのようにするか、あらかじめ十分に吟味をしておく必要があります。

■ 発展を続けるインターネットと TCP/IP

実証実験とは、実際に使ってみて実用に耐えうるシステムになっているかを試験すること
です。理屈の上ではうまくいきそうだったことが、実際にプログラムを作って動かしてみよ
うとするとうまくいかないことがあります。インターネットは通信技術が実用に耐えうる
ものかどうか、実際に試す場として作られました。そして、たくさんのトライアル＆エラー
(trial and error) を繰り返しながら発展してきました。TCP/IP はインターネットが発展
していく過程で作られたプロトコルであり、現在もインターネットで運用した経験をもとに
発展しています。

今日では、インターネットは「実験ネット」から「みんなが使う実用ネット、公共ネット」
に発展し、そこで使われる TCP/IP は、とても実用性が高い技術だと誰もが認める存在にな
りました。

インターネットはとても便利なネットワークであり、TCP/IP は優れたプロトコルですが、
完璧というわけではありません。インターネットはまだまだ発展途上であり、TCP/IP プロ
トコルも完成されたプロトコルではなく、進化を続けています。

1.3.4 いろいろなネットワークで使われる TCP/IP

もともと TCP/IP は、インターネットと深い関係を持ちながら発達してきました。し
かし最近では、その用途はインターネットに限られません。銀行のオンラインシステム
をはじめ、工作機械・工業プラント・ビル内の電気設備や空調・ガス・水道などの制御
や監視、家庭内のホームセキュリティやオートメーションなど、インターネットに接続
されないような分野でも TCP/IP が利用されるようになってきています。

これらのネットワークには、用途によって名称が付けられる場合があります。たとえ
ば、インターネットのようにコンピュータを使ってさまざまな情報をやり取りするネッ
トワークは「**情報系ネット**」と呼ばれます。機械制御専用に使われるネットワークは
「**制御系ネット**」、会計処理や金融処理で使われるネットワークは「**勘定系ネット**」、音声
電話に使われるネットワークは「**音声系ネット**」、動画像の配信専用に使われるネット
ワークは「**映像系ネット**」、温度計や湿度計などセンサーの情報の転送に使われるネッ
トワークは「**センサーネット**」などと呼ばれることがあります。これらのネットワーク
の機器や回線は、セキュリティなどを考慮してそれぞれ別々にすることもあれば、コス
トを下げるために互いに共有することもあります。

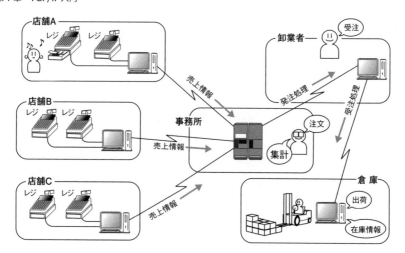

▶ 図1.7　インターネット以外のネットワークの例

　また、現在のネットワークでは、パソコンやスマホのようないわゆる「コンピュータ」だけがネットワークに接続されているわけではありません。お店のレジや銀行のATM（現金自動預入引出機）、工作機械、計測機器などは、直接TCP/IPで通信していたり、TCP/IPで通信するコンピュータやPLC[†1]などに接続されて制御されていたりします。

　このように、TCP/IPはさまざまな用途に利用され、TCP/IPを使用する機器も多種多様になってきています。TCP/IPによって、パソコンやスマホはもちろん、デジタルカメラ、ビデオカメラ、時計、万歩計など、一見するとコンピュータには見えないものまでネットワークに接続されるようになってきました。組み込み機器でもTCP/IPによる通信が注目されています。今後は専用目的のコンピュータの多くがTCP/IPで通信するようになるでしょう。

[†1] PLCはProgrammable Logic Controllerの略で、電気のON/OFFや出力を制御する装置。

■ TCP/IP技術を使ったネットワークの例

図1.8は、天文台でネットワーク技術をTCP/IPに統一した例です。天文台では情報系ネットや、制御系ネット、センサーネット、映像系ネットなど、さまざまな通信が必要となります。

- 望遠鏡の向きやドームの回転などの制御
- ドーム内の温度や湿度の管理
- エアコン制御
- 蛍光灯制御
- ドーム内の監視カメラ
- 全天カメラ
- 気象センサー
- 天文データベースへのアクセス
- 撮影したデータの保存

これらの通信には、従来は別々の回線や技術が利用されていましたが、現在ではすべてTCP/IPネットワークで統一して制御されることが多くなっています。その結果、機器の開発やネットワークの設置が楽になったり、望遠鏡の自動制御や遠隔制御が可能になるなど、可能性がどんどん広がっています。

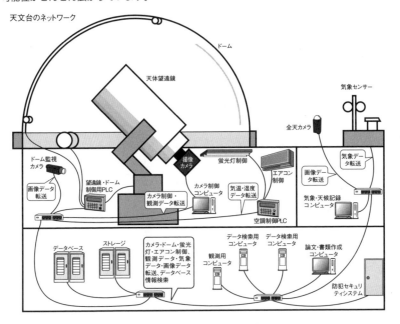

▶ 図1.8　TCP/IPによる情報系・制御系・センサー・映像系ネット混在の例

16 第1章 TCP/IP入門

1.4 ネットとアプリを支えるTCP/IP

TCP/IPは、ネットを介して接続された両端のコンピュータの間でデータのやり取りができる環境を提供してくれます。しかし、TCP/IPは両端のコンピュータ間で通信ができる環境を提供してくれるだけで、通信している内容には関知しません。TCP/IPで何ができるかは、両端のコンピュータが何を通信するかで決まります。つまり、両端のコンピュータで動作させるアプリがネットを使ってどのようなデータをやり取りするのか、そしてそれをどのように処理するのかによって、TCP/IPを使ってできることが決まることになります。

TCP/IPが誕生してから、多くのネットワークアプリケーションが作成されてきました。その経過について簡単に見ていきましょう。

1.4.1 TCP/IPアプリケーションの過去、現在、未来

TCP/IPが誕生して間もないころは、ネットワークを使った**遠隔ログイン**（**Telnet**）、**電子メール**（**E-mail**）、**ファイル転送**（**FTP**：File Transfer Protocol）などのアプリが主に利用されていました。遠隔ログインは、遠く離れた場所にあるコンピュータを自分の目の前にあるコンピュータから操作できるようにするしくみです。電子メールは、遠く離れた人と文章による手紙を送り合うしくみです。ファイル転送は、遠く離れたコンピュータに記録されているデータを自分のコンピュータに転送したり、自分のコンピュータに記録されているデータを遠く離れたコンピュータに転送したりするためのしくみです。これらは、コンピュータとコンピュータの物理的な隔たりをなくしてくれるものでした。

初期のTCP/IPネットワークでは、文字（キャラクタ、テキスト）による情報交換が中心でした。ネットワークアプリケーションの操作でも、キーボードからコマンド文字列を入力し、結果が文字で返されるのが一般的でした。まだコンピュータネットワークの可能性が模索されていた時代でもありました。

その後、**GUI**（Graphical User Interface）が開発されました。これは、画面に表示される画像を見ながら、マウスとキーボードを使って操作するウィンドウシステムです。

さらに、**Web**（World Wide Web：WWW）が誕生しました。Webは、ネットワーク上に散在する情報にリンクを張れるしくみです。Webにより、マウスでクリックするだけで世界中の情報を取得するネットサーフィンが可能になりました。とても便利だったため、たくさんのWebサイトが構築され、インターネットの利用者も急増しました。その後、**検索エンジン**が登場し、「キーワード」を入力すると関連するWebページへ誘導してくれるサービスが発展しました。「何かを知りたい」と思ったら、インターネットの検索サイトにキーワードを入力して、その意味をすぐに調べられる時代になりました。しかも、文字だけでなく、画像、動画、地図など、さまざまな角度から世界中の情

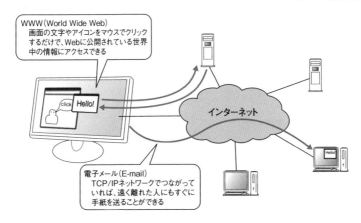

▶ 図1.9　代表的なTCP/IPアプリケーション

報へと誘導してくれるようになっています。

　インターネット上で動画を放送する技術のように、複数のメディア（**マルチメディア**）を扱うしくみも発展してきました。最近ではインターネットを使った無料電話も普及しています。チャットやテレビ会議なども利用できるようになりました。

　インターネットで集まる膨大な情報（**ビッグデータ**）から新しい情報を導き出すことも注目されています。インターネットでは、誰かに質問をして得られたデータだけでなく、人間や自然の行動や変化がデータとして蓄積されるようなアプリケーションも発展してきています。最もわかりやすい例は「人々のつぶやき」です。どんなつぶやきがあったかで、地震や災害の発生、事件の発生、興味やブームの始まりなどが、時間、地域ごとにわかります。

1.4.2　インターネットブームとTCP/IP

　インターネット上の情報システムであるWebでは、誰もが世界中の人に情報を発信することができます。このような市民参加型のメディアは、ほかにはあまりありませんでした。自分から情報発信できるとあって、発言したいことのある人や、グループを作りたい人が、Webを使って活動を始めました。このようにして1995年ごろから**インターネットブーム**が巻き起こりました。

　インターネット上で利用できるさまざまなアプリが登場し、多様なイベントやサービスがインターネットで始められました。映像や音声を送るアプリが開発され、スペースシャトルの打ち上げや日食などの天文イベント、コンサート、講演会などの映像が、インターネットを通して中継されるようになりました。テレビなどの公共性の強い大衆向けメディアに比べ、インターネットでは少数の人々の要求を満たす**要求指向型**（オンデマンド型）のサービスが行われています。コンピュータをインターネットに接続すると、そこには無数のサービスで構成された世界が広がっているのです。

18   第1章　TCP/IP入門

　インターネットのブームによって、それを支えるTCP/IPプロトコルも大きく脚光を浴びることになりました。インターネットはTCP/IP技術によって動かされています。インターネットが世界中に広まったことは、インターネットで採用されている通信技術が十分に実用的な機能と性能を備えていることを意味します。つまり、インターネットブームによって、TCP/IPの有効性、実用性がますます明らかになったのです。

1.4.3　オープンなTCP/IP

　もともとTCP/IPは、インターネットと深く関係しながら発展してきました。しかし、現在ではその利用はインターネットだけではありません。社内のイントラネット、店舗や銀行のオンラインシステム、ビルの電灯や空調の制御、工場の機械やボイラーの制御など、さまざまな用途に利用されています。

　従来これらの用途には、TCP/IPではなく、その業務専用に作られた通信手順や、特定の企業が開発した通信手順が利用されていました。しかし、それでは不便なことがありました。

　コンピュータや情報通信の世界は、非常に速いスピードで技術革新が進みます。常に競争が行われ、古い技術は捨てられ、新しい技術が生まれます。このような変化の激しい世界では、特定の企業が開発した通信機器や、特定の業務専用に開発された通信機器は、あっという間に時代遅れになってしまうことがあります。時代遅れにならないようにするためには、研究開発に多額の資金をかけ続けなければならず、どうしてもコストが高くなってしまいます。

　もし企業が努力をやめたらどうなるでしょう。困るのは利用しているユーザです。時代に取り残された機器で我慢するか、その会社の機器をすべて捨てて別の会社の新しい製品に取り替えなければなりません。これでは非常に大きなコストがかかってしまいます。

　このため、特定の会社の製品間だけではなく、どの会社の製品とも通信できる機器が望まれるようになってきました。このような動きを**オープン化**といいます。時代の流れによってネットワークのオープン化が唱えられるようになったのです。

　こうした状況のもと、オープンなプロトコルの標準化作業を活発に進めている団体がありました。それが**IETF**（Internet Engineering Task Force）[2]と呼ばれる、TCP/IPプロトコルを標準化している団体です。IETFには全世界の企業や大学、研究機関が参加しています。ここでは、誰もが標準化活動に参加でき、特定の企業の技術に縛られない通信技術の標準化が目指されています。また、その技術情報は、IETFが**RFC**（Request For Comments）[3]と呼ばれるドキュメントとして無償で提供しています。

　このように、TCP/IPは特定の企業が開発したわけではなく、多くの企業や研究機関で共同開発されたプロトコルです。つまり、TCP/IPは**開かれたプロトコル**、**オープン**

---

[2] http://www.ietf.org/
[3] http://www.ietf.org/rfc.html

な プロトコルということができます。さらに、TCP/IPプロトコルスタックやその上で動作するアプリケーションプログラムが**フリーウェア**（freeware）や**オープンソースソフトウェア**（OSS：Open Source Software）として無償で提供されました。その結果、ほとんどすべてのネットワーク関連企業がTCP/IPを利用したシステムを開発するようになり、TCP/IPがネットワーク業界の中核技術と見なされるようになりました。

　TCP/IPは常に未来を見据えながら発展しているため、TCP/IP通信を支えるハードウェアも激しい技術革新を繰り返しています。それでも、現在開発されているほとんどすべての通信機器は、TCP/IPへの対応を前提にするようになっています。

1.4.4　異なる会社の製品でも通信できる

　ネットワークを構築するときに、同じ会社のネットワーク機器に統一しなければ通信できなかったとしたらどう思いますか？ とても不便だと思いませんか？ でも実際にそういう時代があったのです。かつては、同じ会社の製品に統一しなければ通信できなかったのです。

　そうすると困ったことが起きます。学校AはX社の製品を導入し、学校BはY社の製品を導入したとします。学校Aと学校Bのネットワークをお互いに接続したいと思ったらどうしたらよいでしょう？ 違う会社の製品間で通信できないとしたら、ネットワーク同士を回線で接続しても通信できないことになります。どちらかが製品を入れ替えて、同じ製品に統一しなければなりません。これはとても不便なことです。

　TCP/IPはこのような問題を解決できるように作られています。TCP/IPは、ソフトウェア的な技術であり、異なるハードウェア間であっても通信ができるようにしてくれます。異なる製品がお互いに通信できるかどうかを評価するときに**相互接続性**（interoperability：インターオペラビリティ）という言葉が使われます。TCP/IPは相互接続性が高い技術です。このような理由もあり、現在では多くの企業がTCP/IPに対応した製品を開発していて、ユーザはどこの会社の製品でも安心して買うことができるのです。

1.4.5　地域を越えたコミュニティを形成する

　ネットワークが発達する前は、情報を伝達するには時間と経費が必要でした。たとえば、社会人が集まってサークル活動をしようとしても、同じ趣味の人を集めるのは大変です。多くの人々にサークルへの参加を呼びかけるためには、ポスターや地域のテレビ番組、地域のラジオ放送、地域の新聞広告、折り込みチラシ、宣伝カーなどが利用されますが、どれも特定の地域に限定される方法で、地域を越えたコミュニティを作るのはとても大変です。特に、テレビCMの全国放送や全国版の新聞広告にかかる費用は、とても個人で出せる金額ではありません。

　もっと気軽で、効果的で、多くの人に情報を提供できる方法はないでしょうか。

　そうです、それがコンピュータネットワークなのです。コンピュータネットワークが

発達すれば、遠くに離れた人同士で気楽におしゃべりをしたり、連絡を取り合ったりすることができます。離れた場所で、似たような活動をしている人たちが互いに出会い、協力し合うことも可能になります。つまり、特定の地域に縛られない活動が実現するのです。

インターネット上でも、初期のころからメーリングリストなどを使ってさまざまなコミュニティが活動していました。近年では、Webベースの技術を利用したコミュニティ活動が活発です。ブログやSNS（Social Networking Service）などが登場し、コンピュータの専門家以外の人々も、気楽にネットワークを使ってコミュニティを作るようになっています。

1.4.6　なんでもかんでもTCP/IP

インターネットとTCP/IPの発展を見ていると、**情報の通信手段を一本化**しようとしているように感じられることがあります。

かつては図1.10の左のように機器ごとに通信技術が異なっていて、用途ごとに回線（ケーブル）を用意する必要がありました。現在では図1.10の右のように多くの製品がTCP/IPを利用するようになっています。これらの製品では回線にEthernetやWi-Fiを利用できるため、個別に回線を用意する必要がなくなりました。さらに、これらの機器がインターネットとも通信できるようになりました。

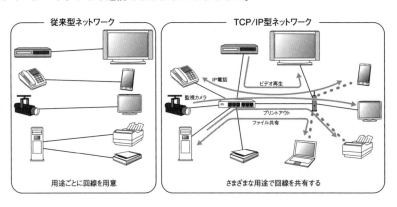

▶図1.10　TCP/IPによる通信手段の一本化

このようになんでもかんでもインターネットに接続された世界を「**モノのインターネット**」や**IoT**（Internet of Things）と呼ぶことがあります。特に、気温、振動、騒音、ガスなどのセンサーを接続して、情報を集めて、それを生活に役立てようとする動きもあります。たとえば、気密性の高い高層ビルのそれぞれの部屋に、二酸化炭素の濃度を測定できるセンサーを設置して、濃度の変化をグラフ化すると、人がいるかいないかなどの情報がわかることがあります。このような情報を、そのビルの監視室で収集す

れば、災害や障害が発生したときの救助に役立ったり、不審人物の侵入がわかる可能性
があります。
　このようなことができるようになるのも、

- 使いたい機器はなんでもかんでもTCP/IPに対応している。対応していない場合も簡単に対応できる
- TCP/IPネットワークがどこにでもある。ない場合には簡単に構築できる

からです。
　TCP/IPでは、誰でも新しいアプリや装置、サービスを作ることができます。しかも、作成したものは、LANからインターネットにいたるまで、幅広い環境で使うことができます。このため、さまざまな企業がTCP/IPに対応した新しい製品やアプリ、サービスを次々に生み出しています。
　今後もTCP/IPは発展し、革新的な生活環境を作り出していくでしょう。スマートフォンのようにTCP/IPに対応した機器を持ってさえいれば、いつでもどこでも便利なサービスを受けられるようになるでしょう。TCP/IPはこのように、すべての通信技術を統合する能力を秘めているのです。

1.5　TCP/IPはソフトウェア

1.5.1　ネットワークの種類と用途を選ばないTCP/IP

　TCP/IPの特徴の一つとして、図1.11のように、有線、無線、そのほか多彩な通信機器が混在したネットワーク環境を構築できることがあります。

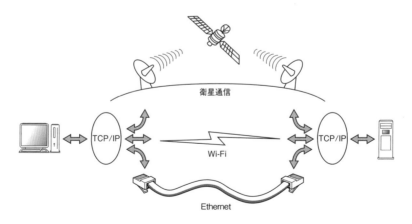

▶ 図1.11　TCP/IPはネットワークの種類を選ばない

会社や家庭内にLANを構築するときには、**Ethernet**や**Wi-Fi**、**Bluetooth**などの技術に対応した機器を使ってTCP/IPを利用することができます。家庭からインターネットに接続する場合には、光ファイバ、電話線、ケーブルテレビ網で、TCP/IPを使うことができます。

携帯電話回線の3Gや4GなどもTCP/IPを使う前提で発展してきています。将来登場すると思われる非常にたくさんの種類の通信機器も、TCP/IPに対応したものになるでしょう。まさに「TCP/IPはネットワークの種類を選ばない」といえるのです。

アプリに関しても、非常に多くのものがTCP/IPに対応しています。たとえば、**Web**で情報発信をするホームページや、遠くの人と手紙をやり取りする**電子メール**、**ストリーミング**のようにネットワークで配信されるビデオ画像を表示するアプリケーションなどがTCP/IP上で利用できます。

オープンな形で開発されたTCP/IPは、利用できるプラットフォームの種類も多彩です。パソコンやスマホで動作するアプリの多くがTCP/IPに対応しています。

新規にアプリを開発するときも、TCP/IPで開発しておけば、さまざまなネットワークで利用できるとともに、複数のプラットフォームで動作させるための移植作業がしやすくなります。

さらに、今後コンピュータのハードウェアやソフトウェアが進歩しても、将来にわたってTCP/IPがサポートされる可能性は高く、安心してシステムを開発することができます。これは、システムやソフトウェアを作る人たちにとって、とても大きなメリットになります。

1.5.2 TCP/IPはソフトウェア

なぜTCP/IPはネットワークの種類を選ばないのでしょうか? それはTCP/IPが**ソフトウェア**だからです。

ソフトウェアは、「**ハードウェアを使って何をするか**」という手順や方法であり、ハードウェアの能力を引き出せるかどうかはソフトウェア次第といえます。

ネットワークにおけるハードウェアの例を具体的に挙げると、物体としてのコンピュータ、LANケーブル、Wi-Fiのアンテナなどがあります。これに対し、コンピュータで動作させるプログラム、データ転送などがソフトウェアにあたります。

つまり、TCP/IPは「いろいろな通信ハードウェアを利用できるように設計された通信ソフトウェア」なので、ネットワークを構成するさまざまなハードウェアを利用することができ、その結果としてネットワークの種類を選ばない、ということです。TCP/IPは、ハードウェアを利用して「何をするか」を決定するソフトウェアなので、ネットワークで何ができるかは、TCP/IPとそのアプリによって決まることになります[4]。

---

[4] 高速化のためにTCP/IPの機能の一部をハードウェア化した製品が登場していますが、しくみや役割を学ぶ段階では、TCP/IPをソフトウェアだと考えないと理解しにくい面があります。ですから、本書ではTCP/IPをソフトウェアとして考えることにします。

> **■ ネットワーク、ソフトなければただのひも**
>
> コンピュータの役割を表す言葉として、
>
> 「コンピュータ、ソフトなければただの箱」
>
> という言葉をどこかで聞いたことがありませんか？「コンピュータはソフトウェアがなければ役に立たないが、ソフトウェア次第でなんでもできる機械である」という意味で使われます。これと同じことをコンピュータネットワークに対して言ったらどうなるでしょう。
>
> 「ネットワーク、ソフトなければただのひも」
>
> ネットワークはネットワークのためにあるのではありません。ネットワークだけがあっても何の役にも立ちません。ネットワークを使って「何をするか」という「ソフトウェア」が大切なのです。ネットワークは、ソフトウェア次第でなんでもできるように変身します。なんでもできるコンピュータとなんでもできるネットワークの融合、それがTCP/IPの世界であり、インターネットの世界です。そこには無限の可能性が広がっているのです。

1.5.3 ハードウェアとソフトウェアの関係

　ハードウェアやソフトウェアというと、具体的な製品を思い浮かべる人もいると思いますが、ここでは言葉の意味の原点に返って考えてみましょう。

　世の中には、ハードウェアとソフトウェアの関係にあるものがたくさんあります。

- CDプレイヤーとCDに格納されている音楽
- DVDデッキとDVDに録画されている映画
- テレビとテレビ番組
- 劇場と上映される演劇

　CDプレイヤー、DVDデッキ、テレビ、劇場はハードウェアであり、CDに格納されている音楽、DVDに録画されている映画、テレビ番組、上映される演劇はソフトウェアです。

　CDプレイヤーやビデオデッキ、テレビ、劇場だけがあったとしましょう。それだけで意味があるのでしょうか。ありませんね。これらのハードウェアは、音楽や映画、番組、演劇といった「ハードウェアを使って何をするか」を決めるソフトウェアがあって初めて意味を持つのです。

　さらに、ハードウェアはソフトウェア次第で機能や役割が変わります。たとえば、テレビを使ってニュースやクイズ、音楽、ドラマ、アニメなどのさまざまな番組を楽しめます。見る番組によってハードウェアとしてのテレビを変更する必要はありません。ハードウェアとしてのテレビが1台あれば、さまざまな番組を楽しめます。

　コンピュータも、ハードウェアとソフトウェアというまったく異なるものから構成さ

れます。どちらか片方が欠けると役に立ちません。両方あって初めて役に立つのです。

　ハードウェアは、物体としてのコンピュータです。手にしたり、目で見たり、分解したりできます。これに対してソフトウェアは、コンピュータが何をしたらよいのかを指示する命令の集まりと、その命令が使用するデータのことです。命令の集まりのことを**プログラム**（program）と呼びます。

▶図1.12　ハードウェアとソフトウェア

■ ソフトの時代

　「ソフトの時代」という表現があります。これは、ハードウェアという「物」が重要だった時代は終わり、「物」を「どのように使うか」というソフトウェアが重要になってきたという意味で使われます。

　ここでいうハードウェアとは、働く人材、使用する器具、加工する材料、作業やイベントが行われる場所や空間、時間などを示します。「ソフトの時代」とは、これらの「物」に執着する時代ではなく、「物」を使って「何をするか」について真剣に考えなければならない時代を意味します。どんなに優秀な人材や高性能な器具を集めても、それで「何をするか」が決まらなければ、何も生まれてこないからです。

　TCP/IPは、「ソフトの時代」にマッチするように、「何をするか」という目的重視で開発された通信技術です。**TCP/IP**は、このような目的指向の思想があったからこそ、世界中で最も広く使われる技術になったのではないでしょうか。

図1.13はソフトウェアとハードウェアの関係についてイメージした図です。パソコンショップでは、パソコンのソフトがCD-ROMやDVD-ROMなどのメディアに格納されて販売されています。しかし、これらのメディアはソフトウェアを保存するための「入れ物」であり、ソフトウェアではありません。この場合、ソフトウェアはCD-ROMやDVD-ROMに保存されている情報が持っている「意味」であり、非常に抽象的な存在です。コンピュータのソフトウェアは、コンピュータで実行しなければ、その存在を具体的に認識できません。

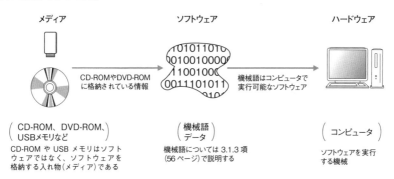

▶ 図1.13　CD-ROMやDVD-ROMはソフトウェアではない

　同じハードウェアでも、ソフトウェアを変更すると、役割が変わります。たとえばコンピュータは、文書を作成するワードプロセッサになったり、絵を描くキャンバスになったり、音楽を演奏する楽器になったり、数値を計算する電卓になったり、楽しく遊ぶゲーム機になったりします。汎用コンピュータはソフトウェア次第で、1台で何役もこなすことができるのです。

　ネットワークにも、ハードウェアとソフトウェアの両方の側面があります。ネットワークのハードウェアも、コンピュータのハードウェアと同じで、目で見たり手で触ったりすることができます。たとえば、コンピュータやルータ、ネットワークインターフェイス、ケーブルなどがハードウェアです。

　ネットワークのソフトウェアとは、ネットワークを利用するためのプログラムのことです。具体的には、TCP/IPの機能を実現するプロトコルスタックや、電子メールを送受信するメールソフト、Webを見るためのWebブラウザのことです。このように、ネットワークの役割も、ソフトウェアによって変わることになります。

　ネットワークを利用するには、図1.14のように、ハードウェアとソフトウェアの両方が必要です。コンピュータがネットワークを利用するには、ネットワークに接続するためのネットワークインターフェイスと、それを制御する**NIC**（Network Interface Controller）というハードウェアが必要です。そのハードウェアは**デバイスドライバ**と呼ばれるソフトウェアの指示に従って動作します（3.5.1項参照）。

ハードだけでは通信できませんし、ソフトだけでも通信できません。ハードによって正しくネットワークが構築され、ソフトによって正しく通信が制御されて、初めて通信が可能になるのです。ハードウェアで通信できるように接続することを**物理的な接続**といい、ソフトウェアで通信できるように接続することを**論理的な接続**といいます。

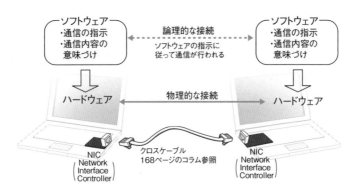

▶図1.14　通信におけるハードウェアとソフトウェア

　物理的な接続とは、たとえばケーブルを使ってコンピュータとコンピュータを接続することです。物理的な接続ができれば、コンピュータ間で信号を伝え合うことができるようになります。しかし、物理的な接続をしただけでは通信が可能になったとはいえません。物理的な接続をすれば、ケーブルを使って信号を送ることはできますが、それだけでは単なるビットの羅列を送ることになり、意味のあるデータとしては扱えません。

　データに意味づけをするのはソフトウェアの仕事です。ソフトウェアが、送られてきた信号を意味のあるデータとして処理し、電子メールとして画面に表示したり、画像データとして表示したり、音楽として鳴らしたりするのです。これらはすべてソフトウェアの仕事です。ですから、コンピュータネットワークで通信をするためには、ソフトウェア的な接続設定が必ず必要になります。そして、このソフトウェア的な接続設定をして意味のある通信ができるようにすることを、論理的な接続というのです。

　このように、ハードウェアを物理的に接続しただけではコンピュータ間での通信はできません。論理的な接続ができて初めて通信が可能になるのです。もちろん、物理的な接続ができていなければ、論理的な接続ができないことは、いうまでもありません。

■ プラグ&プレイ

物理的に接続しただけでソフトウェアの設定が行われることを、**プラグ&プレイ**（Plug and Play）といいます。プラグ&プレイに対応した環境であれば、ソフトウェアの設定が自動的に行われるため、利用者がソフトウェアの設定を気にする必要は通常はありません。

現在のパソコンの多くは、ハードウェアの設定に関してはプラグ&プレイを実現しています。このため、ハードウェアを接続すると自動的に設定が行われます。Microsoft 社が提唱した**ユニバーサルプラグアンドプレイ**（UPnP：Universal Plug and Play）や Apple 社が提唱した**ボンジュール**（Bonjour）は、このプラグ&プレイをネットワークで接続された機器間で行えるようにするものです。

自動であれ手作業であれ、ネットワークに関するソフトウェアの設定をしなければ、ネットワークを利用した通信をすることはできません。プラグ&プレイは利用者にとって便利な機能ですが、ブラックボックス化をよりいっそう進めるものといえます。プラグ&プレイに対応した環境が増えたからといって、ネットワークのしくみを理解する必要がなくなるわけではありません。

1.6 TCP/IPはパケット交換方式

1.6.1 パケットとは

パケット（packet）は「郵便の小包」（package）のような意味を持っています。パケット交換方式では、郵便小包のように、送信されるパケットに送り先などを表す荷札が貼り付けられます。そして、この荷札をもとにパケットの配送処理が行われます。この荷札のことを**ヘッダ**（header）と呼び、荷物を入れる箱を**ペイロード**（payload）と呼びます。

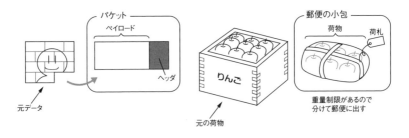

▶図1.15　パケットは郵便の小包のようなもの

ネットワークではヘッダとデータを合わせたものをパケットと呼びます（4.1.5項を参照）。特に、TCP/IPネットワークで配送されるパケットのことを、**IPパケット**また

は **IP データグラム**（IP datagram）と呼びます。**IP** とは Internet Protocol の頭文字をとったもので、「インターネットの通信規約」といった意味になります。IP の役割については後ほど詳しく説明しますが、今は TCP/IP ネットワーク全体を動かしているしくみのことを IP と呼ぶと考えてください。

IP データグラムの「データグラム」のほうは、少々聞き慣れない単語かもしれません。データグラムとは、「データ単位」のような意味です。ですから、IP データグラムは、TCP/IP ネットワークで扱われるデータの基本単位を意味します。TCP/IP ネットワークでは、IP データグラム単位でデータの配送やエラー処理が行われます。

1.6.2　TCP/IP はパケット交換方式を採用

TCP/IP はパケット交換方式でデータを転送します。図 1.16 のように、送信するデータは特定の大きさに区切られ、その区切りごとに転送されます。区切られたデータのかたまりがパケットで、このパケットがヘッダに書かれている目的のコンピュータまで配送されます。

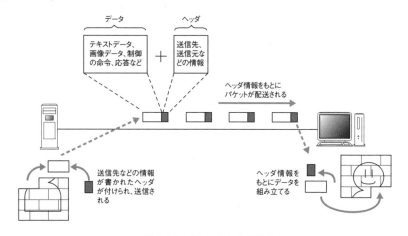

▶ 図 1.16　パケットによる通信

1.6.3　パケット交換で 1 つの回線を共有する

TCP/IP が利用される以前のネットワークでは、回線交換方式が主流でした（4.1.5 項参照）。回線交換方式の場合、コンピュータをネットワークで接続するには、コンピュータ 1 台につき 1 本の通信回線が必要になります。これはとてもコストがかかる方法です。

たとえば、高校にパソコン教室を作って 40 台のパソコンを設置することを考えてみましょう。回線交換方式の場合、40 台すべてのパソコンをネットワークにつなごうとすると、通信回線が 40 本必要になります。これではとてもコストがかかってしまいま

す。考えてみてください。回線ケーブルは、通信事業者の収容局から道路に建てられている電柱や、地中に埋設された管路に敷設されて、利用者の敷地内まで引き込まれます。たくさんのケーブルを敷設したり維持したりするには、大変なコストがかかります。

また、40本の回線を引いたとしても、すべての回線がいつも100%使われているとは限りません。0%のときや、20〜30%のときもあるでしょう。コストをかけても、これでは無駄が多いといえます。

そこで、40本の回線が別々に存在するのではなく、みんなで回線を共有して分け合う方法が考え出されました。これがパケット交換ネットワークです。TCP/IPはパケット交換ネットワークの代表です。パケット交換ネットワークであるTCP/IPを使えば、40台のパソコンが1本の回線でネットワークと接続できるようになります。

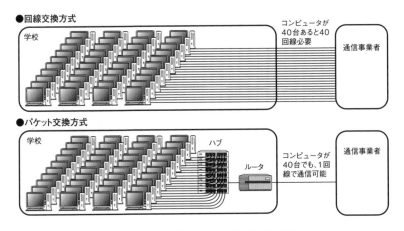

▶図1.17　パケット交換では1つの通信回線を共有できる

どんなに優れたネットワークでも、利用するためのコストがあまりにも高かったら、使う人は限られてしまいます。そして、使う人が少なければ便利にはなりません。TCP/IPを採用するインターネットは、通信回線を共有できることでコストが抑えられることもあり、みんなが使うようになりました。その結果、通信サービスもどんどん向上していきました。それによって、さらに多くの人がインターネットを使うようになりました。今のインターネットの発展は、こうした相乗効果によりもたらされたといえます。

1.6.4　障害に強いパケット交換方式

TCP/IPが誕生する前からネットワークは使われていました。広域網としては回線交換方式で作られた電話網が普及していました。また、構内のコンピュータシステム間の通信や機械制御では、RS-232Cなどの1対1（ポイントツーポイント、4.1.3項参照）で接続するシリアル通信が広く使われていました。これらを使った通信は、柔軟性が低

いものでした。

　TCP/IPの原点ともいえるパケット交換方式が誕生するきっかけの一つに、1960年代に米国の企業で行われた研究がありました。そこでは「核攻撃に耐えられるネットワーク」という考えのもとで、パケット交換方式の原型を研究していました。それまでのネットワークは、図1.18の左側や中央のように、スター型（4.1.1項参照）やスター型の発展形になっていました。個々のノードの位置を中央で管理し、中央からの指令でノード間の接続経路を選択する方式でした。この方式では複数の回線が集まっているノードに障害が起きると全ネットワークが使用不能になってしまう可能性があります。

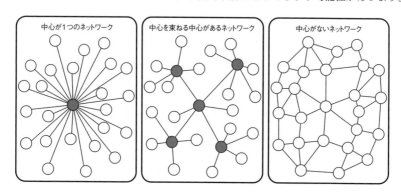

▶図1.18　中心があるネットワークと中心がないネットワーク

　そこで考え出されたのが、図1.18の右の図のような、中心がない分散型のネットワークです。個々のノードの位置を管理する「中心」はなく、それぞれのノードが分散的にノードの接続状態を把握し、通信経路を選択します。各ノード間は複数の経路で接続されており、う回路が複数存在するため、障害に強いネットワークになると考えられます。

　現在のTCP/IPは、この考え方が発展したものともいえ、ルーティングプロトコルを使うことにより、障害発生時にIPパケットが通るルートを自動的に変更することができます。このため、インターネットは地震などの災害に強いネットワークとしても発展してきています。

第1章のまとめ

この章では次のようなことを学びました。

- ネットワークの利便性と危険性
- TCP/IPが何に利用されているか
- TCP/IPネットワークの進化
- コンピュータとネットワークのハードウェアとソフトウェア
- パケット交換方式とその特徴

現在のコンピュータネットワークと、その便利なしくみを支えているTCP/IPについて、ざっと紹介してきました。インターネットを支える技術であるTCP/IPの雰囲気がつかめたのではないでしょうか。

とはいえ、TCP/IPの具体的な技術を知るには、もう少し基礎知識が必要になります。第3章でコンピュータ技術の基礎、第4章でネットワーク技術の基礎を学びます。

でもその前に、ケーブルの中を流れたり電波として送られたりしているTCP/IPのパケットが、いったいどんな姿をしているのか見てみましょう。次の第2章では、ネットワークのパケットを取り出して解析できる便利なアプリや、ネットワークの様子を調べるためのコマンドを紹介します。第5章や第6章でTCP/IPのしくみを詳しく学ぶときに参考になるでしょう。

第02章
TCP/IPの理解を助ける アプリとコマンド

ネットワークのしくみについて、本だけで学ぶのには限界があります。
パソコンを使って実習してみると実感がわき、理解が深まります。
この章では、TCP/IPを体験できるように、ネットワークに詳しい人がよく使っている
アプリとコマンドを紹介します。

2.1 パソコンを使ってTCP/IPを体験しよう

2.1.1 ネットワークはブラックボックス

　ネットワークの解説では、図2.1のように、ネットワークの部分をもくもくと広がる雲のように描くことがあります。この描き方は、雲で描かれた部分の細かい話は抜きにして、利用者の視点からネットワークを説明したい場合によく用いられます。つまり、雲の部分は「もやもやしていて、どういう構造になっているのか詳しいことはわからない」という意味です。

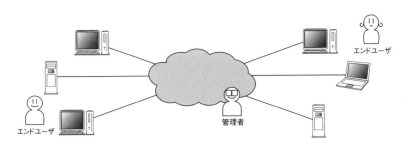

▶図2.1　ネットワークの部分は雲のように描かれる

図2.2のように、電話網も郵便網も雲のように描くことができます。私たちは、電話機の扱い方を知っています。電話機を使って相手に電話をかけ、受話器に向かって話しかけ、受話器から相手の話し声を聞くことができます。ですがその先については、しくみや構造が雲の中に隠れているので、どのような構造になっているかについてはっきりとしたことはよくわかりません。

郵便も似ています。郵便ポストに手紙を入れると、数日後に相手の郵便受けに届きます。私たちは郵便の使い方は知っていますが、しくみについて細かいことを知りません。郵便局員が定期的にポストを巡回して郵便物を集めたり、機械や手作業で宛先別に仕分けしたり、トラックや電車で運んだり……、そういった経緯を経て最終的に相手の家まで届くということぐらいは知っていますが、その詳細について知っているわけではありません。

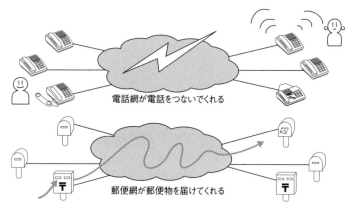

▶ 図2.2 電話網と郵便網

このような図では、ネットワークが**ブラックボックス**（blackbox）として扱われています。ブラックボックスという言葉は、もともとは電子機器などのハードウェアの説明で、機能だけ知っていれば内部のことを知らなくても使える部分のことを指していました。

TCP/IPネットワークやインターネットもこれに似ています。つまり、ネットワークの途中の通信のしくみや通信回線の構造を知る必要はなく、両端のコンピュータの操作方法さえ知っていれば使えます。細かい技術を勉強しなければ利用できないのなら、ネットワークの世界がどんなにすばらしいものであったとしても、世界中でこんなに広く利用されるようにはならなかったでしょう。TCP/IPは、利用者がネットワークの細かいしくみを理解しなくても利用できるように設計されているのです。

ネットワークのブラックボックス化は、ネットワークの利用者を増やす上では非常に重要な役割を果たしています。できるだけ楽をしたいと考えるのが人間です。大部分の人は、細かい技術まで勉強することを望まないでしょう。

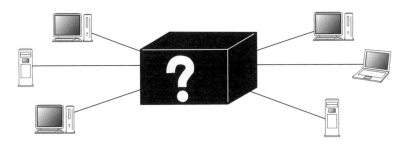

▶図2.3　ネットワークのブラックボックス化

　一方、システム管理者、ネットワーク機器やネットワークソフトの開発者など、将来そういった職業に就きたいと思っている人は、ネットワークの細かいしくみを理解する必要があります。おそらく、本書を読んでいるあなたも、その一人ではないでしょうか。本書でTCP/IPの根本原理についてしっかりと理解しましょう。

2.1.2　裏側で何が行われているかを知るには

　TCP/IPのしくみを理解するには、パソコンやスマートフォンでTCP/IPを使ってみるのが一番です。しかし、ただ単にパソコンやスマートフォンを使っていても、理解は進みません。TCP/IPのしくみはブラックボックス化されているため、利用者には裏側で何が行われているかがわからないからです。

　第2章では、TCP/IPの裏側を知るためのツールとコマンドなどの使い方についてを紹介します。具体的には、ネットワークを流れるパケットを見ることができる**Wireshark**というフリーウェア（無料で提供されているアプリ）を使ったり、多くのパソコンのOSに標準で搭載されているネットワークを利用するコマンドを実行したりします。

　実際に通信しながら、この章で紹介したアプリを起動したり、コマンドを入力してみてください。普段パソコンやスマートフォンを使っているときに裏側で行われていることが、おぼろげながらわかってくることでしょう。

　なお、第2章に出てくるアプリやコマンドが利用しているしくみの詳細は、後の章でだんだんと学んでいきます。それらの章を学ぶときに、再度、この章に出てきたアプリやコマンドを実行してみてください。TCP/IPの理解が深まるはずです。

2.2 通信パケットの表示

2.2.1 パケットキャプチャとは

ネットワークを流れているパケットをパソコンなどの機器で取り込むことを「**パケットキャプチャ**」といいます。キャプチャしたパケットを見ることを「**パケットモニタリング**」といいます。図2.4はホストAからホストBに送られているパケットをキャプチャしている例です。他人の通信をキャプチャするのは盗聴行為になることもあるため、する側もされる側も気をつけなければなりません。本書では自分の通信のキャプチャに限定して説明します。

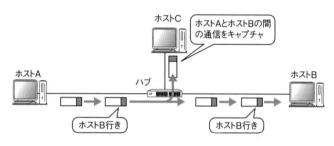

▶ 図2.4　パケットのキャプチャ

パケットキャプチャは、ネットワークのシステム開発、トラブルシューティング、セキュリティ対策、学習などに利用されます。

特に、ネットワークのしくみを理解したい場合には、とても学習効果の高い方法です。実際の通信内容を見ることができるというのは、生物学者や医者を目指している人が、生物の解剖実験をするのに似ています。実物を見ることは、書物をどんなにたくさん読んでも得られないたくさんの知識をもたらしてくれるのです。

しかも、ネットワークのパケットキャプチャの場合、自分が操作した内容によって流れるパケットが変化します。調べたい通信内容を自分で選択できます。同じことを繰り返したり、少しずつ変えてみたりといった、試行錯誤がいくらでもできます。誰にも迷惑をかけることなく、コストもかからず、好きなだけ試せるのです。パケットキャプチャにのめり込んでいるうちにネットワークの達人になっていた、という可能性もあるでしょう。

一方で、不便な点もあります。アプリの画面に丁寧な解説が表示されるわけではないので、自分で考えたり調べたりしなければならない点です。そこで、ここではパケットキャプチャの使い方を簡単に説明することにします。まずは、パケットキャプチャとはどのようなものかを体験してみましょう。

2.2.2 Wireshark のダウンロードとインストール

　この節では、パケットを見るために **Wireshark** というアプリケーションを使います。**Wireshark** はとても便利なパソコン用のアプリで、TCP/IP を学ぶのに最適なツールです。

　Wireshark はネットからダウンロードできますが、インストールするには使用するパソコンの管理者権限が必要です。管理者権限がない場合には、管理者にインストールをお願いしてみてください。

　Wireshark は次のサイトから提供されています。

```
http://wireshark.org/
```

　使用している OS の種類に合わせて、Windows 版、Mac 版、Linux 版などを選択してダウンロードしてください。上記のサイトには、ダウンロードできる Wireshark のバージョンがいくつかあるかもしれません。以降の解説では「Development Release (1.99.1)」というバージョンを利用します（バージョン 1.10 系や 1.12 系とは画面が異なるので注意してください）。

　ダウンロードしたらインストールを実行します。特に設定の変更はいらないでしょう。Windows 版では、WinPcap というライブラリもインストールされます。WinPcap は Windows でパケットキャプチャを行うために必要なライブラリです。管理者権限がない人でも Wireshark を使えるようにしたい場合には、WinPcap のインストール時に「システム起動時に WinPcap を実行する」のような項目があるので、その項目にチェックを入れたままインストールする必要があります。

　Mac の場合は、Wireshark をインストールしただけでは管理者権限がない人は Wireshark を利用できません。次のどちらかの方法により、管理者権限がない人でも Wireshark を利用できるようになりますが、コンピュータの環境によってはセキュリティ的な問題が生じる可能性があります。行う場合には、十分に注意した上で、自己責任のもとで行ってください。いずれの方法も設定をするには管理者権限が必要です。

- **特定のユーザが Wireshark を使えるようにする方法**
  Wireshark を使用するユーザを全員 `access_bpf` グループに入れる
- **すべてのユーザが Wireshark を使えるようにする方法**
  次のファイルの末尾に、

```
/Library/Application Support/Wireshark/ChmodBPF/ChmodBPF
```

次の 1 行を追加する

```
chmod o+rw /dev/bpf*
```

　なお、Wireshark を長時間起動させっぱなしにすると、キャプチャしたパケットでメモリ不足になってパソコンの OS が不安定になることがあります。注意してください。

2.2.3 Wiresharkの使い方

図2.5はWiresharkを起動したときの画面です。

パケットキャプチャを始めるには、キャプチャするNIC（Network Interface Controller）を選択する必要があります。

Wi-Fi、Ethernet、Bluetoothなど、実際に通信しているNICを選択してください。画面を見ていると、流れたパケットの量が表示されます。それを参考に、実際に通信しているNICがどれかがわかるでしょう。

▶ 図2.5　Wireshark起動画面

次に、メニューの「キャプチャ」の中から、「オプション」か「開始」を選択します。左上のアイコンを選択してもかまいません。「開始」を選択すると、すぐにキャプチャが始まります。設定を変更してキャプチャを開始したい場合は、「オプション」を選択します。特に「Option」タブの「Automatically scroll during live capture」のチェックは外したくなることがあるかもしれません。このチェックを外すと、パケットキャプチャ中に画面が自動スクロールしなくなります。実際に動かしてみて、違いを確認してください。

キャプチャを開始すると、図2.6のような画面になります。Wiresharkのウィンドウは、大きく3つの領域に分かれています。一番上の領域は、流れたパケットを表しています。1パケットにつき1行です。この領域で選択したパケットの詳細な解析結果が下の2つの領域に表示されます。

真ん中の領域には、選択した1つのパケットについて、プロトコルに照らして解析された情報が表示されます。Ethernetヘッダ、IPヘッダ、TCPヘッダやUDPヘッダの各フィールドの値が表示されます（付A参照）。図2.7に示すように、三角形の部分を

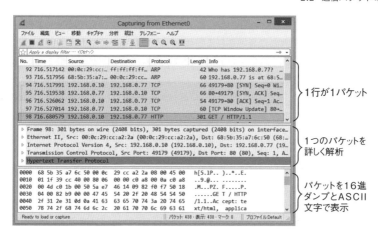

▶図 2.6　キャプチャを開始

クリックすると、より詳細な情報が表示されます。この図では Ethernet ヘッダの 3 つのフィールド（図付.1 参照）について詳しく表示しています。値を読み取ると、終点 MAC アドレス（Destination）は 00:0c:29:cc:a2:2a、始点 MAC アドレス（Source）は 68:5b:35:a7:6c:50、タイプ（Type）は IP（0x0800）となっています。Ethernet ヘッダの場合には表示される値は 16 進数（3.4.2 項参照）になっています（0x は C 言語の表記法で、明示的に 16 進数を意味する接頭辞です）。なお、「Frame」と書かれている部分はヘッダではありません。受信時刻など、パケットに付随する情報が表示されます。

　一番下の領域は、キャプチャしたパケットを 16 進数と ASCII 文字（3.4.6 項参照）で表示しています。データを 16 進数の列で表示することを 16 進ダンプといいます。ネットワークを流れているパケットの姿に近いのは、この 16 進ダンプです。16 進ダンプを見ても人間にはわかりにくいので、解析結果を一番上の領域や真ん中の領域に表示してくれているのです。

　特定の通信に着目したいときには、一番上の領域でパケットを 1 つ選択し、メニューの「分析（Analyze）」から、「TCP ストリーム追従（Follow TCP Stream）」「UDP ストリーム追従（Follow UDP Stream）」を選択するといいかもしれません。フィルタが設定され、特定のパケットのみが見えるようになります。また、図 2.8 のようにウィンドウが開いて、アプリケーションが送信し合っているメッセージ（第 7 章参照）の情報が赤と青の色違いで表示されます。赤と青は送信方向の違いを表しています。

　なお、「TCP ストリーム追従」「UDP ストリーム追従」をすると、他のパケットが見えなくなってしまいます。もう一度すべてのパケットを見たい場合には、右上の［×］をクリックしてください。

　図 2.8 を見て、「これが実際にネットワークを流れているパケットの姿です」と言われ

ても、まだピンとこない人もいることでしょう。この節では、Wiresharkの使い方を簡単に紹介しましたが、画面に表示される情報がなんであるかについては、まだわからなくても大丈夫です。それぞれのプロトコルで決められているパケットやそのヘッダについては、第4章から解説していきます。

注意してほしいのは、それらの章に出てくるパケットやヘッダの説明図と、Wiresharkの画面に出てくる表示とが違うことです。本書の説明図は、パケットやヘッダを規定しているRFC（18ページ参照）に準拠しています。これはTCP/IPの教科書としては一般的な書き方です。これに対して、WiresharkはTCP/IP専用のアプリではなく、数多くのプロトコルを網羅的に対応するように作られているため、画面に表示されるレイアウトや表現方法（見栄え）がRFCの表現とは異なっているのです。

これらの対応関係については、以下のコラム内で説明します。

- パケットヘッダを階層的に表示する方法 ： コラム「Wiresharkでの各ヘッダの表示」（139ページ）
- 複数のパケットの中から関連するパケットのみを表示する方法 ： コラム「Wiresharkでの複数パケットの表示」（148ページ）
- IPヘッダの各フィールドの見方 ： コラム「WiresharkでのIPヘッダの表示」（186ページ）

これらの解説と、Wiresharkの画面を見比べながら、だんだんと理解を深めていってください。

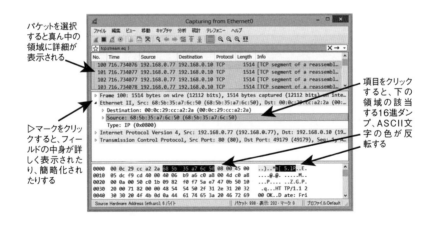

▶ 図2.7　パケットを解析

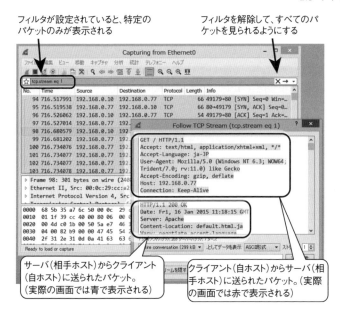

▶図 2.8 「TCP ストリーム追従」を選択したところ

2.3 アドレスの表示

2.3.1 いろいろなアドレス

小包を送るときに住所を書かなければならないのと一緒で、パケットを送るには**ア ドレス**を書かなければいけません。TCP/IP 通信では、MAC アドレスや IP アドレス、Web サイトのアドレス、メールアドレスなど、さまざまなアドレスが使われます。主なネットワークのアドレスを表 2.1 に示します。これらに関連する 2 つのコマンドを動かしてみましょう。

▶表 2.1　TCP/IP ネットワークで利用される主なアドレス

種類	用途	形式	例
MAC アドレス	データリンク	6 バイトなど	00:01:ac:0e:0c:de（16 進数）
IPv4 アドレス	IP ネットワーク	4 バイト	192.168.10.0（10 進数）
IPv6 アドレス		16 バイト	fe00::1011:0100:abcd（16 進数）
ホスト名	アプリ全般	文字列	www.kusa.ac.jp

2.3.2 MACアドレスとIPアドレスの表示

　人に氏名があり、学生ならば学生番号、会社員ならば社員番号があるように、パソコンやスマートフォンにも番号がついています。それがMACアドレス（4.5節参照）とIPアドレス（5.2.1項参照）、IPv6アドレス（8.6節参照）です。これらの識別子は機器を特定するために使われ、通信相手を指定するときに利用されます[†1]。

　MACアドレスやIPアドレスを調べるときには、Windowsでは`ipconfig`、MacやLinuxでは`ifconfig`というコマンドを使います[†2]。

　コマンドとは、キーボードから入力して実行するアプリのことです。Windowsでは「コマンドプロンプト」というプログラムを起動し、キーボードを使ってそこからコマンドを入力します。MacやLinuxでは端末（「ターミナル」というアプリ）を起動してコマンドを入力します。

　これらのコマンドにより、ネットワークインターフェイスの状態などの情報も表示されます。

　「コマンドプロンプト」や「ターミナル」の起動方法はOSのバージョンによって異なります。Windows 8.1の場合には次のようにしてください。

- スタート画面にする（デスクトップが表示されているときにはスタートボタンをクリックする）
- 下矢印をクリックする（すべてのアプリが表示される）
- 「Windowsシステムツール」のところにある「コマンドプロンプト」をクリックする

　Mac（Yosemite）の場合にはLaunchpadを起動し、「その他」の中にある「ターミナル」をクリックしてください。

　OSのバージョンが違うなどして上記の方法でうまくいかない場合、Windowsでは「cmd.exe」、Macでは「terminal.app」というファイルをパソコン内から検索してみてください。これらを実行することで、それぞれ「コマンドプロンプト」「ターミナル」が起動します。

　WindowsとMacで`ipconfig`、`ifconfig`を実行した例を示します（長く出力される行は見やすい位置で折り返しています。なお enter キーは、キーボードによっては return キーと書かれている場合もあります）。MACアドレスは、Windowsでは「物理アドレス」、Macでは「ether」と表示されます。IPアドレスやIPv6アドレスはWindowsでは「IPv4 アドレス」「IPv6 アドレス」、Macでは「inet」「inet6」と表示されます。

[†1] 識別子は一種類とは限りません。たとえばスマートフォンには、電話番号だけでなく、IMEI、ICCID、MEIDなど、さまざまな用途の識別子がたくさん付いています。

[†2] Linuxでは`/sbin/ifconfig`と入力する必要があるかもしれません。

【Windows】

```
> ipconfig /all enter
```

Windows IP 構成

```
    ホスト名............ : host-1234567890
    プライマリ DNS サフィックス . . . :
    ノード タイプ .......... : ハイブリッド
    IP ルーティング有効 ....... : いいえ
    WINS プロキシ有効 ........ : いいえ
```

イーサネット アダプタ ローカル エリア接続:

```
    接続固有の DNS サフィックス . . . :
    説明................ : Realtek RTL8168/8111 Family PCI-E Gigabit Ethernet NIC
                          (NDIS 6.0)
    物理アドレス........... : 00-18-F3-B2-64-31
    DHCP 有効 ........... : いいえ
    自動構成有効........... : はい
    リンクローカル IPv6 アドレス... : fe80::e9b0:7d5c:dd67:4405%7 (優先)
    IPv4 アドレス .......... : 198.168.0.37 (優先)
    サブネット マスク ........ : 255.255.255.0
    デフォルト ゲートウェイ ..... : 192.168.0.1
    DNS サーバ............ : 192.168.1.109
    NetBIOS over TCP/IP ....... : 有効
```

【Mac】

```
$ ifconfig en0 enter
en0: flags=8863<UP,BROADCAST,SMART,RUNNING,SIMPLEX,MULTICAST> mtu 1500
options=10b<RXCSUM,TXCSUM,VLAN_HWTAGGING,AV>
ether 00:03:93:bb:92:ea
inet6 fe80::203:93ff:febb:92ea%en0 prefixlen 64 scopeid 0xa
inet 192.168.0.35 netmask 0xffffff00 broadcast 192.168.0.255
nd6 options=1<PERFORMNUD>
media: autoselect (1000baseT <full-duplex,flow-control>)
status: active
```

　MACアドレスやIPアドレスは、スマートフォンでも表示することができます。
Androidでは「Wi-Fi MACアドレス」「IPアドレス」などと表示され、iPhoneでは
「Wi-Fiアドレス」「IPアドレス」などと表示されます。IPv6アドレスが付いている場合
にはそれも表示されます。やり方は端末の種類やバージョンによって異なるので調べて
みてください。

2.3.3　ホスト名からIPアドレスを調べる（nslookupコマンド）

　IPパケットは、IPアドレスに基づいて送られます。しかし、普段私たちがインター
ネットを使うときには、IPアドレスを直接入力することはほとんどありません。Webサ
イトのURLやメールアドレスを使って相手を識別しています。インターネットをサー
チエンジンで検索するときも、得られるのはWebサイトのIPアドレスではなく、URL
やURIと呼ばれる文字列です。

　8.1節で詳しく説明しますが、URLやURI、メールアドレスを使ってアクセスすると
き、実は裏側ではDNSというしくみが使われています。DNSにより、ホスト名とIP
アドレスが対応づけられているのです。それを確認するためのコマンドがnslookup
です。

　nslookupコマンドはいろいろな機能を持っていますが、ホスト名からIPアドレス

44 第2章 TCP/IPの理解を助けるアプリとコマンド

を調べたいときには、次のように使います。

> **nslookup ホスト名**

ホスト名は「**www.kusa.ac.jp**」のように指定します。ブラウザのアドレス欄などに表示されるURIには、先頭に**http://**という文字列が付いて表示されることがありますが、**http://**の部分はホスト名に含めません。逆にIPアドレスからホスト名を調べることもできます。

> **nslookup IPアドレス**

以下の実行例を見て、自分がよくアクセスするサイトのIPアドレスを調べてみましょう。

【Windows】

```
> nslookup www.kusa.ac.jp enter
サーバー:  ns.kusa.ac.jp
Address:  192.168.0.11:53

名前:  www.kusa.ac.jp
Address:  192.168.0.109
```

2.4 通信確認

2.4.1 トラブルシューティングの第一歩がping

コンピュータのプログラミングでミス探しをすることを**デバッグ**といいます。ネットワークを構築したときもデバッグが大切です。正しく通信できるか確認して、正しく通信できない場合にはその原因を突き止めるのです。これを**トラブルシューティング**とも言います。トラブルシューティングで最もよく使われるコマンドが**ping**（Packet InterNet Groper）コマンドでしょう。図2.9のように、相手までパケットが届くかどうかを確認するコマンドです。返事が返ってくるまでにかかった時間も計測され、通信相手までの往復時間（ラウンドトリップ時間：RTT）も表示されます（4.3.4項参照）。

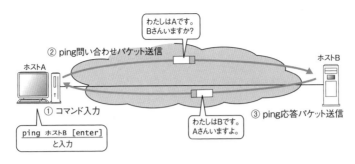

▶ 図2.9　pingコマンドによる到達性の確認

2.4.2 pingコマンドの使い方

pingコマンドは次のように使います。

> ping ホスト名（またはIPアドレス）

pingコマンドをWindowsとMacで実行した例を示します。得られるRTTの精度はOSによって異なります。

MacやLinuxでは「ping -c 送信回数 ホスト名」のように入力すると、指定した回数分、pingパケットが送られます。送信回数を指定しなかった場合は、無限にパケットを送り続けます。途中で中断するには control + C （ control キーを入力しながら C キーを入力）をする必要があります。

【Windows】

```
> ping www.kusa.ac.jp enter
www.kusa.ac.jp [192.168.0.109]に ping を送信しています 32 バイトのデータ:
192.168.0.109 からの応答: バイト数 =32 時間 <1ms TTL=253
192.168.0.109 からの応答: バイト数 =32 時間 <1ms TTL=253
192.168.0.109 からの応答: バイト数 =32 時間 <1ms TTL=253
192.168.0.109 からの応答: バイト数 =32 時間 <1ms TTL=253

192.168.0.109 の ping 統計:
    パケット数: 送信 = 4、受信 = 4、損失 = 0 (0% の損失)、
ラウンド トリップの概算時間 (ミリ秒):
    最小 = 0ms、最大 = 0ms、平均 = 0ms
```

【Mac】

```
$ ping www.kusa.ac.jp enter
PING www.kusa.ac.jp (192.168.0.109): 56 data bytes
64 bytes from 192.168.0.109: icmp_seq=0 ttl=253 time=2.070 ms
64 bytes from 192.168.0.109: icmp_seq=1 ttl=253 time=1.459 ms
64 bytes from 192.168.0.109: icmp_seq=2 ttl=253 time=1.656 ms
^C  (←ここで control + C を押した）
--- www.kusa.ac.jp ping statistics ---
3 packets transmitted, 3 packets received, 0.0% packet loss
round-trip min/avg/max/stddev = 1.459/1.728/2.070/0.255 ms
```

2.5 通信ルートの表示

2.5.1 tracerouteコマンド

2.1.1項では、インターネットのことを空の雲のようにもくもくと描くといいました。ネットワークはブラックボックス化されているため、普段は、どのような経路を通って通信をしているのか、どういう構造になっているのかを意識することはありません。

でも、通信に異常が起きたときなどには、ネットのどこで障害が発生しているのか知りたくなることがあります。このようなときに役立つのが traceroute コマンドです。これを使うと、目的地までの間にあるすべてのルータのIPアドレスを調べることができます。

MacやLinuxの場合には、次のように入力します。

> `traceroute` ホスト名(またはIPアドレス)

Windowsの場合は次のように入力します。

> `tracert` ホスト名(またはIPアドレス)

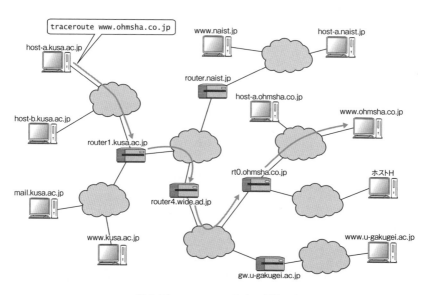

▶図2.10　tracerouteによる経路の表示

図2.10のような環境で、host-a.kusa.ac.jpからwww.ohmsha.co.jpに向けてtracerouteを実行した例を示します（ここでは仮に、www.ohmsha.co.jpというホスト名に対応するIPアドレスが10.0.1.5だとしています）。

【Mac】

```
$ traceroute 10.0.1.5 enter
traceroute to 10.0.1.5 (10.0.1.5), 64 hops max, 52 byte packets
 1 router1.kusa.ac.jp (192.168.1.1) 1.275 ms 1.173 ms 1.121 ms
 2 router4.wide.ad.jp (172.16.8.42) 11.562 ms 11.539 ms 11.640 ms
 3 rt0.ohmsha.co.jp (10.0.0.1) 28.207 ms 62.131 ms 26.229 ms
 4 www.ohmsha.co.jp (10.0.1.5) 40.130 ms 33.700 ms 26.781 ms
```

1.275msや40.130msなどの値は、送ったパケットがそのルータから返ってくるまでにかかった往復時間を表しています。この値を見ていると、物理的な距離を想像することができます。いろいろなサイトにtracerouteコマンドを試して、「東京−大阪間かな？」「日本−アメリカ間かな？」などと予想をしてみると、ブラックボックスだったネットワークがどのようになっているのか少しは見えたような気分になれるでしょう。

2.6 通信状況の表示

2.6.1 ARPテーブルの表示

EthernetやWi-Fiの場合、ネットワーク的に隣り合ったホスト同士ではMACアドレスを使って通信をしています（4.5.1項参照）。ホストでは、通信したノードのMACアドレスとIPアドレスの対応関係を「ARPテーブル」という形で覚えています（217ページの図5.33のようなイメージです）。次のコマンドを入力すると、ARPテーブルに記録されている対応関係の一覧表を見ることができます。

```
arp -a
```

ただし、ARPテーブルの情報はしばらくたつと消えてしまうので、表示されるのは最近通信したノードだけです。このような一時的な情報のことを、キャッシュ（3.3.5項参照）といいます。

以下は、キャッシュされているARPテーブルをWindowsとMacで表示させた例です。

【Windows】

```
> arp -a enter
インターフェイス: 192.168.0.3 --- 0x7
  インターネット アドレス    物理アドレス           種類
  192.168.0.1          00-e0-2b-46-79-00     動的
  192.168.0.19         00-90-cc-a5-ee-df     動的
  192.168.0.255        ff-ff-ff-ff-ff-ff     静的
  224.0.0.22           01-00-5e-00-00-16     静的
  224.0.0.252          01-00-5e-00-00-fc     静的
  255.255.255.255      ff-ff-ff-ff-ff-ff     静的
```

【Mac】

```
$ arp -a enter
? (192.168.0.1) at 0:e0:2b:46:79:0 on en0 ifscope [ethernet]
host1.kusa.ac.jp (192.168.0.15) at 0:10:5a:70:33:61 on en0 ifscope [ethernet]
host5.kusa.ac.jp (192.168.0.25) at 0:30:48:21:f4:d1 on en0 ifscope [ethernet]
```

2.6.2 通信コネクション情報の管理

6.1節で詳しく説明しますが、パソコンやスマホのOSでは、ポート番号（6.1.3項参照）と呼ばれる情報を管理しています。この情報はnetstatコマンドを使って表示できます。

WindowsとMacでnetstatコマンドを実行した例を示します。「-a」オプションを付けると、より詳細な情報が表示されます。

【Windows】

```
> netstat -n enter
```

アクティブな接続

```
  プロトコル  ローカル アドレス        外部アドレス            状態
  TCP       192.168.0.37:54658    172.20.11.108:22      ESTABLISHED
  TCP       192.168.0.37:54732    172.20.11.222:80      ESTABLISHED
  TCP       192.168.0.37:54733    172.20.11.11:80       ESTABLISHED
  TCP       192.168.0.37:54734    172.20.11.11:80       ESTABLISHED
```

【Mac】

```
$ netstat -n -f inet enter
Active Internet connections
Proto  Recv-Q  Send-Q  Local Address         Foreign Address       (state)
tcp4        0       0  192.168.0.215.49426   172.20.168.106.80     CLOSE_WAIT
tcp4        0       0  192.168.0.215.49425   172.20.130.46.80      ESTABLISHED
tcp4        0       0  192.168.0.215.49424   172.20.130.64.80      ESTABLISHED
tcp4        0       0  192.168.0.215.49423   172.20.130.64.80      ESTABLISHED
tcp4        0       0  127.0.0.1.1033        127.0.0.1.1018        ESTABLISHED
tcp4        0       0  127.0.0.1.1018        127.0.0.1.1033        ESTABLISHED
tcp4        0       0  127.0.0.1.631         *.*                   LISTEN
tcp4        0       0  127.0.0.1.1033        127.0.0.1.1021        ESTABLISHED
tcp4        0       0  127.0.0.1.1021        127.0.0.1.1033        ESTABLISHED
tcp4        0       0  127.0.0.1.1033        *.*                   LISTEN
udp4        0       0  127.0.0.1.49158       127.0.0.1.1023
udp4        0       0  127.0.0.1.49157       127.0.0.1.1023
udp4        0       0  192.168.0.215.123     *.*
udp4        0       0  127.0.0.1.123         *.*
udp4        0       0  127.0.0.1.1033        *.*
```

2.7 Webの通信を体験

2.7.1 Webの通信を体験できるコマンド

　私たちがインターネットを利用するときに最も多く使っているサービスはWebでしょう。WebではHTTP（7.2節参照）というプロトコルが通信に使われています。HTTPは文字をベースにしたプロトコルです。普段はWebブラウザが裏側でHTTPによるやり取りを実行してくれていますが、`telnet`というコマンドを使うと、このやり取りを人間が手作業で体験できます。`telnet`は本来は遠隔ログイン（1.4.1項参照）をするためのコマンドですが、TCP（6.3節参照）を使ったストリーム型（7.1.3項参照）の通信の体験や、動作チェックに利用することができます。

　`telnet`を使ったWebサーバとの通信は、図2.11のようになります。この場合には、`telnet`がWebクライアント（Webブラウザ）の役割をします。

　`telnet`を使うと、Webサーバとの間でTCPによる接続（6.3.5項参照）を確立できます。この接続を使って、クライアントとサーバの間の通信をします。人間が`telnet`に対してキーボードから文字列を入力すると、それがWebサーバに送られます。一方、Webサーバから送られてきた情報は、`telnet`を実行している画面に表示されます。これにより、WebクライアントとWebサーバの間でどのような通信が行われているかを体感できます。

　`telnet`コマンドは、MacやLinuxではすぐに起動できる状態になっていますが、Windowsでは次のようにして有効化する必要があります（Windows 8.1の場合で、他のバージョンでは異なる可能性があります）。

1. 「スタートボタン」をクリック
2. 「PC設定」をクリック
3. 「コントロールパネル」をクリック
4. 「アプリケーション」をクリック
5. 「Windowsの機能の有効化または無効化」をクリック
6. 「telnetクライアント」にチェックを入れて、OKをクリック

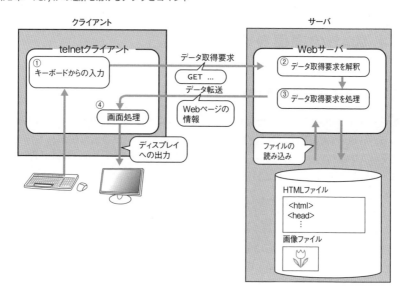

▶図2.11　telnetクライアントによるWebデータ取得

2.7.2 telnetコマンドによるWeb通信の体験

　telnetコマンドを使ってWebの通信を体験するには、まずWebサーバとの間でTCPコネクションを確立する必要があります。MacやLinuxの場合は次のように入力します。

```
telnet Webサーバのホスト名 80 [enter]
```

　80という数は、ポート番号（6.1.3項参照）と呼ばれる識別子です。80番は、Webで使われているHTTPプロトコルに固有のポート番号です。
　Windowsの場合、上記の方法を使うと自分が入力した文字が表示されず、作業がしにくいため、次のように実行します。

```
> telnet [enter]
telnet> open Webサーバのホスト名 80 [enter]
```

　Windowsで上記のコマンドを入力すると、「接続中：ホスト名...」と表示されたまま画面が止まりますが、カーソルが左上隅にジャンプしていれば、サーバと接続できています。そのまま送信する文字列を入力してください。なお、Windowsでは1文字入力するたびに入力した文字がサーバに送られるため、[Back Space]キーは使えません。入力ミスをしたら、最初からやり直してください。

telnetでWebサーバに接続したら、次のようなHTTPのメッセージ（7.2.3項参照）を入力します。

```
GET /ファイル名 HTTP/1.1 [enter]
host: Webサーバのホスト名 [enter]
[enter]
```

トップページを表示したければ、次のように入力します。

```
GET / HTTP/1.1 [enter]
host: Webサーバのホスト名 [enter]
[enter]
```

最後の [enter] は必ず必要です。HTTPでは命令の終わりを空行（改行のみの行）で表すからです。

Windowsで telnet を使ってWebサーバに接続し、データをダウンロードした例を以下に示します。

```
> telnet [enter]
telnet> open www.ohmsha.co.jp 80 [enter]    ←ポート番号を指定してコネクションを確立
GET / HTTP/1.1 [enter]                       ←ファイル取得を要求する文字列
host: www.ohmsha.co.jp [enter]               ←サーバのホスト名を指定
[enter]                                      ←区切りマークを表す空行（改行のみ）
HTTP/1.1 200 OK                              ←応答コード
Date: Wed, 05 Nov 2014 12:46:29 GMT      ⎫
Server: Apache/2.2.3 (Red Hat)           ⎪
Accept-Ranges: bytes                     ⎬  アプリケーションのヘッダ（MIMEヘッダ）
Connection: close                        ⎪
Transfer-Encoding: chunked               ⎭
Content-Type: text/html
                                             ←ヘッダとデータの区切りを表す空行
<!DOCTYPE HTML PUBLIC "-//W3C//DTD HTML 4.01 Transitional//EN"  ⎫
   "http://www.w3.org/TR/html4/loose.dtd">                      ⎪
<HTML>                                                          ⎪
<HEAD>                                                          ⎪
<META HTTP-EQUIV="Content-Type" CONTENT="text/html;            ⎪
   charset=Shift_JIS">                                          ⎬  データ
<link rel="shortcut icon" href="favicon.ico">                  ⎪
<TITLE>理工学専門書 | Ohmsha</TITLE>                             ⎪
<meta name="description"                                        ⎪
   content="理工学専門書出版のオーム社のWebサイトです。">         ⎪
    .                                                           ⎪
    .                                                           ⎭
    .
```

　注意点が1つあります。それは、プロキシサーバ（8.4.3項参照）を利用している環境ではやり方が少し変わる点です。この場合、telnetで指定するホスト名を「プロキシサーバのホスト名」にします。そして次のように入力します。

```
GET http://Webサーバのホスト名/ファイル名 HTTP/1.1 [enter]
host: Webサーバのホスト名 [enter]
[enter]
```

そうすると、プロキシサーバを経由して、Webサーバに

```
GET /ファイル名 HTTP/1.1 [enter]
host: Webサーバのホスト名 [enter]
[enter]
```

という命令が送られます。そしてWebサーバから送られてくるデータも、プロキシサーバを経由して自分のコンピュータにダウンロードされます。

第2章のまとめ

この章では、次のアプリ、コマンドについて学びました。

- Wireshark
- ipconfig、ifconfig
- ping
- traceroute (tracert)
- arp
- netstat
- telnetによるWeb通信

ネットワークにつながっているコンピュータ上でパケットキャプチャをしたり、コマンドを入力したりすることで、ネットワークを流れるパケットが見られたり、ネットワーク設定や状態など、さまざまな情報が表示されることがわかったと思います。

数が多かったので、消化不良になった人もいるかもしれませんが、心配する必要はありません。

- TCP/IPのしくみが理解できると、パケットキャプチャやコマンドの動作がわかるようになります。
- パケットキャプチャやコマンドの動作がわかると、TCP/IPのしくみが理解できてきます。

「にわとりが先か、卵が先か」と同じです。少しずつ、順番に学べることは少なく、行ったり来たりしているうちに、少しずつわかってくることが多いのです。以降の章でも、パケットキャプチャを試したり、コマンドを入力したりしながら、TCP/IPのしくみを学んでいきましょう。特にtraceroute (tracert)はブラックボックスだったネットワークの構造がわかるので、自分がよくアクセスするサイトに対してときどき試してみるといいでしょう。いろいろな実感がわいてくると思います。

第03章 ネットワーク技術を支えるコンピュータの基礎

コンピュータのことを知らずに、コンピュータネットワークについて学ぶことはできません。
この章では、ネットワークを学ぶ上で必要となる、コンピュータの基礎について説明します。

3.1 コンピュータの基礎

3.1.1 コンピュータを理解しよう

　私たちの身の回りにはたくさんのコンピュータがあります。今までの章で登場したスマートフォンやパソコン、ICカードもコンピュータです。
　これらのコンピュータを構成しているのは、電気で動く電子回路です。もし分解できたなら、マザーボードやメイン基板と呼ばれる板の上にICチップが電気配線でつながっている様子が見えるでしょう（図3.1）。

▶図3.1　コンピュータの中はどうなっている？

　コンピュータを構成する回路は、0と1という2種類の値を基本にして動作する**デジタル回路**です。「コンピュータは0と1だけで物事を表現する」という話を聞いたこと

があるかもしれません。でも、どうすれば0と1だけでコンピュータのさまざまな機能を実現できるのでしょう？

この本で学ぶTCP/IPネットワークを構成しているのは、これらのコンピュータです。コンピュータのしくみを理解していない人が、TCP/IPネットワークのしくみを正しく理解できるはずはありません。この章では、TCP/IPからいったん離れて、コンピュータネットワークを学ぶ上でどうしても知っておかなければならないコンピュータの基礎知識について説明することにします。

3.1.2 コンピュータの種類

コンピュータにはさまざまな種類があります。人が持ち歩いて使うコンピュータもあれば、とても持ち運べないような大きさのコンピュータもあります。乗り物や建物に据え付けられているコンピュータもあります。

表3.1に、コンピュータの主な種類をまとめます。

■ スマートフォンもICカードもコンピュータ！

現在販売されているスマートフォンにはパソコン並みの能力を持っているものもあります。20数年前に販売されていた数億円もするスーパーコンピュータ以上の能力のものもあります。しかも、通信機能がはじめから付いているため、いつでもどこでもネットワークを利用することができます。

ICカードもコンピュータです。日本では非接触型のFeliCa（電子マネー、ICカード乗車券）と接触型のMULTOS（住基カード、クレジットカード、銀行カードなど）が広く使われています。ICカードには、カードリーダ（読み取り機）にかざしたときやセットしたときだけ電気が流れて動く超小型コンピュータが内蔵されています。ICカードはとてもコンピュータに見えませんが、内部の構造は立派なコンピュータなのです。

そう考えると、コンピュータはとても身近な存在だとわかると思います。皆さんはコンピュータをいくつ持っていますか？　普段持ち歩いているコンピュータの数はいくつですか？　数えてみてください。

● スマートフォン

さまざまなデバイスを内蔵した高性能コンピュータ。
タッチパネルディスプレイ、カメラ、フラッシュ用ライト、マイク、スピーカー、加速度センサー、ジャイロセンサー、気圧センサー、温度センサー、光センサー、デジタルコンパス、GPS、Wi-Fi、Bluetooth、3G、4G、NFC、振動モーターなど。

● ICカード（接触型、非接触型）

この電極の裏に、小さくて薄いコンピュータがある。この電極を使って、外部機器から電力を与えたり、通信を行う。持ち歩くときはコンピュータは起動しない。カードリーダに接続したときだけ起動して、通信する。
非接触型のICカードは、カードリーダにかざした時に電磁誘導で電力を供給し、電波を使って通信を行う。

▶ 図3.2　スマートフォンもICカードもコンピュータ

▶ 表3.1　主なコンピュータの種類

種類	イメージ図	特徴
パーソナルコンピュータ（PC、パソコン）		「個人で使うコンピュータ」という意味。ノートタイプ、デスクトップタイプ、ディスプレイ一体型などがある。ユーザは、ディスプレイを見ながら、キーボード、マウスで操作する。
スマートフォン		「賢い電話」という意味。いつでもどこでもインターネットに接続できる。画面がタッチパネルになっていて指で触って操作する。
タブレット PC		ノート程度の大きさの板状のコンピュータ。画面がタッチパネルになっていて、指で触って操作する。
マイコン（マイクロコントローラ）		1つの IC チップにコンピュータの機能を入れたもので、炊飯器やエアコンなどの家電製品から IC カードまで幅広く使われている。
PLC（Programmable Logic Controller）		機械や電力の制御を行うコンピュータ。電力設備、ガス設備、ビル、電車、飛行機、船など、さまざまなところで使われている。
ワークステーション		サーバコンピュータとも呼ばれる。形、大きさはパソコンと大差ないが、さまざまな業務向けに特化されている。ネットワークに接続してみんなで利用することもある。
ブレードサーバ		1つの筐体に4台〜32台以上のコンピュータを内蔵できるコンピュータ。ネットワークのサーバとして利用され、データセンターでラックに格納されて使われている。
ルータ、Wi-Fi アクセスポイント		ネットワークにおけるパケット転送専用に設計されたコンピュータ。さまざまなサイズ、大きさのものがある。
メインフレーム		金融機関のデータ処理などで使われる、信頼性が高いコンピュータ。大型冷蔵庫よりも大きいサイズで、空調が効いた涼しい部屋に設置される。大型汎用計算機とも呼ばれる。
スーパーコンピュータ		台風の進路予測や津波のシミュレーションなど、高度な実数演算（浮動小数点演算）に使われる高性能な並列コンピュータ。数十〜数万台以上の筐体で構成される。消費電力や発熱が大きいため、特別な電力設備や空調が必要になる。

3.1.3 ハードウェアとソフトウェア

コンピュータの機器は、大きく**ハードウェア**（hardware）と**ソフトウェア**（software）という2つの部分に分かれています。実際にデータの処理をするのがハードウェアで、そのハードウェアに処理の手順を指示するのがソフトウェアです。

▶ 図3.3　ハードウェアとソフトウェア

コンピュータのハードウェアは、図3.4に示すように、**中央処理装置**（CPU：Central Processing Unit）、**主記憶装置**（メモリ）、**補助記憶装置**（ハードディスク、フラッシュメモリ）、**入力装置**（キーボード、マウス）、**出力装置**（ディスプレイ、プリンタ）という5つの要素から構成されています。また、この図には描かれていませんが、USBメモリやSDカードといった簡単に脱着できて持ち運べる記憶用の機器は、補助記憶装置や入力装置と出力装置を兼ね備えたものと考えてください。

なお、コンピュータの世界では、入力と出力のことをまとめて**I/O**と呼びます。I/Oとは、Input（入力）とOutput（出力）の頭文字をとった表現です。

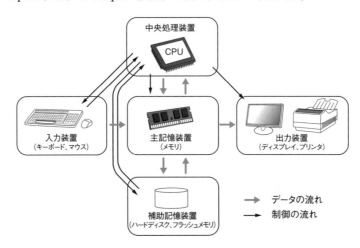

▶ 図3.4　コンピュータハードウェアの基本要素

CPU[†1]はコンピュータの頭脳です。CPUは**機械語（マシン語）**で記述されたソフトウェアを理解し、実行することができます。機械語の例を図3.5に示します。この図では機械語のソフトウェアを16進数で表していますが、実際のコンピュータの内部では2進数として処理され、実行されます。

```
55 00 01 89 E5 14 00 03 83 EC 08 C7 45 F8 00 00
00 00 C7 45 FC 00 00 00 83 7D FC 09 7E 02 EB
0C 8D 45 F8 FF 00 8D 45 FC FF 00 EB EC 83 EC 08
FF 75 F8 68 00 00 00 00 E8 FC FF FF FF 83 C4 10
C9 C3
```

▶ 図3.5　機械語プログラムの例

図3.5を見れば一目瞭然ですが、機械語を人間が理解して書くのは、とても大変なことです。ですから普通は、C言語などのプログラム言語を使用してソフトウェアを作成し、それを機械語に変換してからコンピュータに実行させます。

ほとんどのソフトウェアは、入力装置から入力され、いったん補助記憶装置に格納されます。ソフトウェアを実行するときには、補助記憶装置に格納されているソフトウェアがいったん主記憶装置に転送され、それをCPUが解釈しながら実行します。

このようなソフトウェアのことを**プログラム**（program）とも呼びます。プログラムという用語は、「コンピュータが実行すべき命令が一つひとつ書かれた手順書」のような意味です。ソフトウェアはプログラムよりも意味が広く、コンピュータが実行すべき命令だけではなく、その命令を実行するときに必要となるデータも含まれます。

3.1.4　OSとアプリ

コンピュータで実行されるソフトウェアは、大きく2種類に分けられます。**オペレーティングシステム**（Operating System：OS）と、**アプリケーションソフトウェア**（application software：アプリ）です。これらの関係は、図3.6のようになっています。

アプリは**応用ソフトウェア**とも呼ばれ、利用者が決まった目的のために使用するソフトウェアです。たとえば、ワープロソフトや表計算ソフトなど、コンピュータの利用目的を明確にしてくれるソフトウェアが**アプリ**です。「ソフト次第でコンピュータはなんでもできる」というときの「ソフト」は、この「アプリ」のことです。

OSは基本ソフトウェアとも呼ばれ、アプリがコンピュータのハードウェアを利用するときに必要となる基本的な機能を提供するソフトウェアです。パソコンではWindowsやOS X、スマートフォンではAndroidやiOSなどが利用されています。これらのOSはCPU、メモリ、入力装置、出力装置などのハードウェアを管理し、アプリから利用で

[†1] CPUのことをMPU（Micro Processing Unit）やマイクロプロセッサと呼ぶことがあります。これは、1つのIC（集積回路）で作られたCPUのことです。

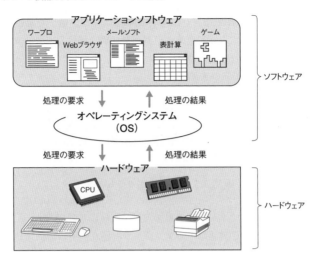

▶ 図 3.6　OSの役割

きるようにします（OS、アプリとハードウェアとの関係について、詳しくは3.5.1項を参照）。

　一般的なアプリは、ハードウェアを直接操作することが許されません。ハードウェアを使いたい場合には、どのハードウェアにどのような処理をさせたいのか、OSに依頼することになります。「OSへの依頼」のことを**システムコール**（system call）や**スーパバイザコール**（supervisor call）と呼びます（3.7.2項を参照）。

　システムコールでアプリからOSに処理要求が来ると、OSはその内容に応じた処理を行います。ハードウェアへの処理要求の場合には、ハードウェアを制御し、ハードウェアに入出力するデータをアプリとの間でやり取りします。

　OSは、アプリの実行制御もします。これは**プロセス管理**と呼ばれます（3.6.1項、3.7.4項を参照）。さらに、個々のハードウェアの性質を抽象化し、種類の異なる機器にも同じ手順でアクセスできるようにする役割も担います（3.5.2項を参照）。アプリの作成者やコンピュータの利用者にとっては、OSのおかげでハードウェアが扱いやすくなるといえます。

　OSという用語は、場合によって幅広い意味で使われています。広義でOSといった場合、コンピュータの操作環境全体を表し、そのOS上で動作する代表的なアプリもOSの一部として考えることがあります。これに対し、特に**カーネル**（kernel）と呼ばれる部分を狭義でOSと呼ぶこともあります。カーネルとは、コンピュータの電源が入っている間、主記憶装置に**常駐**し、すべてのハードウェアとソフトウェアを管理するソフトウェアです。カーネルは、いわばOSの心臓部であり、OSの最も重要な部分だといえます。

3.1.5 TCP/IPでのハードウェアとソフトウェア

　TCP/IPを利用する通信も、ハードウェアの機能とソフトウェアの機能に分けて考えることができます。

　ネットワークハードウェアは、コンピュータとコンピュータを接続するためのケーブル、NIC、ハブなどです。ネットワークに接続するコンピュータもハードウェアに含まれます。

　ネットワークソフトウェアは、大まかに分けると、図3.7のように、**ネットワークハードウェア**、**ネットワークオペレーティングシステム**（ネットワークOS、NOS）と、**ネットワークアプリケーション**に分けられます。

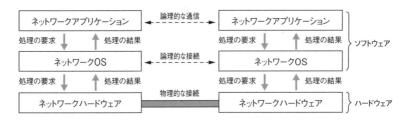

▶ 図3.7　ネットワークコンピュータの階層化

　ネットワークOSとは、ネットワーク機器などを制御する機能を備えたOSのことです。最近のパーソナルコンピュータ向けのOSは、すべてネットワークOSとしての機能を備えています。

　ネットワークアプリケーションは、Webブラウザやメールソフトなど、ネットワークを利用するときに使うプログラムです。

　このように、さまざまな部品が階層的に組み合わされてネットワークコンピュータが作られています。このような部品のことを**モジュール**（module）と呼びます。モジュールとは、特定の機能や役割を担う機能ブロックのことを意味し、通常はほかのモジュールと取り替えることができるように作られています。これにより、目的によってモジュールを使い分け、システムの機能や役割を変えることができます。

3.2 ハードウェアの基本要素

3.2.1 コンピュータの中はネットワーク

3.1.3項で説明したように、多くのコンピュータは中央処理装置、主記憶装置、補助記憶装置、入力装置、出力装置という5つの装置で構成されています。これらの装置は、図3.8のように、**バス**（bus）と呼ばれる信号路で結ばれています。バスは共通信号線と訳されることがあります。そこに接続された装置によって共用される信号線だからです。

コンピュータの「バス」は「車のバス」と同じく、誰でも自由に乗り降りができる乗り物という意味を持っています。バスで接続された機器間でやり取りされる情報は、共通のバスを乗り降りして送られることになります。

装置の多くは、CPUとバスで直接つながっているのではなく、コントローラと呼ばれる装置を介してつながっています。コントローラは接続された装置に対する処理だけを専門に行うコンピュータといえます。CPUはコンピュータ全体の指揮をとる司令塔で、バスを通してそれぞれのコントローラに指示を出しながら、処理をしていくイメージを持つと良いでしょう。

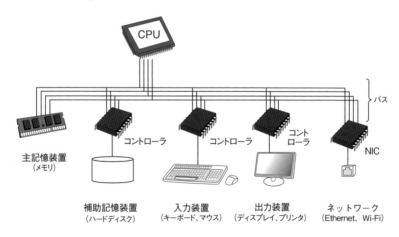

▶ 図3.8　バスによって周辺機器がつながっている

3.2.2 バスの基礎

バスに接続された各装置には、CPUからアクセスするために**アドレス**が付けられています。このアドレスは、単なる数値で表されます。この方式を**メモリマップドI/O**（memory mapped I/O）といいます。たとえば図3.9で、データを記憶しているメモリを参照したい場合には、0〜6999番地にアクセスします。また、ハードディスクの制御や読み書きをする場合には、7000〜7999番地にアクセスします。同様に、キーボードやマウスに入力されたデータを読み込むためには8000〜8199番地に、ディスプレイに画像を表示したりプリンタに印刷したりするためには8200〜8999番地にアクセスします。

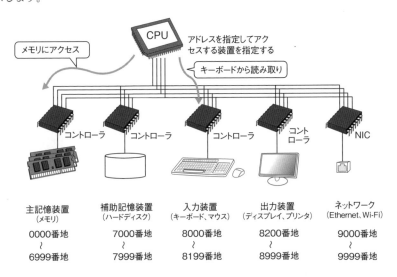

▶図3.9　アドレスを使ってメモリや周辺機器にアクセス

通常、バスには3つの種類があります。**データバス**と**アドレスバス**と**制御バス**です。データバスは実際にデータを転送するときに利用され、アドレスバスはアドレスを指示するときに利用されます。制御バスはデータを書き込むのか読み込むのかを指示するのに利用されます。これらのバスを使い分けて、メモリへの値の読み書き（メモリアクセス）、周辺機器の制御やデータ転送（I/O）を行います。

なお、メモリアクセス用とI/O専用に2系統のバスを用意しているCPUもあります。この場合には2つのバスを使い分けることになります。Intel社のx86プロセッサやCore iプロセッサ、Zilog社のZ80プロセッサはこのような方式になっています。

■ **バスとバッファ**

　バスは、接続されているすべての機器で共有されます。このため、同時に2種類のデータ転送はできず、同じ時刻には、2つの装置間で片方向にしかデータをやり取りすることができません。

　たとえば、図3.10のようにメモリアクセス用とI/O用のバスが同じ場合、キーボードから入力されたデータをCPUが読み込む処理と、ハードディスクのデータをメモリに転送する処理を同時に行うことはできません。

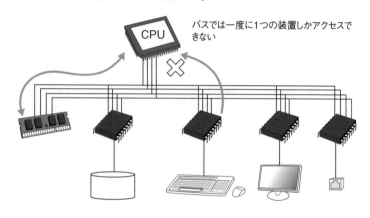

▶図3.10　バスの構造

　しかし、実際に私たちがコンピュータを使っているときには、ハードディスクからデータを読み込んでいる最中にキーボードから文字を入力できたり、NICにパケットが届いたりします。このようなとき、後からバスにアクセスしようとする機器は、先にバスを利用している機器のアクセスが終わるまで待つ必要があります。

　NICからの入力のように、バスが空くのを待っている間にどんどん届くデータは、いったん**バッファ**（buffer）と呼ばれる記憶装置に格納され、バスが利用可能になるまで待たされます（バッファについては3.3.1項を参照）。バスが空くと、バッファに格納されたデータが転送されます。

　小型の組み込み機器などでは、それぞれの入力装置や出力装置に十分な量のバッファが用意できない場合もあります。このような場合、入出力するデータ量が多いと、そのデータを「取りこぼす」ことになります。比較的性能が高いパソコンやワークステーションなどでも、一度にたくさんのデータが入力されると、取りこぼしが発生することがあります。

　また、CPUの負荷が高い場合も、バッファが利用されます。たとえば、多数のプログラムを一度に起動したときに、キーボードから入力した文字が数秒遅れて画面に表示されたり、入力した文字の一部が欠けて表示されたりした経験はないでしょうか？　これは、CPUがやらなければならない処理が多すぎて、キーボードから入力された情報

をすぐに処理できなくなったためです。このようなときでも、キーボード入力した情報がバッファに格納されていれば、入力を取りこぼすことなく画面に表示されます。しかし、バッファに格納しきれなくなった場合や、バッファの制御が正しく行われなかった場合には、入力した情報が消えてしまうことがあります。

■ **バスとスイッチ**

同じバスの中では、データの転送速度はすべて同じになります。ハードディスクでも、キーボードでも、同じ速さになります。ところが、コンピュータの周辺機器には、グラフィック描画処理のように高速性が要求される機器もあれば、キーボードのように低速で問題ない機器もあります。

このため、すべての機器でバスを共有するのではなく、複数のバスを用意し、間に切替機（コントローラスイッチ）を入れて、共有部分を減らす構造が主流になってきています。高速性が要求される機器は高速な専用バスに接続され、ほかの機器にじゃまされにくい構造にすることで、高速な処理を実現します。

コンピュータネットワークを構築するときにも、バスとスイッチについての知識が必要になります。具体的には4.4.1項で説明します。

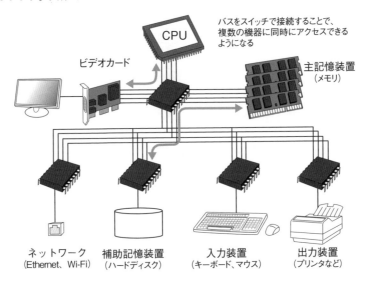

▶ 図3.11　複数のバスをスイッチで接続する

3.2.3 バスにおけるアドレスとデータの扱われ方

　私たちは普段、0〜9までの10個の数字を使った10進数を使っています。しかしコンピュータの内部では、10進数ではなく2進数が使われています。2進数では、0と1という2つの数字の組み合わせだけで、すべての値を表現します（2進数については3.4節で説明します）。

　バスによるデータ通信も2進数が基本になっています。0と1や、0と1の組み合わせでできるパターンを、電圧の高低に変換してケーブルで伝送します。このとき、2進数の1桁を**ビット**（bit：binary digit）という単位で表します。

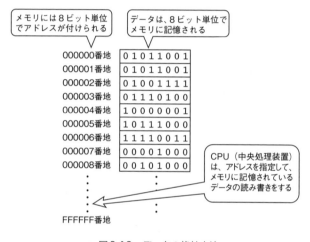

▶ 図3.12　データの格納方法

　現在利用されている多くのコンピュータでは、データを記憶するメモリには8ビット単位でアドレスが付けられています。つまり、1つのアドレスには、8ビットのデータを格納できるようになっています。

　コンピュータのプロセッサは、32ビットプロセッサや、64ビットプロセッサという言葉で呼ばれることがあります。たとえば、Zilog社のZ80は8ビット、ARM社のARMv7は32ビット、ARM社のARMv8やOracle社のSPARC TやIntel社のCore iプロセッサは64ビットという具合です。Atmel社のAVRやルネサスエレクトロニクス社のH8は、型番によって8ビットや16ビット、32ビットなど細かく分かれています。

　これらのコンピュータでは、CPUやCPUの**レジスタ**（CPU内部で演算に使用する記憶領域）の大きさ、レジスタとメモリとを結ぶデータバスが、それぞれ8ビットや16、32、64ビットになっており、そのビット数の量のデータを一度に処理したり転送したりすることができます。一般に、データバスの数値が大きいほど転送速度が向上します。

3.2.4 パラレル通信とシリアル通信

機器と機器を結んでデータを送信するときには、大きく2種類の通信形態があります。それは、**パラレル**（parallel）通信と**シリアル**（serial）通信です。

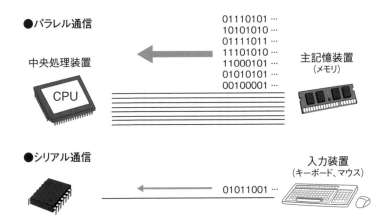

▶ 図3.13　パラレル通信とシリアル通信

パラレル通信とは、一度に複数の信号線を使って並行にデータを転送する方式です。コンピュータ内部のバスは、パラレル通信になっています。これに対して、シリアル通信とは、1つの信号線を使って直線的にデータを転送する方式です。

パラレル通信は、一度にたくさんのデータを送信できるため、シリアル通信よりも大容量のデータ伝送に適しています。しかし、ケーブルが太くなることや、ケーブル間の電波干渉を小さくするのが難しいこと、ケーブルの距離を伸ばしにくいことが欠点です。

シリアル通信は、一度にたくさんのデータを送信することはできませんが、ケーブルを細くでき、ケーブル間の電波干渉を小さくできるため、長距離化や高周波化が比較的容易です。

このため、コンピュータの基板上の配線のように速度を最優先する箇所ではパラレル通信が使われ、コンピュータと周辺機器の接続などではシリアル通信が利用されることが多くなってきました。

ハードディスクなどの接続に使われるSATA、いろいろな周辺機器の接続に使われるUSB、機械制御やルータの設定などで使われるRS-232Cなど、身の回りの通信ではシリアル通信が増えています。一方、LANで広く使われるギガビットEthernetの1000BASE-Tは4対の信号線を使ったパラレル通信になっています。

3.2.5 全二重通信と半二重通信

通信には、大きく分けて**全二重**（full duplex）と**半二重**（half duplex）という2つの方式があります。全二重通信とは、同時に双方向で通信できる通信方式です。半二重通信とは、一方が信号を送っているときにもう一方が受信する通信方式です。

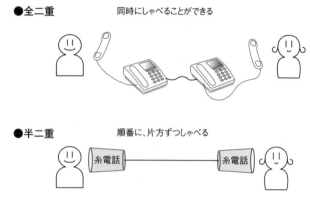

▶ 図3.14　全二重通信と半二重通信

たとえば、糸電話やトランシーバを使って会話をするときには、話す側と聞く側とが明確に分けられます。トランシーバの場合、話す側は送信ボタンを押してしゃべり、最後に「どうぞ」といって交替します。

3.2.1項で説明したバスの場合、データの送信と受信を1つの信号線で行うことになります。このようなネットワークは半二重通信になります。

電話では、話すことと聞くことを同時に行えます。ところがよく考えてみてください。話しながら聞くことがあるでしょうか？　会話というものは、話す側と聞く側が明確に分かれるのが普通です。トランシーバのようにルールを決める必要はありませんが、それでも一瞬一瞬を観察すれば、電話も半二重通信に近くなっています（もちろん、会話の途中で相手の会話をさえぎって「割り込みをしやすい」という利点はあります）。第6章で説明するTCPは、全二重通信を実現するプロトコルですが、実際にその上で動くWebのプロトコルであるHTTP（7.2.3項参照）や電子メールのSMTP（7.3.3項参照）は、半二重的な通信プロトコルになっています。

3.2.6 同期信号とクロック

CPUの性能について議論するときに、2GHzや900MHzのように、**Hz**（ヘルツ）という単位が使われることがあります。ヘルツとは**周波数**を意味し、1秒間に何回振動するかを示しています。たとえば、家庭に送られてくる電気は、決まった間隔で電圧が繰り返しプラスになったりマイナスになったりする「交流」です。東日本では1秒間に50回、西日本では1秒間に60回、プラスとマイナスを繰り返し、これをそれぞれ50Hz、60Hzと表します。

コンピュータ内部の部品の多くは、電圧の「高」と「低」を繰り返し入力しないと動作しません。これを**同期信号**や**クロック**（clock）といい、その周波数を駆動周波数やクロック周波数といいます。**IC**（集積回路）の場合には、内部構造が同じであれば、同期信号の周波数が大きければ大きいほど処理速度が速くなります。

このような同期信号やクロックはコンピュータシステムのいたるところで利用されています。CPUやメモリ、それらを接続するバス、周辺機器のコントローラ、ネットワーク通信を実現するためのコントローラなど、あらゆるところでクロックが使われています（図3.15）。それらの周波数は、互いに同じこともあれば、違うこともあります。そのため、逓倍や分周と呼ばれる回路を使って、周波数を数倍に増やしたり数分の一に減らしたりしています。

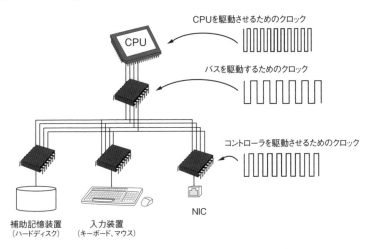

▶ 図3.15　同期信号

また、クロックには時刻を表す「時計」という意味もあります。CPUを駆動させるクロックはコンピュータの電源が入っているときしか動きませんが、時計を表すクロックは電源を切っていても電池やバッテリーで動き続けているのが普通です。そうしないと、コンピュータの電源を入れ直すたびに時計を合わせなければならなくなってしまいます。

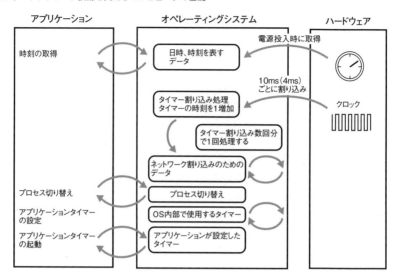

▶ 図3.16 クロックとタイマー

　時刻取得以外に、クロックは**タイマー**（timer）処理でも利用されます。タイマーとは、何らかの処理について、ある時間経過した時点や、一定の時間間隔で繰り返し行いたい場合に利用されます。

　ネットワークによる通信処理では、たびたびタイマーが利用されます。たとえばTCPによる通信では、送信したパケットが喪失したときの再送処理（6.3.3項参照）などにタイマーが利用されます。IPによる通信では、分割されたIPパケットの再構築処理（5.5.3項参照）の制限時間に利用されます。このほか、ARPキャッシュの削除処理（5.5.1項参照）やRIP（7.3節参照）、OSPF（7.4節参照）の接続管理などでも利用されます。

　これらの処理を実現するために、OSのカーネル内部にタイマーで使用する時刻を管理する変数を用意します[2]。この変数は電源投入時に0に初期化されます。そして、OSに対して定期的にハードウェア割り込み（3.7.4項参照）を発生させ、そのたびにこの変数の値を1増加します。たとえばBSD系のUNIXでは10ms（ミリ秒）単位でハードウェア割り込みを発生させますので、この変数は10msごとに1増加します[3]。この変数の値を調べることで、特定の時間が経過したときに特定の処理をすることができます。

　たとえば伝統的なBSD系のUNIXでは、500ms単位で起動されるスロータイマーと呼ばれるタイマーがあり、TCPの再送処理などで利用されています。このタイマーは、カーネルの変数が10msごとに1増加する場合には、この変数が50増えるたびに発動するタイマーとして実装されます。

---

[2] UNIXでは tick、Linuxでは jiffies という変数名になっています。
[3] 運用する人が別の値にチューニングすることも可能です。Linuxの場合は、CPUの駆動クロックが1GHz以上の場合はデフォルトで4ms単位になります。

なお、現在ではコンピュータの仮想化（3.8節参照）により、ハードウェア割り込みが、本当にハードウェアが管理しているとは限らなくなりました。このため必ずしも定期的にハードウェア割り込みを行わないシステムもありますが、決められた時間間隔で増加するカウンター変数でタイマーを管理するしくみに変わりはありません。

3.3 バッファ、キュー、スタック、キャッシュ

コンピュータネットワークを語る上で避けて通れないのが、**バッファ**（buffer）と**キュー**（queue）です。バッファは**緩衝装置**と訳され、キューは**待ち行列**と訳されます。これらはともに、コンピュータネットワークを理解するために、最も基礎となる部分です。

3.3.1 バッファ

3.2.2項で説明したように、コンピュータの内部には、データの処理速度や転送速度が異なる機器がたくさん使われています。インターネットにも、伝送速度の異なるネットワークがたくさん接続されています。

このように速度の違う機器同士を接続するときには、速度差を変換したり吸収したりしなければなりません。その最も一般的な方法が**バッファ**です。

速度の異なる装置を接続する地点に、バッファと呼ばれる記憶装置を設置し、やり取りするデータを一時的にバッファに格納します。そして、速度の違う装置に送信するときには、速度を変換してから送信します。これにより、各装置の速度差を吸収することができます。

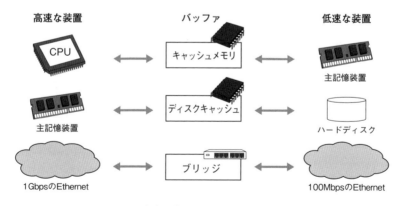

▶ 図3.17　速度の違う機器の間にはバッファがある

コンピュータの内部には、キャッシュと呼ばれるバッファのためのメモリがいたるところに存在しています。たとえば、CPUの動作速度に比べて、主記憶装置（メインメモリ）へのアクセス速度は桁違いに遅いのが普通です。この速度差を補うために、メインメモリとCPUの間に、**キャッシュメモリ**（cache memory）というバッファ記憶装置が置かれます。一般的にはCPUと主記憶装置の間に、1次キャッシュ、2次キャッシュなどのバッファメモリが置かれます（キャッシュについては、3.3.5項を参照）。

また、キーボードやハードディスク、プリンタなど、機械的に動作する機器は、電気的な処理をする半導体メモリなどに比べて、数桁も処理速度が遅くなります。これらの装置の間にもバッファが存在しています。

詳しくは第4章で説明しますが、コンピュータネットワークで使用されているルータ、ハブ、Wi-Fiアクセスポイントにはバッファが備えられており、このバッファによって速度差を吸収しています。たとえば、100Mbpsで送られてきたEthernetのフレームを1GbpsのEthernetのフレームに電気的に変換することはできませんが、Ethernetのフレームをいったんバッファに格納して、速度を変換してから転送することはできます。これにより、伝送速度の異なるEthernetやWi-Fiを互いに接続できるようになります。

速い装置から遅い装置へ転送しきれないほどのデータが転送されると、バッファがいっぱいになってしまうことがあります。いっぱいになった後で来るデータは、バッファに格納することはできず、いわゆる「**バッファがあふれた**」状態になります。こうなると後から送られてきたデータは失われてしまいます。

バッファがいっぱいになってもデータが失われないようにするために、**フロー制御**（flow control：流量制御）が行われることがあります。これは、バッファがいっぱいになったら、それ以上のデータを転送しないようにデータの流れを中断し、バッファに空きができたらデータの流れを再開したりする制御のことです。

TCP/IPの場合には、TCPがフロー制御を行います（6.3.6項参照）。TCPは受信するコンピュータの処理が追いつかない場合でも、受信側でデータを取りこぼさないように制御しながらパケットを送信します。

バッファと似た言葉に、**テンポラリ**（temporary）というものがあります。テンポラリは一時的にデータを保存する記憶領域のことで、tmpと略されることがあります。バッファは処理速度や転送速度の違いを吸収することが最も重要な役割ですが、テンポラリにはそういった目的はなく、「後で使うから一時的に記憶しておこう」というものです。

3.3.2 キューとスタック

バッファにデータを格納するときには、いくつかの格納方式があります。代表的なものがキューとスタックです。

キュー（queue：待ち行列）は **FIFO** と呼ばれるバッファの一形態で、コンピュータシステムやネットワークシステムのいたるところで利用されています。FIFOは、First In First Out の頭文字をとったものです。いうなれば「先入れ、先出し」で、最初に入ってきたデータから順番に処理することを意味します。

スタック（stack）は **FILO**（First In Last Out）や **LIFO**（Last In First Out）と呼ばれる「先入れ、後出し」の方式です。最初に入ってきたデータは、最後に取り出して処理されることになります。スタックは、プログラムを実行するときの変数を格納した

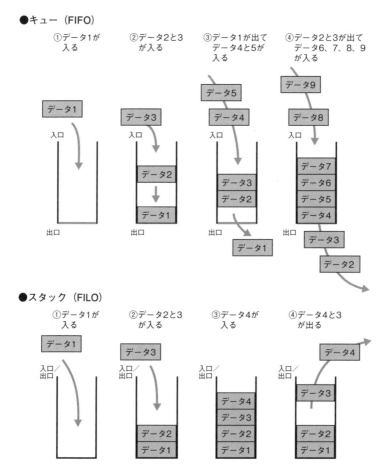

▶ 図3.18　いろいろなバッファの格納方式

り、関数呼び出しなどの際に戻ってくるアドレスを格納するのに使用されます。

お店の商品を陳列する場面を思い描いてみてください。先に仕入れた商品を棚の奥に残したまま、後から仕入れた商品を棚の最前列に置いていくのは、スタック形式だといえます。本屋さんで平積みになって売られている本も、スタック形式と呼べるかもしれません。これに対し、商品をキュー形式で置ける棚をお店で見かけることもあるでしょう。たとえばコンビニエンスストアの缶飲料やペットボトル飲料の売り場は、商品を入れる場所と取り出す場所が「ところてん」方式で別々になっており、キューの良い例だといえます。

このように、コンピュータだけではなく日常生活でもいたるところで、バッファによる格納方式が使われています。皆さんも身の回りのキューやスタックを探してみてください。

3.3.3 いろいろなキュー（待ち行列）

キューの最も基本的な形式は、銀行の窓口に並んでサービスを待つ状況にたとえられます。誰も待っていない場合にはすぐにサービスを受けられますが、誰かがサービスを受けているときには、行列を作って並びます。後から来た人は必ず行列の最後尾に並ばなければならず、列の途中に割り込むことは普通はできません。

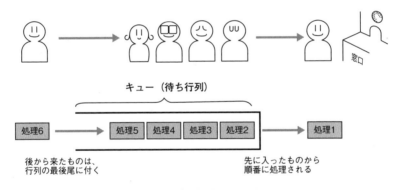

▶図3.19 待ち行列としてのキュー

キュー（待ち行列）には、さまざまな形態があります（図3.20）。

たとえば、窓口が複数あった場合の並び方を考えてみてください。日常生活だと、お店のレジや切符の販売機、あるいはトイレに並ぶときに遭遇する状況です。図3.20の上の図のように、窓口が複数でキューも複数ある場合には、それぞれの窓口の処理時間の違いにより、不公平が生じる場合があります。これに対し、中央の図のようにキューが1つならば、公平に順番が回ってくることでしょう。

図3.20の下の図のように、窓口が1つであっても複数のキューがある場合もあります。高速道路の合流などがこれにあたるでしょう。この場合には、それぞれの列に先に並んでいる人の処理時間の違いにより不公平が生じます。

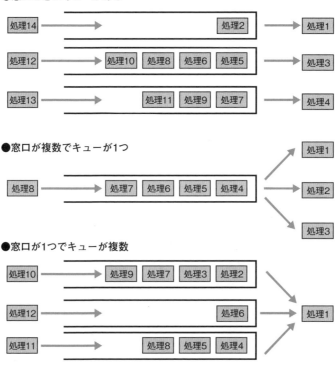

▶図3.20　いろいろなキュー

さらに、キューごとに、優先順位などの特徴付けをするやり方もあります。これは、一般の客と特別な客を分けるやり方です。たとえば飛行機では、ファーストクラスとエコノミークラスで搭乗手続きなどのキューが違います。ファーストクラスの客は、エコノミークラスの客よりも常に優先度の高いキューに並ぶことができます。

優先順位の考え方をさらに推し進め、サービスの品質を保証する技術も使われています。これを **QoS**（Quality of Service）と呼びます。QoSでは、処理にかかる時間の最悪値や通信速度の最低値などを保証します。これらの保証を実現するために、キューの管理を中心としたきめ細かい制御技術が使われています。

コンピュータやネットワークのハードウェアやソフトウェアでは、キューの処理方法の設計が性能に大きな影響を与えます。このため、キューの構造や機能、性質について十分に理解しておく必要があります。

3.3.4 キューの実現方法──リストとリングバッファ

キューはどのようにして実現されるのでしょうか。今までに示した図では、キューに格納されたデータは、順番に移動しながら処理を待っていました。しかし、実際にメモリ上に用意されたキューの中をデータが順番に移動することはありません。メモリ上でデータを移動するには、そのデータをコピーする必要があり、処理速度が低下する原因になるためです。実際のキューを実現するときには、コピーを減らすために**リスト**（list）や**リングバッファ**（ring buffer）と呼ばれる方法が使われています。

リストの概要を図3.21に示します。リストとは、データに前後のつながりを表す情報が付けられ、それが連なって作られたデータ構造のことです。図のように、格納する

●リストのイメージ図

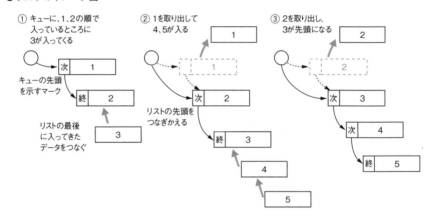

●リストの実際

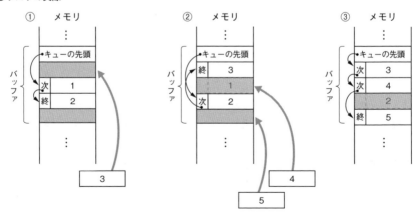

▶ 図3.21　リスト

それぞれのデータにヘッダのようなものを付け、その中に次のデータの位置を表す情報を格納します（図には描かれていませんが、実際には格納したデータの長さなどの情報もヘッダに格納します）。このようにしてデータをメモリ上に格納すると、キューにデータを入れたり出したりするときに、データそのものを移動させることなく、「次のデータ」を表すヘッダ部分の修正をするだけで済みます。リスト構造のときには、実際に格納されるデータの順番とキューの順番の間に関係はありません。OS内部で作られるキューの大部分は、このようなリストとして作られます。

図3.22はリングバッファの概要です。リングバッファとは、用意したバッファの最後と先頭が「ワープ」してつながっているように使われるバッファのことです。リング

● リングバッファのイメージ図

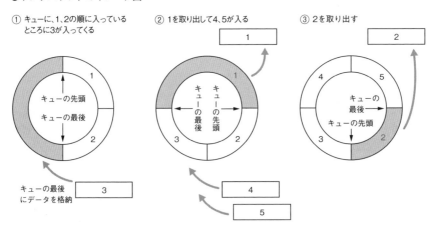

● リングバッファの実際

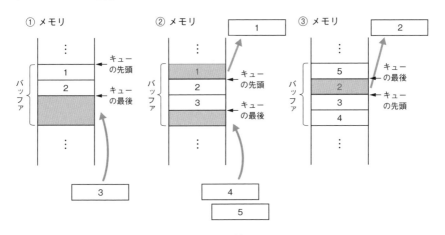

▶ 図3.22　リングバッファ

バッファの場合には、特定の大きさの連続する記憶領域をメモリ上に用意します。メモリの先頭から順番にデータを格納し、バッファの最後まできたらバッファの最初に戻って格納します。リングバッファを制御するときには、必ずキューの先頭とキューの最後を管理します。そしてキューの最後がキューの先頭を追い抜かないように制御します。リングバッファは、デバイスドライバや、NICなどのハードウェア内部で利用されます。

3.3.5 キャッシュ

キューやスタックは、バッファにデータを格納したり、取り出したりするときの順序に関する方式です。これに対して**キャッシュ**（cache）は、バッファの利用形態の一つです。

キャッシュは、処理速度の速い装置が、処理速度の遅い装置に何度も同じデータの転送を要求する可能性が大きい場合に利用されます。速度の速い装置が、遅い装置からデータを受信したとき、そのデータを一時的にキャッシュに記憶します。再度同じデータにアクセスするときは、もともとのデータを格納している装置にアクセスする代わりに、キャッシュからデータを読み込みます。

これにより、2回目からは高速にデータにアクセスできるようになります。ただし、キャッシュに記憶できる量は、アクセスしたい本体の装置が記憶できる量よりも数桁も小さいのが普通です。ですから、キャッシュに格納されたデータは必要に応じて上書きされます。このため、キャッシュの効果には限界があります。

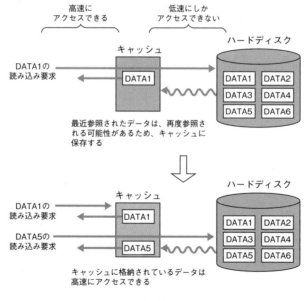

▶ 図3.23　キャッシュ

キャッシュに記憶されているデータを消去するときには、いくつかの方法が利用されます。単純な方法は古いデータから順番に削除していく方法です。ネットワークの世界では、**タイマー**（timer）や**エイジング**（aging）と呼ばれる方法がとてもよく利用されます。この2つの方法では、キャッシュにデータを格納するときにそのデータの有効期間を決め、有効期間が過ぎたらデータを消去します。ほかには**LRU**（Least Recently Used）という方法があります。これは最近アクセスされていないデータから順番に消去していく方法です。

コンピュータの内部には、たくさんのキャッシュがあります。たとえばCPUとメインメモリの間には、1次キャッシュ、2次キャッシュというように、キャッシュメモリがあります。一般的には、このキャッシュメモリの容量が大きければ大きいほど、コンピュータの処理速度が向上します。

TCP/IPでも、ネットワークの利用効率とアクセス速度の向上のためにキャッシュが利用されています。ARP（5.5.2項参照）やDNS（8.1節参照）では、タイマーやエイジングのようなキャッシュ処理が行われ、Webブラウザやプロキシ（代理）サーバ（8.4.3項参照）では、LRUのようなキャッシュ処理が行われます。

例として、Webでキャッシュを利用している様子を図3.24で説明します。

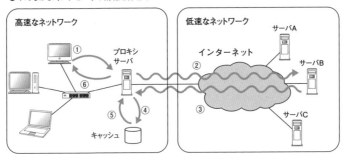

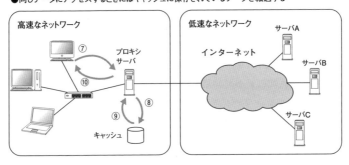

▶ 図3.24 Webのキャッシュ

78 第3章 ネットワーク技術を支えるコンピュータの基礎

Webブラウザは、メモリやハードディスクをキャッシュとして使用します。さらにプロキシサーバを利用している場合には、プロキシサーバもキャッシュとして利用されます。

プロキシサーバを利用する場合、初めてアクセスするときにはオリジナルのデータにアクセスしますが、そのときプロキシサーバが用意しているキャッシュに、そのデータが記憶されます。同じプロキシサーバを利用している別の人が同じ情報にアクセスしようとしたときには、プロキシサーバに記憶されている情報が転送されます。これにより、インターネットへの接続スピードが遅い場合でも、高速なLANの回線でアクセスしているかのように、素早くWebページが表示されるようになります。

キャッシュには欠点もあります。元のデータが変更されたのに、キャッシュにある古いデータにアクセスしてしまう可能性があることです。ニュースサイトのような比較的更新期間が短いページをWebブラウザで見たときに、何度見ても古いニュースしか見えない状態を体験したことがある人もいるでしょう。このようなときには、強制的にキャッシュのデータを消去（クリア）して、オリジナルデータにアクセスする必要があります。たとえばInternet Explorerであれば、「[control]キーを押しながら［更新］ボタンをクリック」という操作によりキャッシュを無視して強制的に情報を更新できます。

3.4 コンピュータのデータ表現

コンピュータネットワークでどのようにデータが扱われるかを理解するためには、コンピュータの内部でデータがどのように記憶されているかを理解する必要があります。パケットやそのヘッダは、コンピュータの内部のメモリ上で作られてから、ネットワークに転送されます。このとき、コンピュータの内部では、コンピュータにとって扱いやすいデータ処理方法が利用されています。

3.4.1 2進数とデータ表現

コンピュータやネットワークの世界では、**2進数**が利用されています。ですから、2進数について理解するのは、とても大切なことです。特に、第5章で説明するIPアドレスやサブネットマスクなど、IPの最も重要な事項について正しく理解しようと思ったら、2進数についてきちんと理解している必要があります。

しかし、2進数は人間にとって非常にわかりにくいものです。それにもかかわらず、なぜコンピュータやネットワークで2進数が利用されるのでしょうか。10進数を使わないのはなぜでしょうか。

その理由は、2進数のデータ処理はこれから説明するように非常に単純なため、装置や機械を作るのが簡単になるからです。機械を簡単に作れれば、機械の製造価格（コスト）を下げることができます。さらに、機械を単純化できれば、機器の性能を向上させ

3.4 コンピュータのデータ表現　　79

ることが容易になります。コンピュータやネットワーク産業では、常に価格と性能の競争が行われています。高性能の機器を低価格で提供できる2進数のほうが、10進数よりも都合が良いのです。

　ただ、2進数は人間にとっては非常にわかりにくいのも事実です。性能を上げることばかりに目が行き、人間にとって使いにくいものになってしまっては、コンピュータやネットワークに発展はありません。

　ハードウェアの内部は、どんどん人間の直感から遠ざかっており、人間が理解するのが困難になってきています。その一方で、人間から離れてしまったハードウェアを人間にとってわかりやすく、使いやすくする努力もされています。このような「わかりやすさ」を追求することは、ソフトウェアの力によって行われます。

　たとえば、コンピュータやネットワークで扱うデータは、ハードウェア内部では2進数で処理していても、人間が見る画面には10進数で表示されます。これは、ソフトウェアが2進数を10進数として表示させているからです。このように、ソフトウェアが人間にとってわかりやすい表示に変換してくれるため、コンピュータの利用者は、コンピュータの内部でどのような処理が行われているのかを細かく気にする必要がありません。

　しかしながら、コンピュータやTCP/IPのしくみを理解したり、ネットワークアプリケーションを作成したり、ネットワークを構築したりするためには、2進数の知識もどうしても必要です。したがって、この節はしっかりと読み進めてください。

3.4.2　ビット、バイト、オクテット

　2進数のことを**バイナリ**（binary）といいます。人間が直接内容を理解するのが困難な、2進数の機械語のプログラムやデータのことを、「バイナリプログラム」、「バイナリデータ」と呼ぶことがあります。これは日常生活で使っている10進数ではなく、コンピュータ向けの2進数になっていることを意味しています。

　ソフトウェアやハードウェアを開発するときには、コンピュータ内部のデータ表現のまま人間が作業をしなければならないことがあります。しかし、そういったときでも2進数のまま扱うのはやっかいです。小さな数を表したい場合でも大きな桁数になるからです。そこで、ソフトウェアやハードウェアを開発するときには、2進数にそのまま変換しやすい16進数がよく使われます。16進数とは、0〜9までの数字と、a〜fまでの英文字を使って数値を表す方法です。a〜fまでの英文字は、10進数の10〜15までの値に対応します。

　ビット（bit：binary digit）は、2進数の1桁を表す単位です。情報量を表現する最小の単位として使われています。

　さらに、コンピュータの世界では、8ビットを1つのかたまりとして扱います。これを**バイト**（byte）という単位で表します。1バイトで表すことができる数値は、10進数で0〜255、16進数で0〜FFです。

80　第3章　ネットワーク技術を支えるコンピュータの基礎

最近では、1バイトが8ビットでないことはほとんどありませんが、歴史的には、6ビットや7ビット、9ビットが1バイトとして扱われたことがあります。このため、ネットワークの世界では、8ビットであることを強調したい場合には、**オクテット**（octet）という単位が用いられます。1オクテットは必ず8ビットのデータを意味します。現在ではインターネットが当たり前になったこともあり、「8ビット＝1バイト」以外のコンピュータはほとんどなくなりました。コンピュータごとに異なるビット長を使うことのメリットより、ネットでつながったコンピュータと相互にデータをやり取りするときの利便性をとったともいえます。このため、本書でも1バイトは8ビットと決めて、話を進めます。

また、日常生活で1000mのことを1kmというように、コンピュータの世界で使われるビットやバイトでも、大きな単位を表すのに「k」（キロ）のような記号を使います。これを**数の接頭語**といいます。

日常生活では10進数が基本なので、通常の数の接頭語は10のべき乗単位で決められています。しかし、コンピュータの世界では2進数が使われているため、2のべき乗単位で数の接頭語を付けます。たとえば、1Kバイトは1024バイトを意味します（「K」もキロと読みます）。1024は2の10乗ですが、同時に1000に近い数でもあるため、普段の生活で使っているk（キロ）と近い感覚で利用することができます。さらに、1024Kは1M（メガ）、1024Mは1G（ギガ）になります。

同じコンピュータの世界でも、1024単位ばかりが使われるわけではありません。クロック周波数やネットワークの帯域を表すときには、10のべき乗である1000単位で数の接頭語が使われます。どちらが使われているかわかりにくい場合もあるので、そういうときには注意する必要があります[†4]。

数の接頭語の主なものを表3.2にまとめます。

▶ 表3.2　コンピュータやネットワークで利用される数の接頭語

数の接頭語	データの大きさ （2のべき乗）	周波数・帯域 （10のべき乗）
K、k（キロ）	1K=1024	1k=1000
M（メガ）	1M=1024K	1M=1000k
G（ギガ）	1G=1024M	1G=1000M
T（テラ）	1T=1024G	1T=1000G
P（ペタ）	1P=1024T	1P=1000T

[†4] キロの場合、1024単位のときは大文字のK、1000単位のときは小文字のkと使い分けるのが一般的ですが、そうなっていない例も少なくありません。

■2進数、8進数、10進数、16進数

私たちは日常生活で10進数を使っています。しかし、コンピュータ内部のチップ間の通信は2進数で処理されているため、ハードウェアやオペレーティングシステムの細かい設定をしたりソフトウェアを作ったりするときには、2進数や16進数を使わなければならない場合があります。たとえば、インターネットの設定を手作業でしなければならないときは、2進数や16進数の知識が要求されます。

2進数は0と1、10進数は0〜9、8進数は0〜7の数字を使って数を表します。16進数は16個の数字が必要ですが、私たちは10種類の数字の記号しか持っていません。そのため、足りない部分は英語のアルファベットを借りて表します。具体的には、10〜15までの値を、aからfまでの英文字に当てはめます。表3.3を見て、それぞれの進数の間の対応関係がイメージできるようになってください。

▶ 表3.3 2進数、8進数、10進数、16進数の対応

10進数	2進数	8進数	16進数	10進数	2進数	8進数	16進数
0	0	0	0	9	1001	11	9
1	1	1	1	10	1010	12	a
2	10	2	2	11	1011	13	b
3	11	3	3	12	1100	14	c
4	100	4	4	13	1101	15	d
5	101	5	5	14	1110	16	e
6	110	6	6	15	1111	17	f
7	111	7	7	16	10000	20	10
8	1000	10	8	17	10001	21	11

3.4.3 2進数の基礎

2進数では、0と1の2種類の数字だけを使って数値を表現します。2進数と10進数の関係は、図3.25のようになっています。

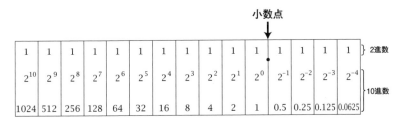

▶ 図3.25 2進数と10進数の関係

10進数では、桁が1つ増えるたびに10倍、100倍、1000倍になっていきますが、2進数では桁が1つ増えるたびに2倍、4倍、8倍というように、2のn乗倍になってい

82　第3章　ネットワーク技術を支えるコンピュータの基礎

きます。また、10進数では、小数点以下の桁が1つ増えるたびに10分の1、100分の1、1000分の1になっていきますが、2進数では小数点以下の桁が1つ増えるたびに2分の1、4分の1、8分の1と2のマイナスn乗倍になっていきます。

　TCP/IPプロトコルをきちんと理解するためには、2進数と10進数の変換処理に慣れておく必要があります。これは、TCP/IPプロトコルを利用するだけではなく、より深くしくみを理解したり、機器の設定をしたり、ネットワークを設計するときに必須の知識です。ただし、任意の数値を変換できる必要はなく、8ビット（2進数8桁）で表現できる範囲内で変換できれば十分です。8ビットでは0〜255までの数値を表すことができるので、その範囲内で変換する方法を理解しましょう。

　まず、10進数から2進数に変換する方法です。100という数値を2進数に変換する方法を考えてみましょう。2進数では1桁上がるごとに値が2倍になります。

2進数の桁	8	7	6	5	4	3	2	1
10進数の値	128	64	32	16	8	4	2	1

そこで、128、64、32、16、8、4、2、1を組み合わせた足し算の結果として100を表すことを考えます。100から128は引けないので、ビット8は0になります。100から64を引くことができます。したがって、ビット7は1になります。$100 - 64 = 36$なので、今度は36を表すことを考えます。36から32を引くことができるので、ビット6は1になります。$36 - 32 = 4$なので、今度は4を表すことを考えます。4からは16を引くことも8を引くこともできません。そのため、ビット5もビット4も0になります。4から4を引くことができるので、ビット3は1になります。$4 - 4 = 0$なので、残りのビット2、ビット1は0になります。結局、

$$100 = 64 + 32 + 4 = 2^6 + 2^5 + 2^2$$

になり、この数値を表すビットが1になって、残りのビットは0になります。

2進数の桁	8	7	6	5	4	3	2	1
	2^7	2^6	2^5	2^4	2^3	2^2	2^1	2^0
10進数の値	128	64	32	16	8	4	2	1
2進数の値	0	1	1	0	0	1	0	0

よって、10進数の100を2進数で表すと01100100になります。

　2進数から10進数への変換は、2進数で1になっているビットに対応する10進数の値を足すだけです。たとえば01011001を10進数に変換するには、まず、それぞれのビットに対応する10進数の値を調べます。

2進数の桁	8	7	6	5	4	3	2	1
	2^7	2^6	2^5	2^4	2^3	2^2	2^1	2^0
10進数の値	128	64	32	16	8	4	2	1
2進数の値	0	1	0	1	1	0	0	1

となり、

$$64 + 16 + 8 + 1 = 2^6 + 2^4 + 2^3 + 2^0$$

で計算できます。答えは89です。

2進数の変換に慣れようと思ったら、1、2、4、8、16、32、64、128という倍々になる数を覚えてしまうのがよいでしょう。

付B.4に0〜255までの10進数と2進数の対応表を掲載したので参考にしてください。

3.4.4 2進数の演算

2進数で表された数を処理するときには、「論理積（AND）」、「論理和（OR）」、「排他的論理和（XOR、EOR）」、「補数（NOT）」という4つの基本的な論理演算が使われます。

論理積、論理和、排他的論理和は2つの値の間で演算処理を行い、補数は1つの値について演算処理を行います。それぞれ次のような処理内容になります。

- **論理積（AND、C言語では「&」）**
  2つの値がともに1のときだけ計算結果が1になり、0が1つでもあると、結果は0になります。日本語の「かつ」だと考えてください。

- **論理和（OR、C言語では「|」）**
  2つの値のどちらかが1、または両方が1のときに計算結果が1になり、両方とも0のときだけ0になります。日本語の「または」だと考えてください。

- **排他的論理和（XOR、EOR、exclusive OR、C言語では「^」）**
  2つの数が同じときは0、違うときは1になります。

- **補数（NOT、C言語では「~」）**
  1のときは0、0のときは1になります。2進数では数字が0と1しかないので、それを表裏にたとえて「値を**反転**させる」ともいいます。

それぞれの演算結果の一覧表を図3.26に示します。

A	B	A AND B		A	B	A OR B		A	B	A XOR B		A	NOT A
0	0	0		0	0	0		0	0	0		0	1
1	0	0		1	0	1		1	0	1		1	0
0	1	0		0	1	1		0	1	1			
1	1	1		1	1	1		1	1	0			

▶ 図3.26　2進数の基礎演算

　TCP/IPでは、チェックサム（5.3.1項参照）の計算で補数を、IPアドレスのネットワークアドレス（5.2.3項参照）を求めるときに論理積を利用します。排他的論理和は、パケットが壊れていないことを保証するためにEthernetフレームのトレイラに挿入されるFCSやCRCという値を計算するときなどに利用されます。

　たとえば、IPアドレスのサブネットワークアドレスを求めるときには、次のような計算ができる必要があります。

　　　180 AND 224

　これは10進数のままでは計算できません。論理積や論理和などの計算は必ず2進数で求める必要があります。ですから、180 AND 224を求めるときには、180や224を2進数で表す必要があります。まず、180を2進数に置き換えてみましょう。180が128、64、32、16、8、4、2、1を組み合わせた足し算で求められないか考えます。

　　　180 = 128 + 32 + 16 + 4

ですので、2進数で表すと10110100になります。同様にして、224は

　　　224 = 128 + 64 + 32

ですので、2進数で表すと11100000になります。10進数で書いた180 AND 224は、実際には2進数の10110100 AND 11100000を計算することになります。具体的には、以下のように同じ桁のビット同士で論理積を計算します。

```
          10110100
   AND    11100000
          10100000
```

よって、計算結果は10100000になります。これを10進数に戻してみましょう。

　　　128 + 32 = 160

となり、結局

　　　180 AND 224 = 160

になります。このような計算は、実際のネットワークでサブネットマスクやルーティングを考えるときに必要となります。必要になったら、またここを読み返してください。

■ 2の補数と1の補数

2進数で負の値を表現するには、大きく3つの方法があります。先頭に正負を示すビット数を付けるだけの方法と、1の補数をとる方法と、2の補数をとる方法です。

一般的に、コンピュータで負の数を表すときには、補数を利用します。また、ほとんどのシステムでは、単なる補数（1の補数）ではなく「2の補数」を使って負の数を表します。

1の補数とは、2進数の数値の0と1を入れ替えたもののことです（たとえば、00100101の補数は11011010）。**2の補数**とは、1の補数に1を加えることによって得られる数です。

1の補数には2つのゼロ表現があるため、0の値になったときの処理が複雑になります。また、正の数と負の数の加算をする場合、1の補数のほうが2の補数に比べて計算処理が複雑になってしまいます。このような理由から、1の補数は一般的な計算には利用されていません。しかし、1の補数には、あふれによる誤差が小さくなること、2つのゼロ表現の使い分けができること、3.4.5項で説明するビッグエンディアンでもリトルエンディアンでも同じ計算方法が使えることなどの利点があるため、IP、TCP、UDPのチェックサムの計算に利用されています。

表3.4に8ビットの2進数の場合の負の数の表し方をまとめます。

▶ 表3.4　補数表現

10進数	符号と絶対値	1の補数	2の補数
4	00000100	00000100	00000100
3	00000011	00000011	00000011
2	00000010	00000010	00000010
1	00000001	00000001	00000001
0	00000000	00000000	00000000
-0	10000000	11111111	-
-1	10000001	11111110	11111111
-2	10000010	11111101	11111110
-3	10000011	11111100	11111101
-4	10000100	11111011	11111100
-5	10000101	11111010	11111011

3.4.5　ビッグエンディアンとリトルエンディアン

1バイトでは、0～255までの256とおりの数値を表すことができます。ですから、メモリ上の1バイトの領域には、0から255という大きさの数値まで格納することができます。1バイトで表せない256以上の大きな数値を表すには、2バイト以上の記憶領域が必要になります。

2バイト以上の数値データをメモリに格納するときに、大きく2種類の格納方法が存在します。**ビッグエンディアン**（big endian）と**リトルエンディアン**（little endian）です。

ビッグエンディアンの場合には、上位の桁ほど下位のバイトに格納されます。つま

り、図3.27の左の図のように、上位バイトが下位のアドレスに格納されます。ビッグエンディアンを採用しているプロセッサには、Oracle社のSPARC Tや、Motorola社の680x0、ルネサスエレクトロニクス社のH8などがあります。

これに対してリトルエンディアンの場合は、上位の桁ほど上位のバイトに格納されます。これは、図3.27の右の図のように、下位バイトほど下位アドレスに格納されるということです。リトルエンディアンはZilog社のZ80や、Atmel社のAVR、Intel社のx86、Core iなどのプロセッサで採用されています。

ARM社のARMプロセッサの場合には、ビッグエンディアンとリトルエンディアンのどちらでも利用することができます。設計、開発者がどちらにするか選びます。

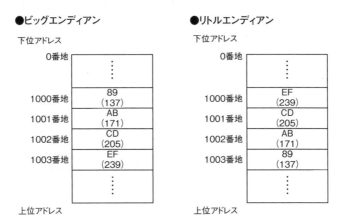

▶ 図3.27　ビッグエンディアンとリトルエンディアン

なぜ、このようなコンピュータの内部表現にまで踏み込んだ細かい話を気にする必要があるのでしょうか？ それは、エンディアンの違うコンピュータ同士で通信しようとすると、困ったことが起きるからです。たとえば、図3.28は、ビッグエンディアンのコンピュータが2バイト長で256という値を送信したときの様子を図示しています。ビッグエンディアンの形式で表された256という数値は、リトルエンディアンのコンピュータにとっては256ではなく1になります。このように、データをやり取りするコンピュータの間でデータの表現形式が違う場合、内部のデータをそのまま転送すると正しい通信ができません。

そこで、ネットワークを通してデータ通信をするときには、データをいったんビッグエンディアン方式に変換してから転送します。つまり、上位の桁から順番にデータを送信するのです。これを**ネットワークバイトオーダ**（network byte order）と呼びます。リトルエンディアンのシステムは、ビッグエンディアンの形式に変換してから送信し、ビッグエンディアンのシステムは、そのままの形式で送信します。リトルエンディアン

のシステムは、データを受信するときも、ビッグエンディアンからリトルエンディアンへのデータ表現形式の変換が必要になります。

このように処理することで、エンディアンが異なるコンピュータ間の通信を実現しています。

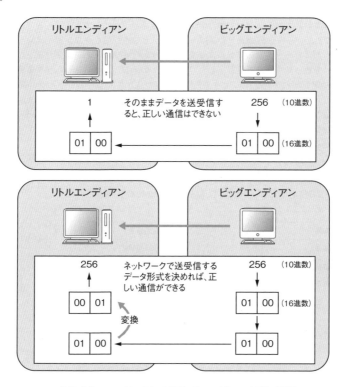

▶ 図3.28　エンディアンが異なるコンピュータ間の通信

■ データ表現形式からプログラム実行形式へ

　インターネットには、多彩な機能や性質を持つコンピュータが接続されています。本文では、機能や性質の異なるコンピュータ間で通信するためには、ネットワーク共通のデータ表現形式を決める必要があることを説明しました。

　このネットワーク共通という考え方をさらに推し進めたものに、Javaがあります。Javaは機能や性質の異なるコンピュータ上でも、同じソフトウェアを動作させることを意図して開発されたプログラミング言語です。具体的には、仮想的なハードウェア（3.8節参照）上で動作させることを念頭に置いています。

　Javaは、Android OSが入っているスマートフォン用のアプリを開発する際の標準言語にもなっています。Androidのほかにも、インターネットのように種類の異なるコンピュータが接続するような環境や、ハードウェアを頻繁に更新する可能性のある環境での利用が進んでいます。

■ リトルエンディアンの利点

　リトルエンディアンよりもビッグエンディアンのほうが、私たちが普段使っている数字の書き方に近く、人間にとってはわかりやすい格納方法です。しかし、コンピュータにとっては、リトルエンディアンのほうが都合が良い場合があります。

　たとえばリトルエンディアンでは、データの大きさが1バイトでも2バイトでも、さらに4バイトでも、データの先頭アドレスは一定です。ところがビッグエンディアンだと、データの大きさが変わると先頭のアドレスが変わります。C言語によるプログラミングで、メモリアドレスを使ったキャスト演算をしたり、関数へのアドレス渡しをしたりする場合、ビッグエンディアンだとデータ型によって先頭のアドレスが変わってしまうため、問題になります。

　また、繰り上げ（キャリー）のある加算などで複数のバイトにまたがる演算を行う場合、リトルエンディアンでは先頭のアドレスから足せばよいのですが、ビッグエンディアンでは後ろの桁から足していかなければなりません。

　データの下位桁がデータの先頭にあるリトルエンディアンは、こうした機械語に近い部分を意識した処理で便利な場合があります。

●データの格納（同じデータに対して、型を変えてアクセスする場合）

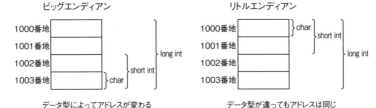

●複数バイト（ワード）にまたがる演算をする場合

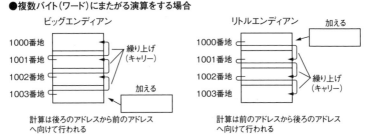

▶ 図3.29　リトルエンディアンのほうが都合が良い処理の例

3.4.6 人が扱う情報をデジタル情報に

　実際に私たちがコンピュータを使うときには、数ばかりを扱うわけではありません。文書、写真や動画、音楽や音声など、さまざまな形のデータを扱います。コンピュータでは、これらの情報をすべて数値に置き換えて記憶しています。つまり、情報を**デジタル化**（数値化）しているのです。

　たとえば、英語のアルファベットを数値に変換する規則を定めたASCIIコード表というものがあります（図3.30）。ASCIIコード表では、英字の「A」は16進数で「41」に変換され、「Z」は「5a」に変換されます。「Yukio」は「59 75 6b 69 6f」に変換されます。

上位桁（16進数）

		00	10	20	30	40	50	60	70
下位桁（16進数）	0	nul	dle	spc	0	@	P	`	p
	1	soh	dc1	!	1	A	Q	a	q
	2	stx	dc2	"	2	B	R	b	r
	3	etx	dc3	#	3	C	S	c	s
	4	eot	dc4	$	4	D	T	d	t
	5	enq	nak	%	5	E	U	e	u
	6	ack	syn	&	6	F	V	f	v
	7	bel	etb	'	7	G	W	g	w
	8	bs	can	(	8	H	X	h	x
	9	ht	em	)	9	I	Y	i	y
	a	nl	sub	*	:	J	Z	j	z
	b	vt	esc	+	;	K	[	k	{
	c	np	fs	,	<	L	¥	l		
	d	cr	gs	-	=	M	]	m	}
	e	so	rs	.	>	N	^	n	~
	f	si	us	/	?	O	_	o	del

▶ 図3.30　ASCIIコード表

　文字を数値に変換することを**コード化**（符号化）といいます。逆に数値を文字に変換することを**デコード**（復号）といいます。このように、コンピュータは文字列をコード化して記憶します。記憶した文字列を画面に表示するときは、デコードし、さらにその文字列を表す図形データに変換して、ディスプレイに送ります。

　日本語の漢字や仮名のコード化には、JISコード、シフトJISコード、EUCコードなどのコード表が利用されます。世界中の文字を単一の文字コードで扱う目的で、Unicodeという国際文字コード体系が標準化されています[5]。Unicodeを使うと、1つの文書中に複数の国の文字を混在させることができます。

　ここで注意してほしいのは、「すべてのコンピュータが同じ文字コード表を利用しているわけではない」ということです。機種によっては、文字コード表を拡張し、ほかのコンピュータでは表示されない文字を使用しています。このため、作成した文書をネッ

---

[5] Unicodeには複数の表現方法（スキーム）がありますが、日本ではUTF-8がよく使われます。

トワークでやり取りする際には、機種固有の文字コードが含まれないように気をつけなくてはなりません。

文字だけでなく、絵や音も決められた方法によって数値データに変換されます。このようにして作られたデータは、変換される方法によって決まったデータ構造になります。このように決まったデータ構造のことを**データフォーマット**と呼びます。

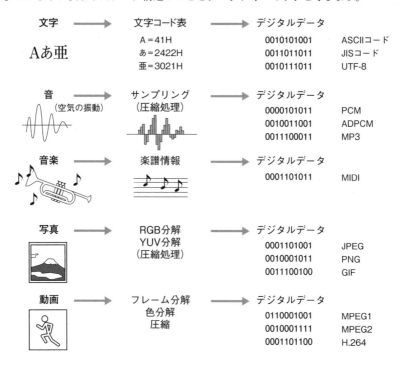

▶ 図3.31　日常生活で使う情報をデジタル情報に変換する

私たちが日常生活で使うさまざまな情報にもデータフォーマットが対応しています（図3.31）。音声の場合には、音の波形をデータ化するのにPCMなどの方式が利用されています。また、音楽では、楽譜情報をもとにしたMIDI形式や、圧縮形式のMP3などが利用されます。

写真や図形などの画像データでは、JPEGやGIF、PNGなどの方式が利用されています。音声付きの動画では、MPEG1やMPEG2、MPEG4、H.261、H.263、H.264などが利用されます[†6]。

[†6] これらのデータフォーマットや文字コードの名称は、それぞれ以下のような用語の略語からとられています。
ASCII (American Standard Code for Information Interchange)、JIS (Japan Industrial Standard)、EUC (Extended Unix Code)、PCM (Pulse Code Modulation)、MIDI (Musical Instrument Digital Interface)、GIF (Graphics Interchange Format)、PNG (Portable Network Graphics)、JPEG (Joint Photographic Experts Group)、MPEG (Moving Picture Experts Group)、MP3 (MPEG-1 audio layer-3)

ネットワークでデータをやり取りするときには、データを送る人と受け取る人が、同じデータフォーマットを処理できるハードウェアやソフトウェアを持っている必要があります。直接データを処理できない場合には、データのフォーマットを変換（コンバート）する必要があります。このため、ネットワークが普及するにつれて、データフォーマットの標準化の重要性が高まっています。

3.5 ソフトウェアの基本要素

3.5.1 5種類のソフトウェア

コンピュータのソフトウェアには、図3.32に示すように、次の5つの種類があります。

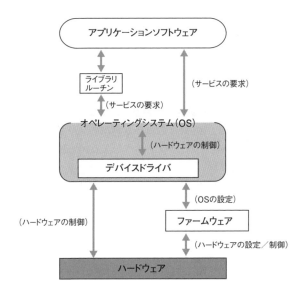

▶ 図3.32　コンピュータソフトウェアのモデル

- **アプリケーションソフトウェア（アプリ）**
  ワープロやゲームなど、私たちが利用目的に応じて使い分けるプログラムを意味します。

- **オペレーティングシステム（OS）**
  簡単に言うと、ハードウェアを管理し、アプリにサービスを提供するソフトウェアです。

- **ライブラリルーチン**

  アプリに共通して必要となる処理をまとめたものです。**ルーチン**（routine）とは、日常生活でもルーチンワークという言葉が使われることがあるように、「決まった処理」を意味します。**ライブラリ**（library）とは図書館や蔵書という意味ですが、コンピュータの世界では、アプリを作るときにプログラミングの手間を減らせるように用意されたプログラム群を意味します。

- **デバイスドライバ**

  コンピュータに接続したデバイス（device：機器）を**ドライブ**（drive：動作）させるためのソフトウェアのことです。たとえば、キーボードやマウス、ディスク装置などを利用できるようにします。Ethernet や Wi-Fi などの NIC を使えるようにするのもデバイスドライバです。これらの機器を買うと、CD-ROM や DVD-ROM などのメディアが付属していることがあります。そのメディアの中に、その機器を使うためにインストールが必要なデバイスドライバが格納されています。デバイスドライバは、見かけ上はオペレーティングシステムの内部に組み込まれて動作します。

- **ファームウェア**

  オペレーティングシステムをサポートするソフトウェアです。**BIOS**（バイオス：Basic Input Output System）、**IOCS**（Input Output Control System）といったものが含まれます。これらのソフトウェアは、コンピュータの **ROM**（Read Only Memory）と呼ばれる領域に格納されており、通常はコンピュータの電源を切っても消えることはありません。ROM は読み込み専用のメモリで、通常は書き込むことはできませんが、消去可能な ROM にファームウェアが書き込まれている場合は、ファームウェアをアップグレードすることができます。ファームウェアをアップグレードするときには、古いファームウェアの上から新しいファームウェアを上書きすることになります。

3.5.2 ハードウェアの抽象化

OS とデバイスドライバには、図 3.33 のように、コンピュータのハードウェアを抽象化して、ユーザにとってハードウェアを使いやすくしたり、プログラマにとってアプリを作りやすくしてくれる役割があります。たとえば、ハードディスクと USB メモリは物理的にまったく構造が異なりますが、OS のハードウェアの抽象化の機能により、同じ操作でファイルの読み書きができます。同様に、Ethernet と Wi-Fi は物理的にまったく異なる通信方法ですが、接続さえしてしまえば、ほとんど違いがなくなります。ネットワークのアプリは、接続しているネットの種類によらずに共通のプログラムを使うことができます。

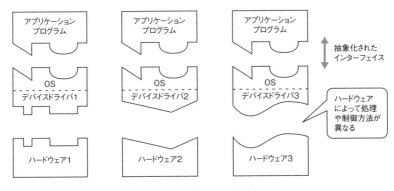

▶ 図3.33 ハードウェアの抽象化とOS

とはいえ、OSにも表3.5のようにさまざまな種類があり、多くのアプリは特定のOS上で動作することを前提に作られています。このため、アプリを購入して利用するためには、「どのOSで動くアプリか」を調べる必要があります。市販されているアプリや、ネットワークで配布されているアプリには、対応しているOSが明記されているのが普通です。

特定のOSで動作するアプリを、異なるOSで動作するように修正することを**移植**（porting）といいます。移植しやすいアプリのことを「移植性が高い」といったり、**ポータブル**（portable）といったりします。アセンブリ言語や機械語は移植性の低い言語ですが、C言語やJavaなどは移植性の高いポータブルな言語です。

▶ 表3.5 主なOS

コンピュータの種類	使われている主なOS
パソコン、ワークステーション	Windows、OS X、Linux、UNIXなど
スマートフォン	Android、iOS、Windows Mobileなど
携帯電話	Symbian OS、μITRONなど
組み込みシステム	Linux、μITRON、VxWorks、OS-9、Windows CEなど
ICカード	FeliCa OS、Java Card、MULTOSなど

■ デバイスドライバは誰が用意する？

　コンピュータに接続されるたくさんの機器を利用するためには、それぞれの機器に対応したデバイスドライバが必要です。たとえ機器をコンピュータに接続できたとしても、ドライバソフトウェアがなければその機器を使うことはできません。つまり、物理的に接続するだけではだめで、論理的な接続が必要になるのです。

　通常、デバイスドライバはハードウェアを開発した会社が提供します。ドライバはOSごとに作らなければなりませんが、すべてのOSのためにドライバが提供されているわけではありません。そのため、特定のOSだけで利用できるハードウェアがたくさん販売されていますが、ドライバソフトウェアさえ作成すれば、ほかのOSでも使えることが少なくありません。

　LinuxやFreeBSDといったフリーのUNIX互換システムでは、有志の人々によってデバイスドライバが次々に開発されています。デバイスドライバを作成するには、接続するハードウェアのしくみを熟知していなければなりません。このため、メーカーから資料の提供を受けたり、独自にハードウェアの機能を解析（reverse engineering：リバースエンジニアリング）したりして、ドライバが作成されています。

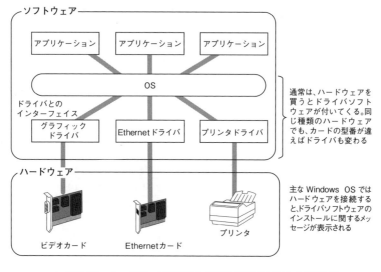

▶ 図3.34　ハードウェアを使うためにはデバイスドライバが必要

3.5.3 ライブラリルーチンとAPI

アプリは、システムコールを使用してOSが提供しているサービスを利用します。また、多くのシステムでは、システムコールを使いやすくするためのライブラリルーチンが提供されており、高度な処理がより簡単にできるようになっています。

アプリを作成するときには、**API**（Application Programming Interface）と呼ばれるインターフェイスを使用して、システムコールやライブラリルーチンを利用します。

APIとは、処理を呼び出す名前と、受け渡されるデータの仕様、処理内容を定義したものです。C言語などのプログラミングでいえば、関数の引数、戻り値、処理内容を決めた仕様書といえます。

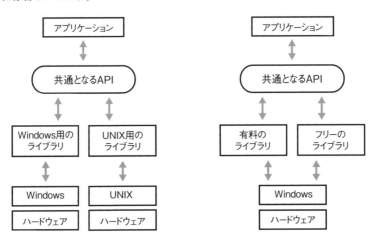

▶ 図3.35　プログラミングとAPI

アプリを作成するときに、システムコールやライブラリルーチンの細かいしくみを知っている必要はありません。APIがシステムコールやライブラリルーチンをブラックボックス化して、プログラマがプログラミングをしやすくなる環境を提供してくれるからです。

このため、OSが違っても同じAPIが使用されていれば、プログラムの移植が楽になる場合があります。また、同じOSでプログラムを作成する場合にも、プログラムを修正せずにより高速に動作するライブラリに入れ替えることができる場合もあります。

代表的なAPIとして、C言語などのANSI標準ライブラリ関数や、さまざまなUNIXで互換性のあるソフトウェアを開発するための標準的なインターフェイスを決めたPOSIX

96 第3章 ネットワーク技術を支えるコンピュータの基礎

（ポジックス）、3DグラフィックプログラミングのためのOpenGLなどがあります。

　Windowsでは、WIN32と呼ばれるAPIを使用してプログラミングが行われ、特に
ゲームプログラミングなどではDirectXというAPIが利用されます。ネットワークプロ
グラミングでは、BSDのソケットやWindowsのWinSockなどのAPIがあります。

　TCP/IPによるネットワークプログラミングでは、ソケットAPIと呼ばれるAPIが利
用されます。ソケットAPIに準拠しているOSは非常に多いため、ソケットAPIを学べ
ば多くの環境でネットワークプログラムを作成できるようになります。

　ネットでもさまざまなWeb APIが提供されています。Web APIを使うと、魅力的な
Webページが簡単に作れたり、自分のページとネットで提供されているサービスを連携
させたりすることができます。

　ほかにも数え切れないほどのAPIが存在しており、プログラマはこれらのAPIを理解
して利用しながらプログラムを作成することになります。また、同じAPIでもバージョ
ンが変わると少しずつ仕様が変更され、プログラムに修正を加えなければならない場合
があります。このため、プログラマは常にAPIを意識しながらプログラミングをする必
要があります。

　残念なことに、開発が終了し、バージョンアップやバグフィックスが止まってしまう
APIもあります。そうなると、作成したアプリを別のAPI用に移植しなければならなく
なったり、せっかく覚えたAPIの知識が無駄になったりします。

3.6 プログラムの動作原理

3.6.1 ブートとロードと実行

　コンピュータシステムを起動することを**ブート**（boot）または**ブートストラップ**
（bootstrap）といいます。ここでは、パソコンやワークステーションで、電源投入から
プログラムが実行されるまでのブートについて説明しましょう。

　コンピュータの電源が切れているとき、主記憶装置の中には何も格納されていませ
ん。ハードディスクなどの補助記憶装置に格納されているプログラムを実行するには、
まず補助記憶装置から主記憶装置に読み込む必要があります。プログラムを主記憶装置
に読み込む処理のことを**ロード**（load）といいます。

　OSやアプリも補助記憶装置に格納されており、電源投入後、主記憶装置に読み込ま
れるまでは実行できません。唯一、ファームウェアだけがROMに格納されていて、電
源投入直後に実行できるようになっています。コンピュータの電源を入れると、まず最
初にファームウェア内のプログラムが実行されます。ファームウェアが起動すると、搭
載メモリの容量のチェックや、周辺機器などのハードウェアの接続検査や初期化が行わ
れます。

3.6 プログラムの動作原理

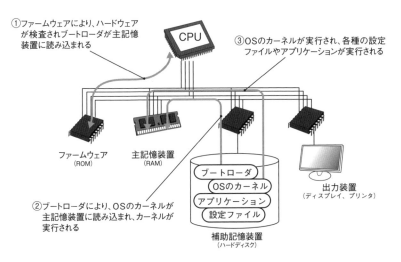

▶ 図3.36　システムの起動（ブート）

　チェックや初期化が終わったら、ファームウェアは補助記憶装置に格納されているブートローダと呼ばれるプログラムを主記憶装置にロードします。ブートローダは、オペレーティングシステムのカーネルを補助記憶装置からロードし、カーネルの実行を開始させます。

　カーネルが主記憶装置にロードされ、実行されると、接続されているハードウェアを動かすためのデバイスドライバの初期化や、ネットワークで通信するときに必要な環境設定などを行います。このようにしてOSが起動し、ユーザがアプリを実行できるようにしてくれます。ここまでの過程が**ブート**です。

　その後、ユーザがコマンドを入力したりマウスをクリックしたりしてアプリの起動を命令すると、指示されたアプリのプログラムがハードディスクから主記憶装置にロードされ、CPUの制御がアプリに移されて実行されます。このようにしてプログラムは実行されていくのです。

3.6.2 プログラムは主記憶装置にロードされる

プログラムが主記憶装置にロードされて実行されるとき、記憶領域の中は利用目的に合わせたセグメントと呼ばれる領域に分けられて使用されます。その様子を図3.37に示します。

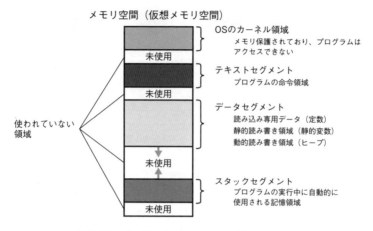

▶ 図3.37 プログラムをロードした記憶領域の内部構造

アプリケーションなどのプログラム自体は、大きく3つの部分（セグメント）に分けられます。3つの部分とは**テキストセグメント**、**データセグメント**、**スタックセグメント**です。

テキストセグメントとは、「プログラムの命令」が格納される領域です。ここには機械語のプログラムが格納され、そのプログラムをCPUが読み込みながら実行していきます。

データセグメントはデータを格納する領域で、これはさらに3つの領域に分けられます。プログラム実行開始前から用意される定数領域と静的変数領域、そしてプログラム実行中にC言語のmalloc関数などによって動的に確保されるヒープ（heap）と呼ばれる領域です。プログラムが新たな記憶領域を必要とするときには、図3.37の中で矢印で示す方向にデータセグメントが大きくなります。

スタックセグメントは、プログラムを実行するときに動的に利用される領域で、一時的な記憶領域として使用されます（このような領域を3.3.1項で説明したテンポラリと呼びます）。スタックセグメントは、3.3.2項で説明したFILO（First In Last Out）でデータの格納と取り出しが行われます。データが記憶されればされるほど、図3.37中の矢印の方向に向かってスタックセグメントが大きくなります。

3.6.3 プロセスとタスク

コンピュータを使うと、同時にたくさんの仕事をすることができます。ワープロソフト、表計算ソフト、絵描きソフト、Webブラウザ、メールソフトなど、同時に複数のソフトウェアを起動し、切り替えながら作業をしている人は多いのではないでしょうか。

コンピュータは、たくさんのプログラムを同時に実行することができます。プログラムの実行単位を**タスク**（task）または**プロセス**（process）と呼びます。そして、複数のプログラムを同時に実行できるシステムのことを、**マルチタスク**（multitasking）システムといいます。

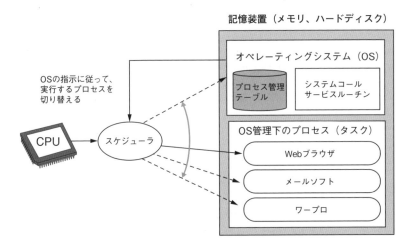

▶ 図3.38 マルチタスクシステム

ここでは話を簡単にするためにコンピュータがCPUを1つしか持っていないとします（シングルコアCPUとします。100ページのコラム「マルチコアとシングルコア」を参照）。そうすると、1つのCPUでは同時に1つのプログラムしか実行できません。では、どのようにして複数のプログラムを実行しているのでしょうか？

CPUは瞬間的に1つの処理しかできませんが、実行するプログラムを短い時間間隔で切り替えることで、同時に複数の処理をしているように見せかけているのです。

プロセスを切り替えることを、**コンテキストスイッチ**（context switch）といいます。CPUによって実行される権利を「CPU使用権」と呼びます。

コンテキストとは「文脈」という意味で、プログラム実行中のCPU内部の状態を意味します。コンテキストスイッチとは、その時点でのCPU内部の状態（レジスタの値など）を保存して、別のプログラムを実行していたときのCPUの状態に戻すことを意味します。

プログラムの実行途中にコンテキストスイッチをして、メモリ上にある同じプログラムを実行できることを、再入可能または**リエントラント**（reentrant）であるといいま

す。2つ以上のコンテキストで同一のプログラムを実行していても、お互いのコンテキストの処理に影響がないようになっている必要があります。

■ マルチコアとシングルコア

　最近のコンピュータはパソコンでもスマホでもほとんどの製品がマルチコアのマイクロプロセッサを搭載しています。マルチコアの**コア**には、CPUの回路という意味があります。つまり、**マルチコア**の場合には、1つのCPUチップの中に2つ以上のCPUの回路が入っていることを意味します。デュアルコアであれば2つ、クアッドコアであれば4つのCPU回路を内蔵しています。この場合、デュアルコアであれば2つ、クアッドコアであれば4つのコンテキストを同時に処理できることになります。コア数が多いプロセッサのほうが処理能力が高くなります。

　逆に**シングルコア**のマイクロプロセッサの場合には、CPUの回路が1つ入っていることを意味します。かつてはパソコンやスマホのプロセッサはシングルコアでした。それが、ユーザにとって快適で使いやすいコンピュータになるために高い処理能力が要求されるようになり、マルチコアが主流になりました。さらに、1つのCPUコアで複数のスレッド（3.6.5項参照）を処理できるプロセッサも一般的になっています。CPUの高速化への工夫と進化は留まることがありません。

3.6.4　アドレス空間と仮想記憶

　実行中のプログラムは、コンピュータのメモリ上にロードされる必要があります。マルチタスクシステムの場合には複数のプログラムを切り替えながら実行するので、CPUがプログラムを実行するときにはそのプログラムがメモリ上にロードされている必要があります。

　もしも一度に1つのプログラムしかメモリ上にロードできなかったとしたら、どうなるでしょう。切り替えるたびにプログラムをメモリにロードし直さなければならなくなり、プロセスを切り替える処理にかなりの時間が費やされて、全体の処理能力が低下してしまいます。このため、汎用目的のOSの多くでは、起動中のプログラムをメモリにロードしたままにしています。このとき、複数のプログラムが同時にメモリ上に格納された状態になります。

　このようなシステムでは、**仮想記憶**というしくみが利用されています。たとえば図3.39は、2つのプログラムの主記憶装置（物理的なメモリ）にロードしたときの例です。

　物理的なメモリには、カーネルがロードされる領域とアプリケーションプログラムがロードされる領域があります。アプリケーションプログラムがロードされる領域は、**ページ**（page）と呼ばれる特定の大きさに区切られています。このページごとに、ロードするプログラムを変えられるようになっているのです。アプリケーションプログラムは、毎回、物理的なメモリの同じページにロードされるとは限りません。ほかのプログラムが先にロードされている場合には、別のページにロードされることになります。

　多くの仮想記憶システムでは、プロセスごとに1つのアドレス空間が仮想的に割り当

られます。このアドレス空間は、物理的なメモリ上のアドレスとは関係ないため、仮想アドレス空間とか論理アドレス空間と呼ばれます。

アプリケーションプログラム側では、仮想アドレス空間の番地を使ってプログラムが作られます。実際にCPUがプログラムを実行するときには、仮想アドレス空間の番地を物理アドレスの番地に変換してから処理を行います。このとき、仮想的なアドレスと物理的なアドレスの対応関係が書かれた表（テーブル）が使われます。この表のことを**アドレス変換テーブル**といいます。この変換処理は、通常、**MMU**（Memory Management Unit）と呼ばれるハードウェアによって行われます。

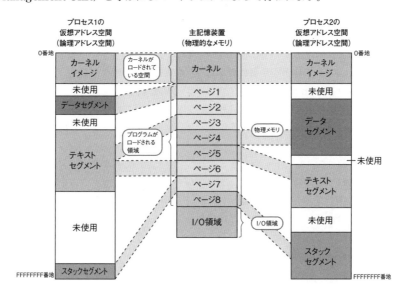

▶ 図3.39　アドレス空間と仮想記憶

プロセス単位で1つの論理アドレスが割り当てられるシステムでは、プロセスが異常動作をしてアクセスすべきではない番地にアクセスしたとしても、別のプロセスのプログラムやデータを破壊してしまうことはありません。また、オペレーティングシステムのカーネルやI/O領域などは**メモリ保護**されているため、プロセスの異常によりそのような領域が破壊されたり、異常動作したりすることはありません。

ただし、カーネルはすべてのアドレス空間にアクセスすることができます。ですから、カーネルが異常動作すると、システム全体が停止してしまうことがあります。このため、カーネルは信頼性の高い高品質なプログラムであることが要求されます。

アプリケーションプログラムが実行されるとき、厳密に言えば「CPUがその瞬間に実行する部分だけが物理メモリにロードされていればよい」のです。しかし、実行する部分が物理メモリにロードされていない場合には、ハードディスクから読み込まなければなりません。読み込んでいる間はそのプログラムを実行することができなくなり、ま

た、ハードディスクからの読み込み処理には時間がかかります。このため、OSは、CPUが頻繁にアクセスする仮想空間ができるだけメモリ上に存在するように、LRU（3.3.5項を参照）などの方法で制御します。

物理メモリにプログラムを読み込みすぎたときや、プログラムが大量のデータを扱うときには、物理メモリが足りなくなることがあります。このようなときには、物理メモリに存在しているプログラムやデータをハードディスクに待避します。これを**スワップ**（swap）といいます。

3.6.5 プロセスとCPUとスレッド

プログラムが実行されるときには、テキストセグメントに格納されている機械語命令が実行されるわけですが、実行は1次元的に行われます。

CPUは一つひとつの命令を順番に読み込み、解釈しながら実行します。実行される命令の列を**スレッド**（thread）といいます。スレッドとは、もともと「糸」という意味ですが、プログラムの実行命令の流れが糸のようにつながっていることを表しています。

プロセスには最低1つのスレッドがあり、CPUはそのスレッドを追い続けながら命令を実行していきます。

プロセスに複数のスレッドを持たせることもできます。これを**マルチスレッド**といいます。CPUが1つしかないコンピュータでマルチスレッドのプログラムを実行する場合には、CPUは実行するスレッドを切り替えながら処理していくことになります。マルチスレッドの場合には、スレッドの数だけスタックセグメントが用意されますが、テキストセグメントは1つしか用意されません。したがって、1つのテキストセグメントを複数のプロセスやスレッドで共有することになります。

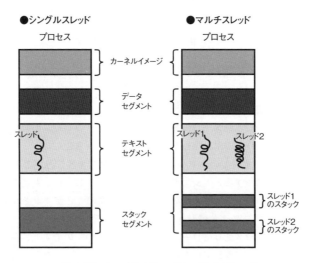

▶ 図3.40　シングルスレッドとマルチスレッド

スタックセグメントは共有することはできません。それぞれのプログラムの実行時に一時的に記憶しておかなければならないデータを格納するのがスタックセグメントの役目であり、ほかのスレッドのスタックセグメントを操作することは禁止されています。

データセグメントは、複数のスレッド間で共有メモリとして利用することができます。ただし、共有メモリのデータを読み書きするときには、途中でCPUが実行するスレッドが入れ替わってデータの整合性が崩れないようにする制御が必要です。具体的には、割り込み禁止やセマフォと呼ばれる**排他制御**[†7]が利用されます。

3.6.6 プロセスとスレッドの違い

プロセスには1つの大きな欠点があります。それは、プロセスを切り替えるコンテキストスイッチは、時間がかかる大がかりな作業だという点です。この理由は、プロセスが異なるとアドレス空間が異なるため、プロセスを切り替えるためには論理アドレスと物理アドレスのアドレス変換テーブルを入れ替える必要があるからです。

このため、プロセス切り替えを頻繁に行うと、システム全体の性能が低下する場合があります。このように「ある処理をしなければならない」ときに「どうしてもしなければならない別の処理」のことを**オーバーヘッド**（overhead）といいます。オーバーヘッドが大きくなるとシステムの性能が低下するため、オーバーヘッドを抑えることが求められます。

プロセス切り替えのオーバーヘッドを小さくしたいときには、スレッドが利用されます。スレッドは1つのプロセスの内部で並列動作ができるため、スレッドを切り替えてもアドレス空間は変化しません。このため、アドレス空間を管理するデータが必要なくなり、OSによっては切り替え処理のオーバーヘッドが小さくなります。

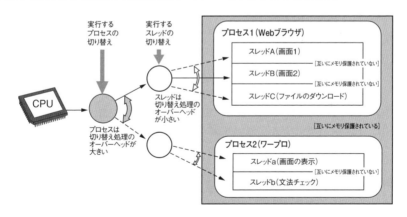

▶ 図3.41　プロセスとスレッド

[†7] 排他制御とは、その処理をしている間はほかの処理が同じメモリにアクセスしないようにすることです。

ただし、同一プロセス内でたくさんのスレッドを動かすときには、注意しなければならないことがあります。それは、同じプロセス内のスレッド間にはメモリ保護機能がないため、1つのスレッドが誤動作しただけで、プロセス全体が異常動作する可能性があるということです。さらに、マルチスレッドはプログラムの中に潜むミスを探す**デバッグ**（debug：虫取り）作業が難しいという問題点もあります。プロセスであれば、プロセスごとに複数の人で手分けしてデバッグをすることもできますが、スレッドでは困難です。このため、マルチスレッドにした結果、「デバッグ作業に手こずり開発期間が長くなる」こともありえます。

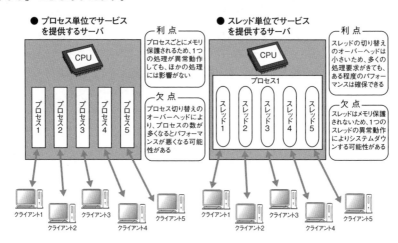

▶図3.42　サーバに見るプロセスとスレッドの利点と欠点

3.7 OSの役割

コンピュータを利用するには、最低限必要となるソフトウェアが1つだけあります。それが**オペレーティングシステム**（Operating System：OS）です。

OSは、ネットワークによる高度な通信環境を実現するためにも、なくてはならないソフトウェアです。インターネットで利用されているTCPやIPなどの機能は、通常、OSの内部に組み込まれています。

OSの役割には2つの側面があります。それは、ハードウェアの管理と、ユーザがさまざまなソフトウェアを利用できるようにするサービスの提供です。それらの役割をOSがどのように実現しているか、少し詳しく見ていきましょう。

3.7.1 ハードウェアの制御と管理

コンピュータは、CPUやメモリ、キーボード、マウス、ディスプレイ、ハードディスク、プリンタ、イメージスキャナなど、さまざまなハードウェアから構成されています。ネットワークに接続するためにはNICが必要です。

しかし、コンピュータを構成するハードウェアは、それだけでは機能しません。ハードウェアはソフトウェアがなければ動きません。つまり、ハードウェアを動かす（ドライブする）ためのドライバソフトウェア（デバイスドライバ）が必要になります。

接続された各々のハードウェアを管理して、コンピュータの利用者から利用できるようにすることは、オペレーティングシステムの大切な役割の一つです。

3.7.2 動作モードとシステムコール

コンピュータのハードウェアやOSの内部は、たくさんの**モジュール**（module）から構成されています。モジュールとは特定の機能を実現するための部品のことで、ハードウェアに対してもソフトウェアに対しても使われます。図3.43は、UNIXオペレーティングシステムにおけるネットワークモジュールの典型的な構成例です。

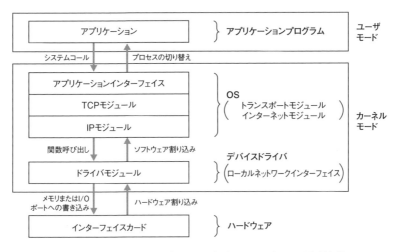

▶ 図3.43 ネットワークモジュールにおけるシステムコールと割り込み

アプリを実行するときと、OSを実行するときとでは、CPUの動作モードが異なります。アプリを実行するモードを**ユーザモード**（user mode）といい、OSを実行するモードを**カーネルモード**（kernel mode）や**スーパバイザモード**（supervisor mode）といいます。

ユーザモードにはいろいろな制約があり、ハードウェアに割り当てられたアドレス空間にアクセスできませんし、主記憶装置へも特定のアドレス空間にしかアクセスできま

106 第3章　ネットワーク技術を支えるコンピュータの基礎

せん。これに対し、カーネルモードでは、コンピュータに接続されているすべてのハードウェアにアクセスできます。

なぜ、このように2つの動作モードがあるのでしょうか。その理由は、アプリの誤動作によるシステム全体の異常動作を避けるためです。ユーザモードで動くソフトウェアが異常動作しても、アクセスできる機能に制限があるため、システム全体が不安定にならず、周辺機器も誤動作することはありません。

これらのモードは、アプリやOSの処理に応じて切り替えられます。

図3.43の場合、アプリがデータを送受信するときに、OSに対してデータの送信を要求する**システムコール**を呼び出します。このシステムコールによって、動作モードがユーザモードからカーネルモードに変更されます。

OSの内部では、**関数呼び出し**によって各モジュールが呼び出されます。そして、ハードウェアを操作するときにはデバイスドライバが呼び出され、実際にネットワークとのデータのやり取りが行われます。

また、ネットワークハードウェアにパケットが到着したときなど、データを処理しなければならない場合には、ハードウェア割り込みによってドライバモジュールが呼び出されます。つまり、割り込みが発生したときにユーザモードだった場合には、カーネルモードに切り替わることになります。ハードウェア割り込みを処理するルーチンのことを、**割り込みハンドラ**や**割り込みサービスルーチン**（**ISR**：Interrupt Service Routine）といいますが、これらはカーネルモードで動作します。

このように、コンピュータシステムの内部にはさまざまなモジュールや動作モードがあり、これらがシステムコールや関数呼び出し、割り込みによって、切り替わりながら処理されていきます。

ただし、複数の動作モードを持つとOSが大きくなり、多くのCPUパワーと記憶装置、コントローラチップなどが必要になります。それだけでシステムが大きくなってしまうため、組み込みシステムなど、できるだけシステムを小さくしたい場合には、メモリ保護機能がない場合もあります。

組み込みシステムなどでは、メモリ保護機能がなくてもそれほど問題にはなりません。組み込みシステムは専用コンピュータなので、通常は実行するプログラムについて十分に検査を行い、システムを異常動作させることがない信頼性の高いものだけを動作させるからです。ところが、WindowsやUNIXなどの汎用OSは、信頼性のあるプログラムだけを動作させるとは限らないため、メモリ保護機能が必要になってくるのです。

ただし、携帯電話などの組み込みシステムでも、後からプログラムをダウンロードして実行できるものがあります。このような機器の場合には、メモリ保護機能がないと、プログラムが暴走したときにメモリに記憶した内容が消去されるといった問題が発生することがあります。

3.7.3 割り込みとビジーウェイト

　コンピュータはさまざまな処理をしなければなりません。アプリケーションプログラムを動かさなければならないのは当然のことですが、それ以外にも、キーボードからの入力やハードディスクの読み書き、ネットワークパケットの入出力などを行います。コンピュータは、これらすべての処理を効率良く実行しなければなりません。また、コンピュータの頭脳であるCPUは非常に高速ですが、キーボードからの入力やハードディスクの読み書き動作は、CPUに比べて数十倍から数千倍も遅くなります。これらの差を調整することもOSの役割です。

　たとえば、NICがパケットを受信するときの処理はどのようになっているのか、細かく見ていくことにしましょう。

　NICは、ケーブルから入力されるパケットを常に監視しています（実際には、電圧の変化や光の点滅としてデータを感知します）。そして、パケットが到着したら、NICのバッファに格納します。OSは、NICにパケットが入力されたことを何らかの方法で知り、パケットの受信処理をしなければなりません。早くバッファからパケットを取り出して処理しないと、次々にパケットがやってきて、バッファがいっぱいになってしまうかもしれません。バッファがいっぱいになってもさらにパケットが到着したら、パケットを取りこぼしてしまい、パケットが喪失してしまうのです。

　OSがパケットの到着を知るには、大きく2つの方法があります。1つは、定期的にNICの状態を検査する方法です。この方法は**ビジーウェイト型**（busy wait）と呼ばれます。もう1つは、NICにパケットが入ってきたときに、CPUに割り込みを入れて、パケットが到着したことを伝える方法です。こちらは**割り込み型**と呼ぶことにします。

　現実生活にたとえてわかりやすく説明すると、図3.44の上の図のようになります。パケットを郵便物、NICを郵便受け、そして、CPUをあなた自身だと考えて読み替えてみてください。

　ビジーウェイト型では、あなたはせっせと仕事をしています。報告書を書いたり、プログラムを書いたりしています。これらの作業と並行して、定期的に郵便物を見に行くことにします。たとえば、10分ごとに郵便受けを見て、郵便物が入っているかどうかを確かめます。郵便物が入っていなかったら、元の作業に戻ります。郵便物が入っていたら、郵便物の宛名を調べて、中身を読むなどの処理をします。

　割り込み型でも、あなたは同じように仕事をしています。普段は郵便受けの状態を忘れて仕事に没頭しています。郵便受けに郵便物が入れられた瞬間、郵便物が届いたことを意味する「ベル」が鳴ります。このベルが鳴ると今までやっていた処理を中断して、郵便受けに行き、郵便物の宛先を調べて中身を読む処理をします。あなたが今している仕事に、文字通り「割り込み」が入るわけです。

　パソコンやワークステーションなど汎用目的のコンピュータでは、ネットワークを使った通信のようなコンピュータに接続された外部機器とのやり取りを、割り込み型で処理しています。

● 郵便受けの場合

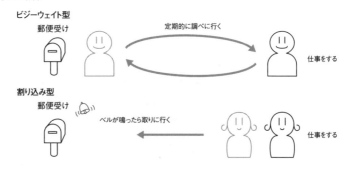

● ネットワークインターフェイスの場合

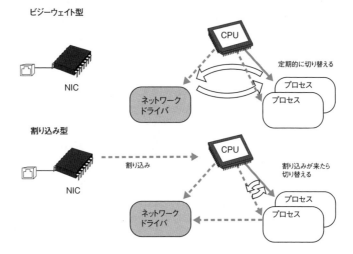

▶ 図 3.44　ビジーウェイト型と割り込み型

　それはなぜでしょうか。ビジーウェイト型にはいろいろな欠点があるからです。たとえば、あなたは何分ごとに郵便受けを見に行けばよいでしょうか？ 短い間隔で確認に行くと、それだけメインとなる仕事を中断する時間が多くなり、仕事の効率が下がってしまいます。ほかに仕事がない場合には頻繁に郵便受けを見てもよいかもしれません。ビジーウェイトはCPUの稼働率が100％近くになるため、マルチタスクのシステムではやってはいけないプログラミング技法です。2つ目の方法を使えば、仕事の効率が上がりますし、パケットが届いたらすぐに割り込んで中身を見ることができます。

　割り込み処理はタイマー処理でも利用されます。タイマー処理では、「この処理は1秒後にしたい」などの要求があるときに、ときどき時計を見て1秒経過したかどうかを確認するのではなく、1秒後に割り込みが発生するように設定し、それまではそれ以外

の処理に専念するようにします。そして、タイマーによる割り込みが発生したときに、割り込んできた処理に切り替わるようにします。

割り込み型では、「この処理は0.5秒後にしたい」、「この処理は30秒後にしたい」など、たくさんの異なる要求が発生することがあります。これらの要求をきちんと処理できるようにするため、OSの内部では微少な時間間隔でタイマーを動作させ、そのタイマーが何回呼ばれたかで時間間隔を刻むようにしています。もちろん、やらなければならない仕事がその処理時間内に終了しなければ、時間間隔の精度が悪くなります。

■ ビジーウェイト型が利用される場合

組み込みシステムなど、小型化や低価格化のために機能を削らなければならないコンピュータシステムの場合には、割り込み型ではなく、ビジーウェイト型でデバイスやクロックを参照する方法が利用されることがあります。組み込みシステムではシステム全体でプロセスやスレッドが1つしかない場合もあり、ビジーウェイトをしても問題にはならないことがあるからです。

割り込みを使用するためには、割り込みを制御するコントローラが必要になったり、実行中のプロセスを切り替える処理が必要になります。そうすると、ハードウェアやOSが備える機能を高度なものにしなければならなくなり、部品が多くなったり、処理が重くなったり、メモリ容量が大きくなったりして、機器の大きさやコストを上昇させてしまいます。

組み込みシステムは、パソコンなどの汎用機器とは異なり、処理の目的が決まっているため、プログラム内部でネットワークデバイスやクロックを適切に参照するようなプログラミングが可能です。そのため、このような場合にはビジーウェイト型を利用して機器を単純化することに重点を置く場合があります。

3.7.4 OSによるプロセス管理

OSは、CPU使用権とプロセスの情報をすべて管理し、制御しています。

たとえば、「メモリの何番地にプログラムを配置したか」とか、「データ領域は何番地にあるか」、「次に実行すべき命令が格納されている番地はどこか」などです。これらの情報をもとに、OSは次に実行すべきプロセスを決定し、プログラムを実行します。

ところで、CPUが1つのプロセスを実行し続けたら、ほかのプロセスが実行できなくなってしまいます。プロセスだけでなくOSも実行できません。つまり、そのプログラムが正しく終了するまで、ほかの処理ができなくなってしまいます。このことから、マルチタスクのシステムでは、ときどきプロセスからOSにCPU使用権を返さなければならないことがわかります。

プロセスは、実行したり、OSに制御を返したりしながら処理を続けていきます。図3.45はこのようなプロセスの状態を表したものです。

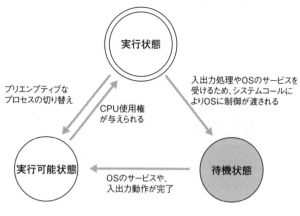

▶ 図3.45　プロセスの3状態

- **実行状態**

実際にCPUがそのプロセスを実行している状態のことです。

- **実行可能状態**

プロセスを実行することができるが、CPUはほかのプロセスを実行している状態のことです。

- **待機状態**

入出力処理など時間がかかる処理を待っている状態で、その処理が終わらないとプログラムの実行を再開できない状態のことです。

プロセスの状態は図3.45の矢印のように変化します。プロセスの状態を変化させるのはOSの仕事です。OSがプロセスからCPU使用権を返してもらうには、いくつかの方法があります。

1つ目は、OSが提供しているサービスをプロセスが要求する方法です。これは、**システムコール（スーパバイザコール）** と呼ばれます。システムコールは、OSが提供している周辺機器へのI/O処理のようなサービスを、アプリが受けるときに行われます。

2つ目は、**ハードウェア割り込み**による方法です。ハードウェア割り込みは、周辺機器がCPUに割り込み信号を送り、実行中のプログラムの処理を一時的に中断させて、特別な処理（割り込みハンドラ）に制御を強制的に移すことです。

これらの方法によって、OSにCPU使用権を戻すことができます。

実際にプロセスのCPU使用権を変更するには、次の2つの方法が利用されています。1つは**イベント駆動**（event driven：イベントドリブン）方式、もう1つは**プリエンプティブ**（preemptive）方式です。

イベント駆動方式は、キーボードやマウス、NICなどの周辺機器への入出力が発生したときに、CPUの処理を切り替える方法です。たとえば、ユーザがマウスやキーボード

などでコンピュータに入力すると、それに応じてCPUが処理するプログラムが切り替わります。また、ネットワークからパケットが送られてきたら、今までやっていた処理を中断して、パケットの受信処理をします。このように、何らかのイベントによって処理が切り替わることを、イベント駆動方式と呼びます。

一方、プリエンプティブなプロセスの切り替えは、特定のプロセスの実行時間が長くなった場合に、強制的に処理を中断して別のプロセスに切り替えるときに行われます。このように強制的に切り替えることを**プリエンプション**（preemption）といいます。たとえばUNIXでは、プロセスの最大実行時間を0.1秒程度に設定しています。このため、複数のプロセスを実行すると、最大で0.1秒ごとにプリエンプションが行われます。最大実行時間のことを**タイムクォンタム**（time quantum）と呼び、時間が切れたら次に待っているプロセスに順番にCPU使用権を渡します。順番に別の処理に切り替えることを**ラウンドロビン**（round robin）プロセス切り替えと呼びます。

最近の汎用OSは、イベント駆動方式とプリエンプティブ方式の両方のしくみを取り入れて、次に実行するプロセスを決定します。次にどのプロセスを実行するか決定することを**スケジューリング**（scheduling）といい、それを実行するカーネルのモジュールを**スケジューラ**（scheduler）と呼びます。スケジューラは、システムの性能ができるだけよくなり、かつ、ユーザにとってコンピュータの応答性ができるだけよくなるように次のプロセスを決定します。

このように、コンピュータは一瞬一瞬では1つの仕事しかしていません。コンピュータ上でたくさんのプログラムが同時に動いているように見えるのは、人間の錯覚なのです。

3.7.5 ソフトウェア割り込みと遅延実行

コンピュータ上では複数のプログラムが動作しています。これらのプログラムができるだけ並列に動作するためには、いくつもの工夫が必要です。工夫がないOSは、ユーザが利用していてとても使いにくいOSになってしまいます。

OSによっては、システムコールが呼び出されると、システムコールが終了するまでカーネルがすべてのCPU時間を使用してしまう場合があります。この場合には、システムコールが終了するまで、すべてのアプリが停止してしまうことになります。システムコールの終了時間が短ければ問題ないかもしれませんが、その処理に何秒もかかっていたらどうなるでしょう。数秒間、すべての処理が停止してしまうことになります。たとえば、文書を入力していたり、ゲームをしていたり、映画や音楽を見たり聞いたりしているときに、ほかの処理のために画面や音が一時的に停止してうんともすんとも言わなくなってしまうでしょう。これではユーザにとって、とても快適な環境とはいえません。

また、組み込みシステムなどでは、「何ミリ秒ごとに必ずこの処理をする」など、一定間隔で特定の処理をしなければならない場合があります。たとえば、工業用ロボットの

制御や、走行中の自動車のエンジンやギアなどの制御です。このようなシステムには、決まった間隔で処理を切り替えられないOSは利用できません。

こうした問題に対し、近代的なOSでは次のような工夫が施されています。

- OS内部の処理を中断可能にする（プリエンプティブなカーネル）
- システムコールの処理時間ができるだけ短くなるようにチューニングする
- 時間がかかる処理を遅延実行する

1つ目に挙げたプリエンプティブなカーネルとは、アプリの処理がOSによって中断できるように、OS内部の処理であっても優先処理を実行するために中断できるようにしたものです。ただしOSは、アプリとは違い、どこでも中断可能というわけではありません。中断可能な部分を増やすことで、OSがCPUを完全に占有してしまう時間を減らすようにします。

残りの2つは、「システムコールが長時間CPUを占有しないようにする」という考え方が根底にある方法です。特に3つ目の遅延実行とは、図3.46のようにシステムコールを2つに分け、処理に時間がかかるシステムコールの場合は、処理が終わるまで待つのではなく、システムコールを一時的に停止させたり終了させたりして、後から遅れて処理を行うようにすることです。

たとえば、データの読み書きを行うハードディスクのように、CPUに比べて処理速度が遅い機器はいくつもあります。このような機能を制御するときには、CPUがハードディスクのコントローラに命令を出したら、ハードディスクのコントローラが処理を終了するまで、CPUは別の処理をしていてもよいことになります。

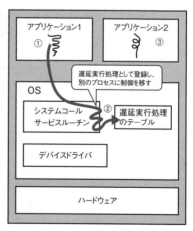

▶ 図3.46　ソフトウェア割り込みと遅延実行

3.7 OSの役割　113

　また、ハードウェア割り込みについても工夫がされています。ハードウェアから割り込みが発生するたびに処理を切り替えていたのでは、切り替え処理にばかり時間がとられてしまい、全体の処理性能が低下する場合があります。このため、ハードウェア割り込みを「即座に実行すべきもの」と「遅延させてもよいもの」に分類し、遅延させてもよいハードウェア割り込みの場合には、複数の割り込みをまとめて処理するようにします。

　このように、システムの性能を向上させるために処理を遅延させるのが**遅延実行**です。遅延実行を可能にする機能は**ソフトウェア割り込み**などと呼ばれます（古くからのUNIXシステムでは、**ボトムハーフ**（bottom half）と呼ばれる、現在よりも制限された機能が用意されていました）。

　ソフトウェア割り込みは、実行中のプログラムを強制的に中断することはありません。ここがハードウェア割り込みと異なる点です。ハードウェア割り込みでは、実行中のプログラムを「強制的に中断して」割り込みハンドラを起動させます。一方、ソフトウェア割り込みが起こるのは、実行中のプログラムがOSに制御を移したときだけです。そのときに、OSが遅延実行処理のテーブルにたまっている処理がないか、たまっている処理の中に実行可能なものはないかを調査し、実行可能なものがあったら割り込みを行います。

　ソフトウェア割り込みは、実行中のプログラムがOSに制御を移さない限り実行されません。アプリケーションプロセスがOSへと制御を移すのは、次の3つの場合です。

1. システムコール
2. プリエンプティブなプロセス切り替え（スケジューリング）
3. ハードウェア割り込み

　OSに制御が移った場合、まずOSは目的の処理を実行します。そして、それが終了し、元のプロセスや新しいプロセスに制御を移そうとする直前に、遅延実行処理のテーブルに登録されている処理が実行されます。

　図3.45の「プロセスの3状態」で説明すると、処理に時間がかかるシステムコールをプロセスが呼び出した場合に、その処理は遅延実行されるためにソフトウェア割り込みキューに登録されます。その結果、このプロセスは「待機状態」になり、別のプロセスが「実行状態」になります。そして、ハードウェア割り込みなどにより、遅延実行ルーチンが起動されてプロセスが「実行可能状態」になり、ほかのプログラムがプリエンプトされたり、ソフトウェア割り込みキューに登録された場合に、「実行状態」に戻ります。

114 第3章 ネットワーク技術を支えるコンピュータの基礎

3.8 コンピュータの仮想化

3.8.1 仮想化とは

　以前は、コンピュータといえば、ハードとソフトに分かれていました。ところが現在では、コンピュータそのものがソフトとして存在することがあります。それが**仮想化**です。

　仮想化の実例として、**エミュレータ**があります。エミュレータとは、ハードウェアをソフトウェアの技術で模倣することを意味します。たとえばスマホで動作するソフトウェアを開発する場合、スマホを使って開発するのでは、とても面倒で生産性が低くなります。そこで、通常はパソコンで開発して、開発したソフトをスマホに転送して動かします。しかし、動作チェックをするときに、パソコンとスマホを行ったり来たりするのは、時間も手間もかかります。そこでエミュレータの登場です。パソコン上で動作するスマホのエミュレータがあれば、スマホのソフトをパソコンで開発しながらパソコン上で動作チェックができるのです。

　しかも、スマホにはさまざまな画面サイズがあります。OSのバージョンもいろいろです。すべてを実機で開発しようとしたら、ハードをそろえるだけでも大変です。しかし、複数のハードやOSのバージョンに対応したエミュレータがあれば、これらの問題が一気に解決します[8]。

　エミュレータには、それ以外にも、今では手に入らない昔のハードウェアを最新のコンピュータ上でよみがえらせるといった使い道もあります。

　仮想化は、少し前までは、どちらかというと補助的な役割で利用されることが多い技術でした。つまり、「仮想化しないほうが高性能だが、やむを得ず仮想化を使う」という場合が多かったのです。ところが、インターネットの普及と発展、クラウドシステムの登場により、この状況は一変しました。特にインターネットのサーバ分野では仮想化が主役になっているともいえます。

3.8.2 仮想化の種類

　仮想化には図3.47のように、ホスト型とハイパーバイザ型の2種類があります。どちらも、コンピュータの中で、ソフトウェアとしてコンピュータハードを実現します。仮想化されたコンピュータを**バーチャルマシン**（Virtual Machine：VM）といい、その上にインストールされたOSを**ゲストOS**といいます。

---

[8] カメラやGPS、加速度センサーなどはエミュレータでは利用できないことがあるので、実機がないと検証できない機能もあります。

▶ 図3.47　仮想化の種類

ホスト型はパソコンなどでもよく利用される方式です。たとえば、Windows上でLinuxを動かしたり、Mac上でWindowsを動かしたりすることができます。最新のOSに対応していない古い周辺機器を動かしたいときに、Windows XPやそれ以前のバージョンのOSをVM上で動かすといったことも可能です。ホストOSから見ると、VMは、他の通常のアプリ（図3.47にはアプリ4として描いてあります）と同じように動く1つのアプリ（仮想化ソフト）の中で動いています。

ハイパーバイザ型はクラウドコンピューティングなどで利用されます。ハードウェアを管理するのが、OSではなく、ハイパーバイザというソフトウェアになります。ハイパーバイザは、VMとハードウェアの仲立ちをします。一般のOSと比べると小さなプログラムであり、ホスト型よりもVMの動作を機敏にすることができます。その代わり、ハイパーバイザ上では通常のアプリは動作しません。

3.8.3　仮想化の利点

仮想化の利点はなんでしょうか？　主に次のような点が挙げられるでしょう。

- 1台のハードウェアで複数のシステムを構築できる
- VMをまるごとバックアップすることができるので、故障時の復旧がしやすい
- 別のハードにVMを簡単に移動できる
- 複数のハードウェアにシステムをインストールしたいとき、インストールの手間を1台分で済ませられる（残りはソフトウェア的にコピーすればよい）

116 第3章 ネットワーク技術を支えるコンピュータの基礎

- コンピュータの資源を生かしやすい

　複数のハードウェアを同時に運用できるような環境で、「負荷が高いハードの仕事を減らし、負荷が低いハードの仕事を増やす」ことで負荷を分散できれば、すべてのハードウェアを効率良く使えるようになります。仮想化技術を使うと、ハードウェアをやりくりしなくても、VMの再配置によってそのようなことが実現できます。

　ネット上のクラウドサービスでは、そのような仮想化がよく行われています。数千〜数万台のコンピュータハードウェアを管理・運用しようとしたとき、個別にOSやアプリをインストールするのではなく、VMとしてOSやアプリをインストールして、それぞれのコンピュータの負荷が一定になるようにVMを配置しながら動かすのです。そうすることで、コストを抑えながら顧客満足度が高いクラウドサービスを提供できるようになります。

3.9 第3章のまとめ

　この章では、次のようなことを学びました。

- コンピュータの基本構造
- バスとアドレス
- パラレル通信、シリアル通信、全二重通信、半二重通信
- バッファ、キュー、スタック、キャッシュ
- データ表現（2進数、文字コード）
- オペレーティングシステム
- 仮想化

　この章ではコンピュータの基礎について学びました。先の章に進んで、ネットワークについて深く学ぼうとすると、いたるところで第3章の知識が必要になることがわかってきます。

　基本はとても大切です。先に読み進んで、よくわからないことが出てきたら、きっと第3章についての理解が足りなかったからです。そういうときは、この章に戻ってきて、何度でも読み返してみましょう。

第04章 ネットワークの基礎知識とTCP/IP

TCP/IPはネットワークを動かす技術ですから、TCP/IPについて詳しく学ぶためには、ネットワークの知識が必要となります。
この章では、TCP/IPを学ぶ上で必要となる、通信やネットワークの基礎について説明します。ネットワークについて勉強する上で知っておくべき用語や概念を理解した後、いよいよ本書の主題であるTCP/IPの核心へと迫っていきましょう。

4.1 ネットワークの基礎知識

4.1.1 ノードとリンクとトポロジ

　ネットワークは2つの基本要素から構成されています。その基本要素とは、**ノード**（node）と**リンク**（link）です。ノードとは点のことで、リンクとは線のことです。

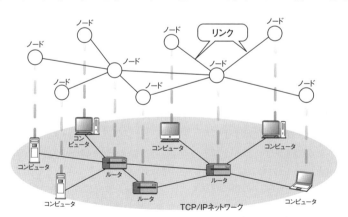

▶図4.1　ノードとリンク

118 第4章 ネットワークの基礎知識とTCP/IP

ノードは、通信する機器を意味します。たとえば、インターネットの場合にはコンピュータがノードです。リンクは、通信を伝送する信号線を意味します。リンクの分岐点（インターネットではルータ）もノードです。

末端のノードのことを**ホスト**（host）と呼び、リンクの分岐点にあって通信の中継をするノードを**ルータ**（router）と呼びます。TCP/IPプロトコルの用語では、ホストもルータもどちらもノードです。

■ ホストとルータの違いとテザリング

大型汎用コンピュータ（メインフレーム）のことを、「ホストコンピュータ」と呼ぶことがあります。このため、「ホスト」と聞くと、巨大なコンピュータのことをイメージする人がいるかもしれません。しかし、TCP/IPの用語では、ホストとは末端のコンピュータのことを意味し、スマートフォンやノートパソコンのような小さなコンピュータでも、ホストと呼ばれます。

また、2つ以上のネットワークに接続され、互いのネットワークから送られてくるIPパケットを転送するコンピュータを**ルータ**と呼びます（「IPパケット」については4.1.5項で説明します）。家庭用に販売されているブロードバンドルータや、外出先で使うモバイルルータも、ルータの一種です。インターネットのプロバイダ間の接続に使われる**バックボーンルータ**としては、パケット配送処理専用に作られた専用コンピュータ（11ページのコラム「汎用コンピュータと専用コンピュータ」参照）が設置されています。

通常はホストになっているスマートフォン（スマホ）やノートPCも、実はルータにすることができます。

スマホの場合には、**テザリング**という設定をするとルータになります。スマホを介して、ノートPCやタブレットPCをインターネットにつなげることができるのです。この場合、ノートPCやタブレットPCとスマホの間はWi-FiやBluetooth、USBなどで接続し、スマホは3G/4Gでインターネットに接続します。スマホは、ホストとして使っている場合には他の機器の通信を中継しませんが、ルータとして使う場合には、ホストとしての機能を提供しながら（一部制限されますが）中継もします。このようなことができるのも、スマホやノートPCは「ソフト次第でなんでもできる汎用コンピュータ」だからです。

ノートPCも、EthernetとWi-Fiの間で他人の通信を中継するという使い方ができます。その場合には、EthernetとWi-Fiのどちらかがインターネットに接続される側になり、もう一方が通信を中継してほしいホストをつなぐ側になります。

■ ネットワークのトポロジ

リンクとノードを組み合わせると、いろいろな形状のネットワークを作ることができます。たとえば、図4.2に示すように、**バス型**や**リング型**、**スター型**などのネットワークを作ることができます。ネットワークの世界では、ネットワークの形状のことを**トポロジ**（topology）といいます。中でもバス型はネットワークの基本といえます。3.2.1項で説明したコンピュータの中のバスも、バス型ネットワークの一種です。

トポロジの種類によって利点や欠点が異なります。たとえばスター型は、中心のノードが故障するとネットワーク全体が通信不能になる欠点がありますが、管理がしやすい

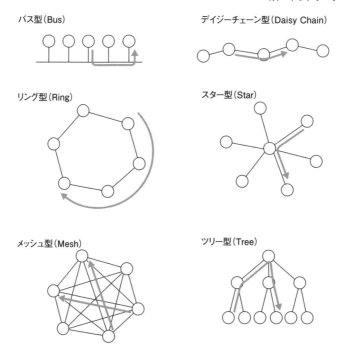

▶ 図4.2　ネットワークの形状（トポロジ）

という利点があります。メッシュ型は、1つのノードが故障しても他の部分では通信できるという利点がありますが、コストが高くなったり管理が大変になったりする欠点があります。このため、実際には必要な機能や用途によってトポロジが使い分けられ、複雑に組み合わさってネットワークが作られています。

4.1.2　データリンク技術とインターネットワーキング技術

ネットワークの通信は、図4.3に示すように大きく2つのレベルに分けられます。リンク内の通信と、リンクを越えた通信です。リンク内の通信技術のことを、**データリンク（data link）技術**といい、リンクを越えた通信を実現する技術を**インターネットワーキング技術**といいます。

TCP/IPの世界では、データリンク技術として、社内LANなどを構築するときに利用される**Ethernet**（**イーサネット**）、Wi-Fi、ADSLや光回線で利用される**PPPoE**（Point-to-Point Protocol over Ethernet）などが利用されています。インターネットワーキング技術としては、本書で説明するIP（Internet Protocol）が使われています。

電話網の世界では、末端の電話機とリンクを束ねている交換機がノードになります。そして、電話機と交換機を結ぶ線、交換機と交換機を結ぶ線がリンクになります。

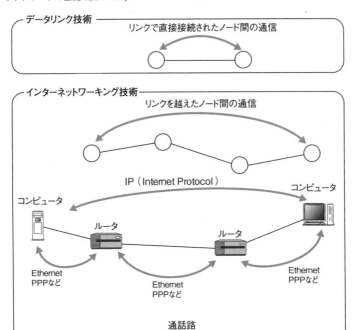

▶ 図4.3　データリンク技術とインターネットワーキング技術

4.1.3　インターネットワーキング技術とインターネット

　ネットワークの基本は、図4.4の①のように機器を1対1で接続することです。これを**ポイントツーポイント**（point to point）といいます。これが最も基本となるデータリンク技術です。

　図4.4の②のように3つ以上の機器を接続すると、本格的なネットワークになってきます。これを**マルチポイント**（multi point）と呼びます。EthernetやWi-Fiなどはこの形式になっています。3つ以上の機器を接続する装置を**ハブ**（hub）と呼びます。Wi-Fiの場合にはアクセスポイントと呼ばれます。機能によりリピータハブやスイッチングハブと呼ばれることがあります（4.5.2項を参照。本書では、単に「ハブ」といえば「スイッチングハブ」を意味することにします）。これもよく使われるデータリンク技術

① 1対1の接続（ポイントツーポイント接続）　② ハブによる接続（マルチポイント接続）

▶ 図4.4　ポイントツーポイントとマルチポイント

です。ハブで作られたネットワークを、さらにハブを使って広げることができます。

4.1.5項で説明するパケット交換ネットワークでは、ハブで接続されている範囲内は自由にパケットが流れます。そのため、ハブで接続された範囲に、間違った設定の機器があったり、ウイルスに感染した機器があったり、悪意のある利用者がいたりすると、通信エラーが発生したり、システムが破壊される危険性が大きくなります。一般的には、ハブでつながっている範囲は、同じ人が管理しているネットワークである場合が多くなっています。

③ ネットワークとネットワークの接続（組織同士のポイントツーポイント接続）

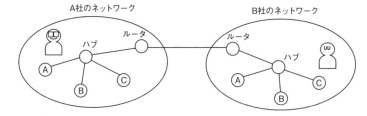

④ ISPによるインターネットワーキング（ISPをハブとする組織同士のマルチポイント接続）

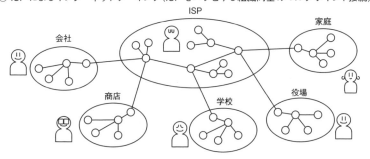

▶ 図4.5　組織のポイントツーポイントとマルチポイント

異なる会社間のような、管理者が違うネットワーク同士を接続する場合などには、インターネットワーキング技術が使われます。図4.5の③のように、ハブで接続された

ネットワーク同士を、**ルータ**を使って接続するのです。ルータを使うと、ある程度はパケットの流れが制限されるため、完全ではありませんが、ウイルスや悪意のある利用者からシステムを守りやすくなります。

さらにネットワークの規模が大きくなったものが、インターネットです。

図4.5の④のように、**プロバイダ（ISP）**がそのプロバイダの会員の通信を中継することにより、会員間での通信が可能になります。さらに、図4.6の⑤、⑥、⑦のようにプロバイダ同士が接続されることにより、インターネットが構築されます。図4.6の⑥にはプロバイダ同士を接続する**IX**（Internet eXchange）と呼ばれる地点があります。プロバイダ同士が個別に接続契約をするのはとても大変なので、IXを通して複数のプロ

⑤ ISP同士のインターネットワーキング（ISP同士のポイントツーポイント接続）

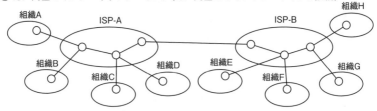

⑥ IXによるインターネットワーキング（IXをハブとするISPのマルチポイント接続）

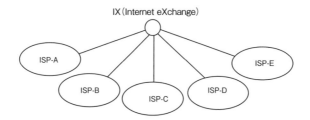

⑦ インターネット（IX同士がISPを介してつながったネットワーク）

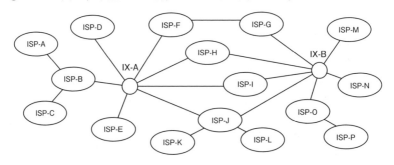

▶ 図4.6　プロバイダのポイントツーポイントとマルチポイント

バイダといっぺんに接続することができます。IXに接続しているプロバイダを一次プロバイダ、一次プロバイダを経由してIXに接続しているプロバイダを二次プロバイダと呼んだりします。

■ **インターネットはフラクタル**

皆さんはフラクタルという言葉を知っているでしょうか？ 日本語では自己相似と呼ばれます。拡大しても拡大しても同じ形が現れる図形で、コッホ曲線（図4.7）やマンデルブロ集合などが有名です。

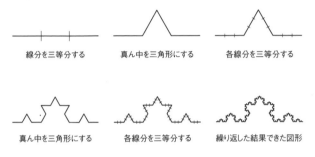

▶ 図4.7　コッホ曲線

この節ではネットワークについて、ポイントツーポイントからスタートしてインターネットまでを見てきました。これも自己相似になっていることに気が付きましたか？ 最初のポイントツーポイントを拡大して、コンピュータの内部を覗いて見ると、コンピュータの中の部品もポイントツーポイントやマルチポイントでつながっていたのでした（第3章参照）。

4.1.4　クライアント/サーバモデルと、ピアツーピアモデル

TCP/IPネットワークは、**クライアント/サーバモデル**と呼ばれるサービス形態になっています。サービスを提供する側が**サーバ**（server）、サービスを受ける側が**クライアント**（client）です。クライアントがサーバにサービスを要求することで、通信が開始され、サービスが提供されます。

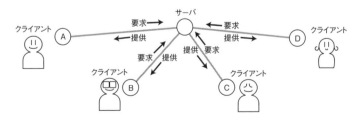

▶ 図4.8　クライアント/サーバモデル

ソフトウェアの話をするのか、ハードウェアの話をするのかにより、サーバとクライアントの実体が異なります。ソフトウェアの話をする場合は、サービスを提供するプログラムをサーバと呼び、サービスを受けるプログラムをクライアントと呼びます。ハードウェアの話をする場合には、サービスを提供することを主目的としたコンピュータをサーバと呼び、サービスを受けることを主目的としたコンピュータをクライアントと呼びます。この場合は、ユーザが利用するコンピュータがクライアントになり、クライアントからの要求を処理するコンピュータがサーバとなります。

TCP/IPはソフトウェアなので（1.5.2項を参照）、「サービスを提供するプログラムをサーバ」、「サービスを受けるプログラムをクライアント」と呼びます。誤解してほしくないのは、サーバやクライアントなどのソフトウェアは、サーバ向けのコンピュータでも、クライアント向けのコンピュータでも、どちらでも動かすことができるという点です。それどころか、1台のコンピュータでサーバソフトとクライアントソフトを同時に動かすこともできるのです。

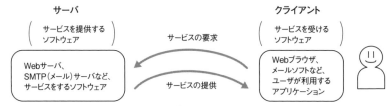

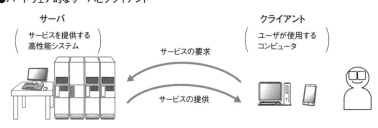

▶図4.9　サーバとクライアントの見方の違い

■ ピアツーピア

TCP/IPの基本はクライアント/サーバモデルですが、クライアントとサーバのような主従関係がない**ピアツーピア**（P2P：Peer to Peer）と呼ばれるモデルもあります。これはファイル共有サービスや音声電話などで使われる技術です。

ピアツーピアにはクライアントとサーバがないように見えますが、実は1台のコンピュータがクライアントとサーバの両方の機能を備えています。つまり、同じノード

が、あるときはサーバになり、またあるときはクライアントになるのです。さらには、サーバでありながら同時にクライアントであることもあります。そういったノードがたくさん集まって大きなコンピュータの集団を作り上げ、接続している相手について細かく意識することなくファイル共有や音声電話が可能になるシステムもあります。

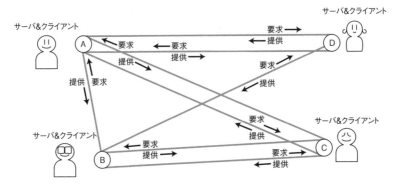

▶ 図4.10　ピアツーピアモデル

■ ハードウェアとしてのサーバとクライアント

　物理的なネットワークを構築する場合には、主としてサーバソフトウェアを動かす用途向けのコンピュータを**サーバ機**と呼び、クライアントソフトウェアを動かす用途向けのコンピュータを**クライアント機**と呼ぶことがあります。ここでは、「ハードウェアとしてのサーバとクライアントの特徴」をまとめておきましょう。

サーバソフト向けコンピュータ（サーバ機）

- 大容量のデータを高速に入出力できるように作られている
- 高速なディスク装置やネットワークインターフェイス、高速にデータをやり取りできるしくみを備えている
- 24時間動き続けることが多く、耐故障性や障害時の復旧を助ける機能を備えていることが多い
- クライアントからの要求が集中しても処理をこなせるしくみや能力を持っている

クライアントソフト向けコンピュータ（クライアント機）

- グラフィカルなユーザインターフェイス（GUI：Graphical User Interface）を持ち、人が作業をするのに適した環境を提供してくれるコンピュータ
- 高解像度ビットマップディスプレイや、スピーカー、キーボード、マウスなどの入出力装置を備え、複数のウィンドウをマウスなどで切り替えながら仕事をこなせるようになっている
- 使い勝手のよさや、ストレスのない操作性が求められる

　スマートフォンやタブレットPCは、ハードウェア的に見るとクライアントです。しかし、ソフトウェア的に見たときには、サーバソフトを動かしてサーバになることもあります。

■ 実際のアプリケーションのサービス形態

インターネットでは、さまざまなサービスやアプリが利用されています。実際のサービス形態もさまざまです。

最も多いのがスター型のサービスです。Webのホームページ、SNS（Social Networking Service）、チャット、映像配信などはこの形式です。中心にサーバがあり、みんながそのサーバにアクセスして、情報の閲覧やダウンロード、書き込みやアップロードなどをします。一度にたくさんの人がアクセスすると、反応が鈍くなったり、サーバがダウンしてアクセスできなくなったりすることがあります。

ブログもWebを使ったサービスですが、1つのWebサーバを使ったスター型ではなく、複数のWebサーバ間で連携をとるしくみが用意されています。これはトラックバックと呼ばれています。閲覧しているブログに直接コメントなどを書き込むのではなく、自分のブログのWebサーバのページにアクセスし、そこから相手のブログのWebサーバに対してトラックバックを行うと、双方のWebサーバ間で通信処理が行われ、両方のホームページに情報が掲載されます。このときに双方向リンクが形成されます。

電子メールは、メールサーバ経由で手紙を送るシステムです。通常は複数のメールサーバを経由してメールが転送されます。それもあって、あまりにも大きなデータは送りにくい場合があります。相手のメールアドレスを指定して送るだけでなく、メーリングリストといって、そこに登録している人全員のメールアドレスあてにメールが届くしくみもあります。

ピアツーピア（P2P）やビデオ会議では、サーバが存在せず、直接相手と通信します。相手を探すときだけサーバを利用し、相手と接続できた後は直接通信する方式も使われています。

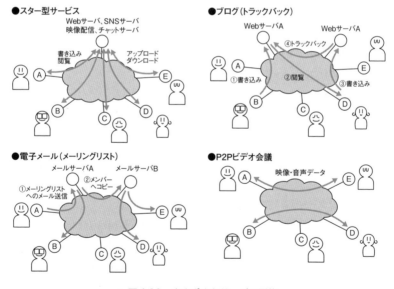

▶ 図4.11　さまざまなサービス形態

ここでは4種類の通信形態を紹介しましたが、実際のアプリにおける通信はもっと多様で複雑です。インターネットでは決まった通信形態というものはありません。アプリの種類に応じて、さまざまな通信形態、接続方式が考えられて利用されています。

4.1.5 パケット交換と回線交換

ネットワークの通信方式には、**パケット交換方式**と**回線交換方式**があります。

パケット交換方式は、1つのデータをある大きさ以下の単位で区切って送信する方式です。区切られたデータのかたまりを**パケット**（packet）と呼びます。

回線交換方式とは、通信時にデータを送受信し合うコンピュータ間に固定的な通信路を作り、その通信路を使ってデータを送信する方式です。

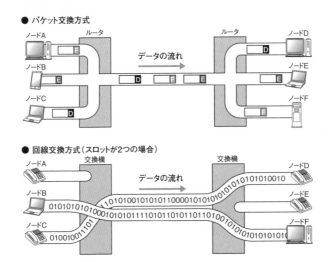

▶ 図 4.12　パケット交換と回線交換

パケット交換方式には次のような特徴があります。

- 利用者がアプリを使うと、通信が勝手に始まって、勝手に終わる
- 同時に複数の相手と通信できる
- 利用者は誰と通信しているか意識できているとは限らない
- 通信には制限がないが、ネットワークが混雑すると通信速度が遅くなる
- 利用者が意識していないときに、システムやアプリが勝手に通信している場合がある

TCP/IPはパケット交換方式です。TCP/IPネットワークは相手の都合にかかわらず通信を始めることができます。通信はN対Nで行うことができるため、同時に複数の人と通信することができます。ただし、他人の通信の影響を受けて通信速度が低下することがあります。

一方、回線交換方式には次のような特徴があります。

- 利用者が通信の開始と終了を明示的に指示する

- 通信できる回線数に制限がある
- 同時に通信できる相手は一人
- 通話が開始できたら、他の人の通信は自分の通信に影響しない

　回線交換方式の代表は、従来の電話網です。電話番号を入力すると、相手の電話機との間に固定的な通信路が作られます。相手が電話に出ると通信が始まります。通信は1対1で行われ、通話が始まると他人の通信には影響を受けません。つまり、一方が話した言葉はそのままデータ化されて相手のところまで伝えられます。

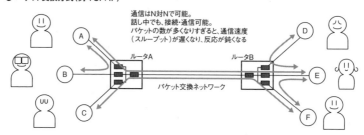

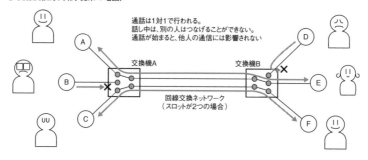

▶図4.13　パケット交換方式と回線交換方式の特徴

■ パケット交換方式の利点と欠点

　パケット交換は、別名「蓄積交換」とも呼ばれます。このように呼ばれるのは、途中のルータが送られてきたパケットをいったんメモリに保存して、保存したパケットのヘッダを見てから配送処理を行うからです。つまり、パケットは、蓄積と伝達が繰り返されて、目的のコンピュータまで届けられます。

　パケット交換方式の利点は、1つの回線を多くのコンピュータで共有できる点です。1つの回線を引くだけで、数多くのコンピュータ間の通信が可能になります。しかし、これは欠点にもなります。

　多くのコンピュータで回線を共有するため、たくさんのコンピュータが同時に大量の

パケットを転送すると、ネットワークが混雑してしまいます。混雑すると、パケットの到着時間が遅くなったり、中継機器でパケットを取り込みきれなくなり、パケットが失われたりすることがあります。このため、パケット交換方式は、それぞれの利用者が節度のあるパケット送信をしなければ成り立ちません。

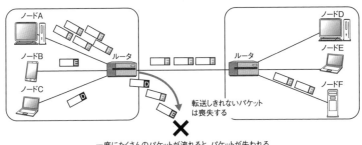

▶ 図4.14　パケット交換方式の欠点

■ 利用者から見たネットワークの方式の違い

　パケット交換方式と回線交換方式との違いは、ネットワークを利用する人が負担する料金や、利用者による拡張性の違いとしても表れます。

　通常、電話を契約すると、利用者には契約料以外に通話料金がかかります[†1]。通話料金は、同じ部屋にいる人に携帯電話をかける場合にもかかってしまいます。通話料金を負担するのは、電話をかけた人です。また、内線電話や親子電話のようなしくみはありますが、電話会社との契約が1回線しかなければ、外部と通話できるのは同時に1人だけです。電話会社との契約を解約してしまうと、どんな通信もできなくなってしまいます。電話のネットワークを個人で自由に拡張することは、あまり現実的ではありません。

　一方、パケット交換方式のインターネットでは、通話単位で料金がかかるのではなく、データ量や、通信速度のような品質に応じて利用料が変わるが一般的です。それぞれの利用者が、契約しているプロバイダまでの通信費用を払います。プロバイダとの契約が1回線しかなくても、複数のコンピュータが同時にインターネットを利用できます。また、TCP/IPを利用して自分たちでLANを構築するのも容易です。LAN上のコンピュータ同士の通信であれば通信料金はかかりません。

　表4.1に両者の違いをまとめます。

▶ 表4.1　利用者から見たネットワークの方式の違い

パケット交換方式	回線交換方式
プロバイダとの契約が必要だが、通信するときに個別に料金はかからない	電話をかけた人が通話料を支払う
自分たちでネットワークを拡張できる	自分たちでネットワークを拡張できない
1回線の契約で、複数のコンピュータがインターネットを利用できる	契約した回線数分の機器しか同時に通信できない

[†1] 電話会社が「かけ放題」のような料金プランを設定していることがありますが、これは通話料が無料になっているわけではありません。通話ごとに通話料がかからないというだけで、定額の通話料を払っていることになります。

4.1.6 ユニキャスト、マルチキャスト、ブロードキャスト、エニーキャスト

　ネットワークは、通信相手の観点から、**ユニキャスト**（unicast）、**マルチキャスト**（multicast）、**ブロードキャスト**（broadcast）、**エニーキャスト**（anycast）に分類することができます。

　ユニキャストは相手が1つの場合、つまり、1対1で通信する場合です。ユニキャストは、最も一般的な通信のやり方です。手紙や電話など、多くの通信がユニキャストになっています。インターネットで使われる通信のほとんどは、ユニキャストになっています。

　マルチキャストは特定のグループ内での通信です。これは回覧板のようなもので、1つの通信メッセージが、回覧されたりコピーされたりしながら伝えられていきます。インターネットでは、RIP2（5.6.4項参照）、OSPF（5.6.5項参照）といった技術でマルチキャストが使われています。

　ブロードキャストには「放送」という意味があります。テレビやラジオ、地域の緊急放送などのネットワーク版と考えればよいでしょう。ブロードキャストは、すべてのコンピュータに対しての通信です。ただし、すべてのコンピュータといっても、世界中のすべてのコンピュータにパケットを届けることはできません。そのようなことを可能にすると、世界中のネットワークがパンク状態になってしまいます。ブロードキャストは、物理的に区切られた特定のネットワーク内の通信に限られます。特定範囲を超えたブロードキャストは、ほかのネットワークに迷惑をかけるので禁止されています。インターネットでは、ARP（5.5.2項参照）などでブロードキャストが使われています。

　エニーキャストは少し特殊です。エニーキャストで送ったパケットは、同じ宛先を持つノードのうち、送る人にとって最も近いノードに届きます。ただし、連続してパケットを送っても同じノードに届くとは限りません。もともとインターネットでは、IPアドレスはユニーク（1つのノードに1つだけ）である必要があり、同じIPアドレスを複数のノードに付けることはできませんでした。しかし現在では、同じIPアドレスを複数のノードに付けてエニーキャストする技術が使われるようになっています。たとえばDNS（8.1節参照）などでエニーキャストが利用されています。

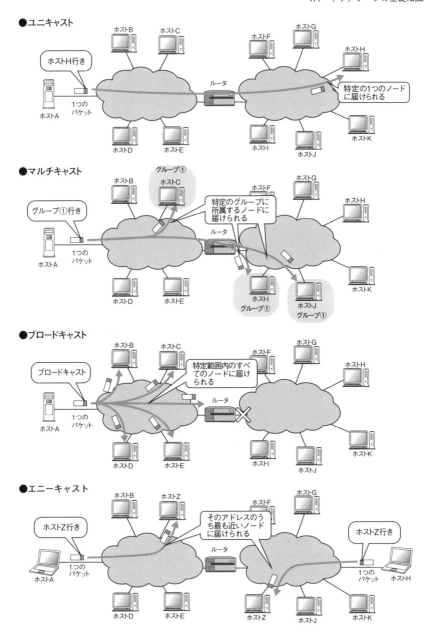

▶ 図4.15 通信相手の観点から見たネットワークの種類

4.1.7 データ転送方式

ネットワークで接続された機器間での通信に利用するデータ転送方式には、さまざまなものがあります。**CSMA**方式や**CSMA/CD**方式、**スイッチ**を利用した方式、**トークンパッシング**方式などです。

■ CSMA (Carrier Sense Multiple Access)

CSMAはブロードキャスト型のネットワークで利用されます。それぞれのノードは常にネットワークを監視し、回線に信号が流れていないときだけパケットを送信します。パケットはネットワークのすべてのノードに転送され、受け取った側では、送信アドレスが自分ではないパケットは破棄します。

この方式は、無線のパケットネットワークなどで利用されています。

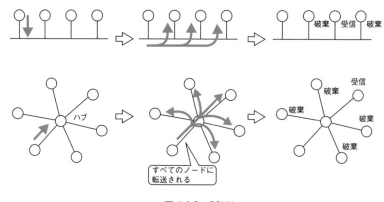

▶図4.16 CSMA

■ CSMA/CD (Carrier Sense Multiple Access/Collision Detection)

CSMA/CDは、CSMAを拡張し、衝突検出機能と再送機能を付加したものです。CSMAの場合、複数のノードが同時にパケットを送信した場合には、パケットが破壊されてしまいます。これを**衝突**（**コリジョン**：collision）といいます。衝突が発生した場合、最後までデータを送信するのは無意味です。たとえば、1500バイトのデータを送ろうとして、最初の64バイトのデータを送信した時点で衝突を検出して送信をやめれば、1436バイトのデータを無駄に送らずに済むので、この期間に別のデータを送信できるかもしれません。

このような理由から、CSMA/CDはCSMAよりもネットワークの帯域を有効に利用できます。ただし、ノード数が多くなると衝突が頻繁に発生し、通信性能が低下する場合があります。CSMA/CDはEthernetで利用されています。

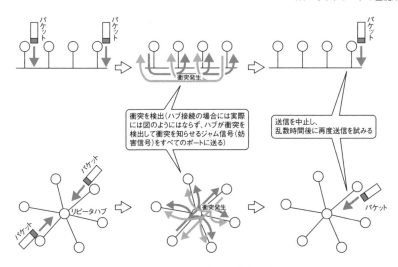

▶図4.17 CSMA/CDの衝突検出

■ スイッチを利用した方式

スイッチと呼ばれるネットワーク機器を利用した方式では、ノードはすべてスイッチに接続されており、スイッチが送信先のアドレスを見て、送信すべきノードを判断します。EthernetのスイッチングハブやATM（Asynchronous Transfer Mode）のスイッチなどがこの方式です。

なお、Ethernetのスイッチングハブは、アドレスの自動学習機能を持っており、フレームをどのノードに送ったらよいかを自動的に制御します。

▶図4.18 スイッチによる接続

■ トークンパッシング（Token Passing）

通信権を**トークン**（token）と呼ばれるフレームで制御し、一度に1つのノードしかデータを送信しないように制御します。これにより、衝突による性能低下を防ぐことができます。しかし、CSMA/CDなどよりも制御が複雑なので、コストを抑えてネットワークの性能を向上させるのが難しいという問題があります。

トークンパッシング方式はFDDI（Fiber Distributed Data Interface）やトークンリング、トークンバスなどで利用されていました。

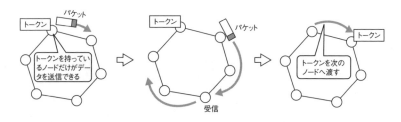

▶ 図4.19　トークンパッシング

4.1.8　ネットワークの構造

ネットワークの構造は、大きく3つの種類に分けられます。**バックボーン**（backbone）、**スタブ**（stub）、**マルチホーム**（multi-home）です。

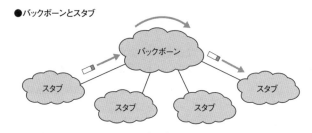

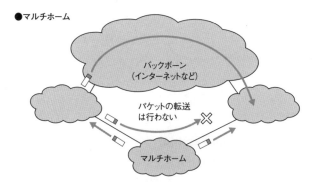

▶ 図4.20　ネットワークの構造

バックボーンは、ネットワークとネットワークをつなぐ要となるネットワークです。それぞれのネットワークから送られてくるパケットを転送する役割があります。バックボーンに異常が起きると、そのバックボーンを使っているすべての通信が不通になってしまいます。このため、バックボーンを構築するときには、回線を二重化したり、う回路を用意するなど、耐障害性を高める対策について考える必要があります。

スタブは、出口が1つしかないネットワークです。外部にパケットを送るときには、出口となる回線に送ればよいことになります。家庭のネットワークはたいていスタブネットワークになっています。その場合、ネットワークの出口はブロードバンドルータでプロバイダと接続されており、プロバイダがバックボーンとして家庭とインターネットとの通信を中継することになります。企業でも、1つのプロバイダとしか契約していない場合は、スタブになっている場合が多いでしょう。

マルチホームは、出口が2つ以上あるネットワークです。外部にパケットを送るときには、どちらの出口に送信すべきかを判断しなければなりません。選択を誤ると通信ができなくなる可能性があります。なおこれは、バックボーンの内部からほかのネットワークにパケットを送る場合も同じです。ただし、マルチホームの場合は、出口の外からほかのネットワークあてのパケットが送られてきても、パケットの中継処理をしません。

インターネットやイントラネットは、これらのネットワークが複雑に組み合わさって作られています。

4.2 TCP/IP技術の構成

4.2.1 TCP/IPの4つの技術

TCP/IPは、パケット交換方式のネットワークを実現するさまざまな技術が集まって作られたソフトウェアだと考えられます。それらのさまざまな技術は、利用者が実際に操作するアプリから、データが転送されるハードウェアまで、大きく4つの機能に分類できます。

- **アプリケーション**（application）
- **トランスポート**（transport）
- **インターネット**（internet）
- **ネットワークインターフェイス**（network interface）

これら4つの機能を、コンピュータやルータの内部でパケットがどのように処理されるかという観点でまとめると、図4.21のような構成になります。4つの機能をそれぞれモジュールとし、それらを直列に並べたように構成することで、TCP/IPの通信が実現

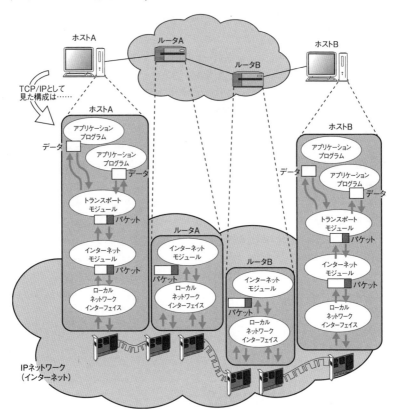

▶ 図4.21　コンピュータ内部では、4つの機能がモジュールとしてTCP/IPを構成している

されるのです。

　通信されるデータには、図4.22のように、各モジュールで必要になる**ヘッダ**が付けられます。上側のモジュールから下側のモジュールにヘッダとペイロードの組が渡されるとき、下側では、上側におけるヘッダをペイロードを区別せず、全体を単なるデータとして扱います。

　それぞれのヘッダには、パケット配送に関する情報とともに、運んでいるデータが何というプロトコルによって作られたのかなどの情報も含まれています。**トレイラ**（trailer）には、データが転送中に壊れなかったかどうかをチェックするためのFCS（Frame Check Sequence）、CRC（Cyclic Redundancy Check）などの情報が入ります。

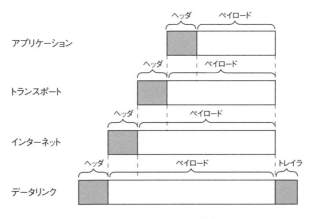

▶ 図4.22　パケットの構成

■ アプリケーションプログラム

　アプリケーションプログラムは、ユーザがコンピュータ上で動作させるアプリのことです。具体的には、遠隔ログインを実現するTelnet（TELetypewriter NETwork）や、電子メールのメールソフトやメール配送システム、インターネットブームを巻き起こしたWeb（World Wide Web）などがあります。アプリは誰でも自由に作ってかまいませんので、数え切れないほどの種類のアプリが存在しています。

　アプリケーションプログラムを実行するための環境は、トランスポート以下のモジュールによって提供されます。

■ トランスポートモジュール

　トランスポートモジュールには、アプリ間で通信ができるようにする役割があります。最も重要な役割は、ポート番号の管理とデータエラーのチェックです。

　ポート番号の管理とは、送受信されるデータがどのアプリにより送信されたものか、また、どのアプリが受信すべきデータなのかを管理することです。コンピュータの内部ではたくさんのアプリが動作しているので、きちんと管理しないと、間違ったアプリにデータが渡されてしまい、異常な動作をしてしまう可能性があります。

　データエラーのチェックとは、ネットワーク中を転送されたデータが、ノイズや機器の故障などで破壊されていないかどうかをチェックする機能のことです。

　TCP/IPでは、**TCP**と**UDP**という2種類のトランスポートモジュールが使われています。そのため、**TCPモジュール**や**UDPモジュール**、あるいはまとめて**TCP/UDPモジュール**と呼ぶこともあります。

　TCPもUDPも、通信ポートの管理とデータエラーのチェックを行う機能は同じです。しかし、ほかの機能はかなり異なっています。最も大きな違いは、データ到達性を保証する機能があるかないかです。TCPは、送り先に到達しなかったパケットを送り直して

データが到達することを保証しますが、UDPは到着しなくても何もせず、データの到達性を保証しません。

■ **インターネットモジュール**

　ここでいうインターネットとは、世界中を取り巻く巨大なコンピュータネットワークのことではなく、ネットワークとネットワークを接続する**インターネットワーキング**（inter-networking）技術のことを意味します。具体的には**IP**（Internet Protocol）というプロトコルのことです。そのため**IPモジュール**と呼ぶこともあります。

　インターネットモジュールの最も重要な役割は、通信目的のコンピュータまでパケットを届けることです。ブラックボックス化されたネットワークの内部では、IPで通信制御が行われ、最終目的地までデータが届けられます。このため、ネットワークの内部の機器は、IPの機能、すなわちインターネットモジュールを持っていなければなりません。

　IPは、TCP/IPの機能の中で最も重要な役割を担っています。インターネットやイントラネットを動かしているのもこの技術です。IPによってインターネットが構築されるわけですが、インターネット自体がIPの機能を持っているともいえるでしょう。

　IPは、データの到達性に関する信頼性を提供しません。信頼性が必要になる場合には、トランスポートモジュールの技術であるTCP上でIPを利用することになります。図示すると、図4.23のようなイメージです。TCPが、信頼性のないIPをコントロールして、信頼性のある通信を実現しているのです。その結果として、アプリは、信頼性のないIPネットワーク上でも信頼性のある通信サービスを受けることができます。

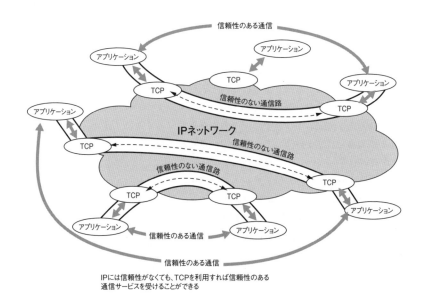

▶ 図4.23　TCPとIPの役割分担

■ ローカルネットワークインターフェイス

ネットワークを構成するハードウェアと、インターネットモジュールを結ぶのが、ローカルネットワークインターフェイスの役割です。つまり、ネットワークハードウェアを利用してTCP/IP技術を利用するときの接点になる技術だといえます。

> ### ■ Wiresharkでの各ヘッダの表示
>
> 図4.24はWiresharkでの各ヘッダがどのように表示されるかを説明する図です。Wiresharkでは上の領域で選んだパケットのヘッダの情報が、真ん中の領域で表示されます。それぞれの意味は次のようになっています。
>
> - 1番目の「Frame」と表示されている部分はパケットではありません。そのパケットをいつキャプチャしたかなどのキャプチャに関する情報が入っています。
> - 2番目の「Ethernet II」はローカルネットワークインターフェイスが作った「データリンクヘッダ」です。具体的にはEthernetヘッダ(4.5.1項参照)になっています。
> - 3番目の「Internet Protocol Version 4」は、インターネットモジュールが作った「IPヘッダ」(5.3.1項参照)です。
> - 4番目の「Transmission Control Protocol」は、トランスポートモジュールが作った「TCPヘッダ」(6.3.1項参照)です。
> - 5番目の「Hypertext Transfer Protocol」は、アプリケーションモジュールが作った「HTTPヘッダとデータ」(7.2.3項参照)です。
>
>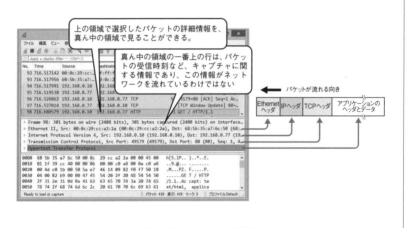
>
> ▶ 図4.24 各ヘッダの表示

4.2.2 TCP/IPの階層化原理

前の節で見たTCP/IPの4つの機能を、もう少し模式的な図で表すと、図4.25のような階層になります。この階層図は、インターネットのプロトコルを説明するときによく用いられます。この階層図だけを見ても実際のインターネットの様子は想像できないかもしれませんが、図4.21と大きな違いはないので、よく見比べてみてください。

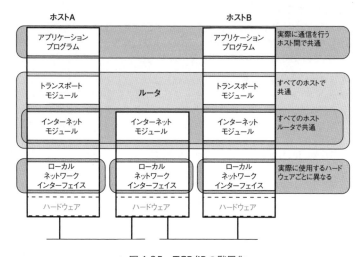

▶図4.25 TCP/IPの階層化

TCP/IPが図4.25のように階層化されているのには理由があります。それは、階層に分けることで、ある階層で必要な機能を考えるときに、他の階層のことを考えないで済むようになるからだといえます。

インターネットモジュールを担うIPは、インターネット全体で統一されたしくみです。インターネット内のすべてのホストやルータは、IPに対応していなければなりません。IPのしくみを変えるとしたら、インターネット内のすべての機器を取り替えなければならないことになります。

一方、トランスポートモジュールの一つであるTCPは、インターネットの特殊な性質を吸収することを目的としています。インターネットでは、混雑するとパケットが失われてしまいます。パケットの順番が入れ替わることもありえます。そのため、ネットワークが空いているときには大量のデータを送信し、ネットワークが混んでいるときには送信量を小さくできる機能が必要になります。そのような処理をしてくれるのがTCPの役割です。ただし、インターネット内部の機器がすべてTCPをサポートする必要はありません。IPさえサポートしていれば、インターネットの通信を提供することはできるからです。

さらに上のアプリケーションプログラムは、両端のコンピュータだけに対応していれ

ばよく、インターネット内部のしくみについて考える必要はありません。プログラマは、トランスポートモジュールの振る舞いさえ熟知していれば、インターネットの構造や性質などの細かいことを気にしなくても、インターネットを利用する独自のアプリを作ることができます。そして、そのアプリの利用者は、両端のコンピュータでそのアプリを使えるように設定さえすれば、インターネットを介して通信が可能になります。

4.2.3 階層を結ぶインターフェイス

階層化がきちんと機能するには、階層と階層をうまく結ぶためのしくみ（**インターフェイス**）が必要です。たとえば、アプリケーションプログラムとトランスポートモジュールの間には、「アプリケーションがTCP/IPを利用するときに使用する手続き」が必要になります。

これらのインターフェイスを考慮してTCP/IPの階層化を細かく描くと、図4.26のようになります。図4.25と比べると、**アプリケーションインターフェイス**と**ドライバインターフェイス**が追加されています。

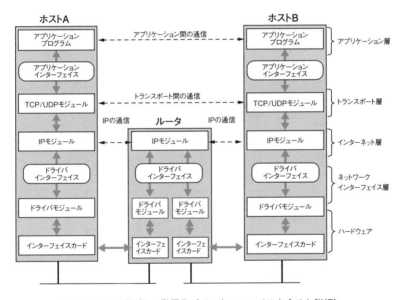

▶ 図4.26　TCP/IPの階層化（インターフェイスを含めた詳細）

アプリケーションインターフェイスは、3.5.3項で説明した **API**（Application Programming Interface）のことです。実装としては、BSD系UNIXのソケットやWindowsのWinsockなどがあります。

ドライバインターフェイスは、デバイスドライバとプロトコルとの間を結ぶしくみです。実装としては、BSD系UNIXのIF（Interface）やMicrosoftのNDIS（Network Driver Interface Specification）などがあります。

4.2.4 OSI参照モデル

ネットワークの教科書の冒頭に必ずといってもいいほど登場する話があります。それが **OSI参照モデル** です。これは、**ISO**（International Organization for Standardization：国際標準化機構）という団体が、**OSI**（Open Systems Interconnection：開放型システム間相互接続）というプロトコルを作成するときに作った階層モデルです。OSI参照モデルでは、通信に必要な機能を **7つの階層** に分けています。

OSI参照モデル各層の機能の概略を図4.27にまとめます。また、OSI参照モデルとネットワーク機器の関係を図4.28にまとめます。

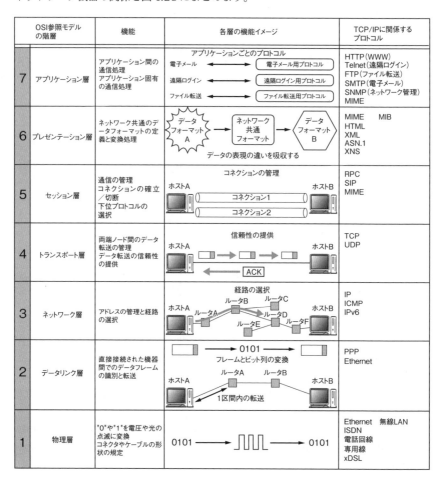

▶ 図4.27 OSI参照モデルとTCP/IPプロトコル

OSI参照モデルは、TCP/IPの階層モデルと比べると階層が増えています。単純に言えば、OSI参照モデルは、TCP/IPのアプリケーション層を、アプリケーション層、プレゼンテーション層、セッション層の3つの階層に分けたモデルといえます。また、TCP/IPはソフトウェア中心で設計されたため、物理層というハードウェアは階層の中に含まれていません。

　初期のTCP/IPネットワークの実装では、アプリケーション層は1つの「アプリ」として実装されており、階層が少ないTCP/IPモデルのほうがプログラムの開発が楽でした。しかしながら、システムが大規模になり、複雑化した結果、最近のインターネットで使われているシステムはOSI参照モデルに近くなっています。

■ アプリケーション層

　アプリケーション層は、具体的なアプリケーションを実現するために必要となる**通信手順**を定めています。たとえばネットワークのアプリケーションには、ファイル転送や電子メール、遠隔ログインなどがあります。これらのネットワークアプリケーションを作成するときには、アプリケーションごとに決めなければならない通信ルールがあります。このような特定のアプリケーションに密着した通信手順を定めているのがアプリケーション層です。

■ プレゼンテーション層

　プレゼンテーション層は、通信で使用する**データフォーマット**（data format：**データの表現形式**）を規定します。ネットワークにはいろいろな種類の機器が接続されます。コンピュータの内部では、それぞれのコンピュータにとって都合の良いデータフォーマットで記憶、処理すればよいのですが、そのフォーマットではネットワークでデータをやり取りする場合に都合が悪い場合もあります。たとえば、3.4.5項の「ビッグエンディアンとリトルエンディアン」で説明した、エンディアンが違うコンピュータ同士の通信などがあります。

　プレゼンテーション層では、「コンピュータ固有の表現形式」を「ネットワーク共通の表現形式」に変換して転送します。これによって、コンピュータの種類が違ってもデータをやり取りできるようになります。

■ セッション層

　セッション層は、通信する機器間で、データ通信の開始、終了、同期ポイントの管理をします。**コネクション指向**（connection oriented）の通信の場合には、コネクションの確立と終了の管理を行います。コネクションとは通信の接続を意味し、電話でつながっている状態はコネクションが確立された状態です。

　たとえば、巨大なファイルを転送している途中でネットワークに異常が発生して、データの転送が終了しなかったとします。数時間後にネットワークが回復し、データ転

144 第4章 ネットワークの基礎知識とTCP/IP

送を始められるようになったとき、最初からやり直すのでは前回の通信が無駄になって
しまいますし、ネットワーク資源の浪費にもなります。こういう場合に、どこまで通信
されたかという情報を記録しておき、途中からファイル転送を開始します。この、通信
が中断した場合に利用される「どこまで通信されたか」という情報は、**同期ポイント**と
呼ばれます。

■ トランスポート層

　トランスポート層は、主に、通信の際の両端のコンピュータ間での通信制御を担いま
す。具体的には、ネットワーク層から渡されたデータをアプリケーションにきちんと渡
したり、両端のコンピュータ間で行われるデータ転送に信頼性を提供したりするための
処理を行います。

　トランスポート層以上のレベルで転送を中継する装置（システム）を**ゲートウェイ**
（gateway）と呼びます。**プロキシサーバ**（proxy server：代理サーバ）や、電子メー
ルのメール配送システム（MTA：Mail Transport Agent）は、このゲートウェイに相
当します。

■ ネットワーク層

　ネットワーク層は、物理層が間接的に接続されたネットワークで、終点ノード間の通
信を可能にします。

　ネットワーク層レベルでネットワークを接続する機器を**ルータ**と呼びます。家庭や
SOHO（Small Office/Home Office）向けのブロードバンドルータ、IPネットワーク
を構築するためのIPルータは、このネットワーク層で動作する機器です。Wi-Fiアクセ
スポイントをルータモードにすると、ルータとしてWi-FiとEthernetの間のパケット
転送を行います。

■ データリンク層

　データリンク層は、物理層で直接接続されたノード間の通信を可能にします。データ
リンク層レベルでネットワークを接続する機器を**ブリッジ**（bridge）と呼びます。**ス
イッチングハブ**（switching hub）はブリッジの一種です。Wi-Fiアクセスポイントを
ブリッジモードにすると、ブリッジとしてWi-FiとEthernetの間のパケット伝送を行
います。

■ 物理層

　物理層は、ビットの列を電気信号や光の点滅に変換したり、その逆をします。物理層
レベルでネットワークとネットワークを接続する機器を**リピータ**（repeater）と呼びま
す。海底ケーブルで大陸間をネットワークで結べるのは、途中にリピータがあって減衰
した信号を増幅しているからです。Ethernetの10BASE-Tではリピータ機能を持った
リピータハブが使われていました。

4.2 TCP/IP技術の構成　145

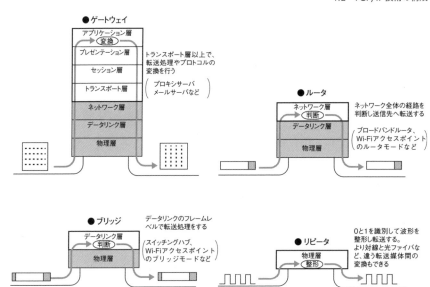

▶図4.28　OSI参照モデルとネットワーク機器

■ OSI参照モデルの拡張！？

　冗談まじりで、OSIの7階層モデルには0層と8〜10層を追加すべきだと言われることがよくあります。実際、ネットワークの管理者・運用者たちの間では、日常的な用語として使われることもあります。現実のネットワークは、ネットワークのプロトコルだけでは動かないことを暗示しているともいえるでしょう。

第10層	宗教層	信ずるもの
第9層	政治層	渉外
第8層	財政層	予算
…	…	…
第0層	土管層	ケーブルの敷設、機器をラックへマウント（取り付け）

4.2.5 階層モデルと実際の通信

4.2.1項で見たように、実際の通信では階層ごとにパケットにヘッダが付けられます。これをもう少し具体的に説明しましょう。

Webで1Mバイトの画像データをダウンロードするときのことを考えます（Webの通信について詳しくは7.2.3項参照）。1Mバイトといえば、数百万画素のデジタルカメラで撮影したJPEG画像程度の大きさです。これがWebの通信でダウンロードされるときには、図4.29のようにパケット化されます。

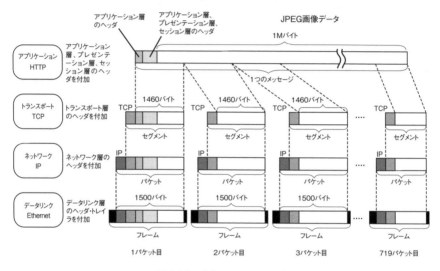

▶ 図4.29　実際のパケットの様子

まず、アプリケーションに関係するヘッダが先頭につけられます。これは「HTTP/1.1 200 OK」のような文字列で、改行を表す「CR+LF」で終わります。その後ろにMIMEヘッダと呼ばれるヘッダがつきます。このMIMEヘッダには、アプリケーション層、プレゼンテーション層、セッション層のヘッダが順不同で入っています。MIMEヘッダは改行が2個連続すると終わりです。その後ろに、1Mバイトの画像データが続きます。

アプリケーションのパケットのことを**メッセージ**と呼びます。今の例では、アプリケーションのメッセージは1Mバイト以上というとても大きなサイズになります。このメッセージを下位層のトランスポート層に渡します。

ここでは、トランスポート層のプロトコルとしてTCPを利用するとしましょう。TCPはアプリケーションから渡されたメッセージを自動的に適切な大きさに区切って送信します。これを**セグメント**と呼びます。セグメントの大きさは、利用するデータリンクで決められた最大のペイロード長になるように選択されます。データリンクの最大ペイロード長を**MTU**（Maximum Transmission Unit）と呼びます。Ethernetの場合はMTUが1500バイトになります。ですから、Ethernetを利用している場合、TCPモジュールではIPパケット全体が1500バイトになるようにTCPのセグメントの大きさを選びます。IPヘッダが20バイト、TCPヘッダが20バイトなので、今の例ではTCPのセグメント長は1460バイトになります。このようにして決められたTCPの最大セグメント長を**MSS**（Maximum Segment Size）と呼びます。

IPでは、パケットのことを**データグラム**と呼びます。TCP/IPの通信はこのIPデータグラム単位で行われています。IPデータグラムには20バイトのIPヘッダがつけられます。

Ethernetでは、パケットのことを**フレーム**と呼びます。Ethernetのフレームには、14バイトのヘッダと4バイトのトレイラがつけられます。こうして、アプリケーションレベルでは1Mバイト以上のパケットだったものが、1518バイトごとのフレームになってネットワークを流れます。

1Mバイトの画像データがパケット化されてEthernetで送られると、ネットワークを流れるパケットの数は最低でも719個になります。最初のパケットの構成は、先頭から「Ethernetヘッダ」、「IPヘッダ」、「TCPヘッダ」、「アプリケーションヘッダ」、「アプリケーション、プレゼンテーション、セッションのヘッダ」、「データ」という順番になっています。つまり、最初のパケットにはすべての階層のヘッダが付けられます。

2番目以降のパケットの構成は、先頭から「Ethernetヘッダ」、「IPヘッダ」、「TCPヘッダ」、「データ」という順番になっていて、トランスポート層以下のヘッダだけが付けられています。

なお、トランスポートプロトコルにUDPを使用した場合には、このようにはなりません。UDPにはアプリケーションから渡されたメッセージを区切る機能がないため、アプリケーション自身がメッセージを小さくしてからUDPに渡す必要があります。つまり、TCPを使う場合はパケットの大きさを意識する必要はありませんが、UDPを使うときには5.2節で説明するようなIPの制限事項を意識する必要があります。

■ Wiresharkでの複数パケットの表示

Wiresharkで複数の関連するパケットを表示させるには「TCPストリーム追従（Follow TCP Stream）」「UDPストリーム追従（Follow UDP Stream）」を行います。

図4.30はWebの通信を「TCPストリーム追従」した例です。図4.29の先頭のパケットが図4.30のNo.100に相当し、No.101〜No.105がそれに続くパケットです。このように、TCP/IPネットワークでは、大きなデータが複数のパケットに分けられて送られていて、ヘッダの値を解析することにより、どのパケットとどのパケットが関係があるかを追従することができるようになっています。

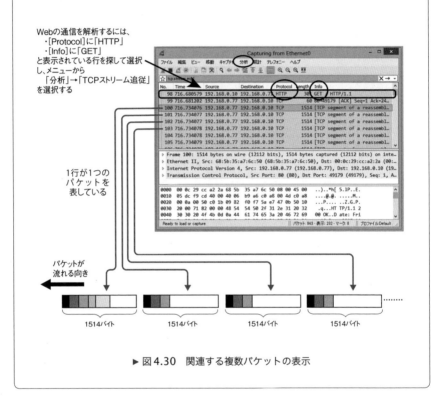

▶ 図4.30　関連する複数パケットの表示

4.3　ネットワークの性能　149

4.3 ネットワークの性能

4.3.1 ネットワークの速さ

　インターネットを利用する人は、ネットワークが速いとか遅いと言うことがあります。光ファイバが家庭やオフィスまで引かれるようになったことで、ネットワークの速さに注目が集まるようになりました。

　ネットワークの速さは、たとえばサーバからデータをダウンロードするのにかかる時間に影響します。データを短い時間でダウンロードできればネットワークは速いといわれ、長い時間がかかるとネットワークは遅いといわれます。ネットワークは速ければ速いほど便利です。同じ情報量のデータを送るにしても、1秒で終わるのと30分かかるのとでは大違いです。

　では、ネットワークの速さは何で決まるのでしょうか？ ここでは、ネットワークの速さを左右するさまざまな要因について一つひとつ見ていきましょう。

4.3.2 伝送速度と帯域

　コンピュータとコンピュータの間を結ぶネットワークの性能は、**帯域**（bandwidth）によって表現されます。帯域とはデータの**伝送速度**（transmission speed）とほぼ同じ意味で、64kbps や 100Mbps、1Gbps というように、**bps** という単位で表されます。bps とは bit per second の略で、「1秒間に何ビットのデータを伝送するか」を意味します。たとえば 100Mbps は、1秒間に 100M ビット[2]のビット信号を伝送するという意味になります。一般には、この値が大きければ大きいほど速いネットワークといわれます。

　Ethernet の場合、100BASE-TX の帯域は 100Mbps で、1000BASE-T は 1Gbps（1000Mbps）です。100BASE-TX に比べて 1000BASE-T は 10 倍高速にデータを伝送できるということになります。

　また、高速という言葉を使わずに、100BASE-TX に比べて 1000BASE-T は 10 倍太いという場合もあります。実は、ネットワークのしくみを考えると、「高速」という言葉よりも「**太い**」という言葉のほうが、より正しい表現であることがわかります。

　Ethernet で使われるケーブルの場合、データのビット列は電磁波によって伝えられます。ケーブルの内部では、真空中の光速[3]の 6〜7 割の速さで電磁波が伝わります。これは、100Mbps の Ethernet でも 1Gbps の Ethernet でも同じです。自然界には「**光の速さは超えられない**」という大原則があるため、信号を伝える速さを光速以上にする

---

[2] 1M ビットは、1000 × 1000 ビットであって 1024 × 1024 ビットではありません。
[3] 真空中の光速は秒速約 30 万 km です。1ms で 300km 進みます。

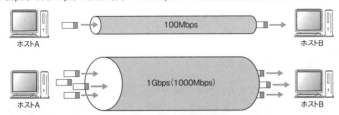

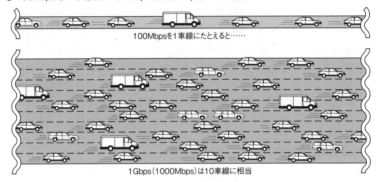

▶図 4.31　ネットワークの帯域と道路の車線

ことは不可能です。

　では、信号が伝わる速さがそれほど違わないのなら、何が違うのでしょうか？ 答えは「1 秒あたりに送ることができるデータの量」が違うのです。

　つまり、1Gbps の 1000BASE-T は、100Mbps の 100BASE-TX に比べて、10 倍速いのではなく、同じ時間に 10 倍多くのデータを送るということです。

　このことは、道路の車線の数と交通量にたとえて考えるとわかりやすいでしょう。10Mbps を 1 車線の道路、100Mbps を 10 車線の道路にたとえることができます。1 車線の道路に比べて 10 車線の道路のほうが一度により多くの物を運べることは、誰の目にも明らかでしょう。

　最近は**ブロードバンド**（broadband）という言葉をよく耳にするようになりました。これは、従来使われていた帯域が狭いネットワーク（狭帯域：narrowband）と比べて**広帯域**（wideband）なネットワークを意味します。

4.3.3 ネットワークのスループット

　帯域はデータリンクのデータ転送能力を示しますが、実際にその数値で通信できるわけではありません。たとえば、2つのコンピュータを1GbpsのEthernetで接続しても、実際に1Gbpsでデータを転送することはできません。

　そもそも、Ethernetでデータを送信するときには、Ethernetフレームのヘッダやトレイラ、ビット同期のためのプリアンブルなど、データではない情報を送らなければなりません。しかも、伝送終了の合図が必要だったり、ほかのノードが送信割り込みをできるようにするためにデータを送信できない期間（インターフレームギャップ）があったりします。上位層にIPやTCP、UDPを利用する場合には、これらのヘッダも送らなければならないため、データの割合がさらに減ります。データ以外のこれらの情報による損失を**オーバーヘッド**（overhead）や**レイテンシ**（latency）といい、これらを0にすることはできません。

　また、ファイル転送の場合には、そもそもハードディスクへの読み書き処理よりも速くデータを転送することはできません。キャッシュなどのしくみにより、見かけのハードディスクの処理速度を速くすることはできますが、それにも限界があります。

　CPUの能力によっては、TCPやUDP、IPのプロトコル処理に時間がかかってしまい、1Gbpsでデータを送受信できない場合もあります。また、TCPの場合には、6.3.6項で説明するウィンドウの大きさによって、データの転送速度が大きく変化します。TCPを使った通信では、データリンクの帯域だけでは実際の転送速度が決まらない場合があるのです。

　こういったさまざまな影響を考慮して、実際のネットワークでどれだけの転送速度になるかを表す指標として、**スループット**（throughput）が使われます。単位は帯域と同じbpsですが、「実際にデータを転送して得られた値」という意味を持っています。つまり、スループットはデータリンクの伝送速度だけではなく、コンピュータのハードウェアとソフトウェアの性能、ネットワークを構成する機器の性能、ネットワークの混み具合などに影響されます。

▶ 図 4.32　伝送速度とスループット

4.3.4　遅延時間

遅延時間とは、送信したパケットが通信相手に届くまでにかかる時間です。遅延時間の測定は、距離が離れていると非常に困難になります。2つの機器間で互いに正確な時計を持つことが難しいからです。このため、ネットワークでは、遅延時間の代わりにパケットの往復時間が測定されます。これを**ラウンドトリップ時間**（**RTT**：Round Trip Time）といいます。ラウンドトリップ時間の計測には、2.4.1項の`ping`コマンドがよく使われます。

ラウンドトリップ時間の大きさは、次のような要因によって決まります。

- 物理的な距離
- 途中のハブ、スイッチングハブ、ルータなどの機器の性能
- 途中のネットワークの混雑度
- 通信相手のコンピュータの負荷

「物理的な距離」が原因になっている場合には、その遅延時間を短くすることはほとんどできません。光の速さや電気が伝わる速さが有限である以上、距離が遠くなれば遅延時間が長くなってしまうのは仕方のないことです。

これ以外の原因ならば、高性能な機器に変更することにより、ある程度は改善できます。インターネット接続の場合には、接続しているプロバイダを変更したり、通信相手と直接専用線を引くなどの方法で改善できますが、コストは高くなります。

遅延時間が短ければ短いほど応答時間も短くなるため、通信の反応がよくなります。しかし、遅延時間とスループットには完全な相関関係はありません。つまり、ラウンドトリップ時間が短くなってもスループットが大きくなるとは限らないのです。つまり、遅延時間だけではネットワークの性能を測ることはできません。

遅延時間の揺らぎを**ジッター**（jitter）といいます。ビデオ会議などのマルチメディア通信では、ネットワークのジッターの大きさに神経を使います。ジッターが大きい場合には、アプリケーションのバッファを大きくしなければならないからです。しかし、バッファを大きくすれば、それだけ遅延時間が大きくなり、反応性が悪くなります。

●遅延時間
ホストA
ホストB
送ったパケットが届くまでにかかった時間が遅延時間。
正確な遅延時間を測定するのは難しい
●ラウンドトリップ時間（往復時間）
①
②
ホストA
ホストB
送ったパケットに対する返事が返ってくるまでの時間がラウンドトリップ時間。
遅延時間と異なり、正確に測定することができる
●ジッター（遅延の揺らぎ）
ホストA
ホストB
ホストAが一定時間おきにパケットを送っても、途中のネットワークの混雑度などの影響により、ホストBに届くときにはパケットが届く時間間隔が変化する。この揺らぎをジッターと呼ぶ

▶図4.33　遅延時間、ラウンドトリップ時間、ジッター

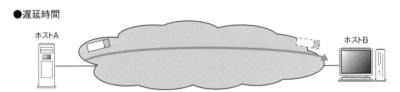

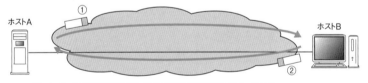

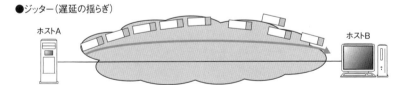

4.4 ふくそうとパケットの喪失

4.4.1 ネットワークの混み具合（ふくそう）

たくさんの車が同じ道路を走ると渋滞になります。高速道路の場合には、合流地点にたくさんの車が集まると、渋滞を引き起こします。

ネットワークも同じで、支線を束ねるバックボーンの部分では渋滞が発生することがあります。ネットワークでは、渋滞のことを**ふくそう**（輻輳：congestion）といいます。また、ネットワーク中に流れるパケットの量を**トラフィック**（traffic）といいます。トラフィックが多くなると、ふくそうが起こりやすくなります。

TCP/IPネットワークでふくそうが発生すると、パケットが失われてしまうことがあります。実際、現在のインターネットは、常にどこかでふくそうが発生しているような状態で、パケットがどんどん失われています。

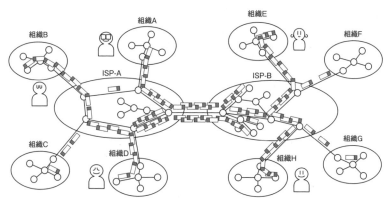

・ネットワークの混雑のことをふくそう（輻輳）と呼ぶ
・ふくそうが発生するとパケットが喪失する
・ネットワークの中には混み合う部分とそうでない部分がある
・行きと帰りで、混雑の度合いが異なることが多い

▶ 図4.34 ネットワークとふくそう

4.4.2 ふくそうが発生する場所

　ふくそうが起きる場所は3種類考えられます。1つは、道路でいえば車線の数が少なくなるところ、すなわち、ネットワークの帯域が途中から狭くなる部分です。もう1つは道路が合流するところ、すなわち、複数のネットワークが接続されている地点です。最後の1つは、料金所など車がいったん停止しなければならないところ、ネットワークでいえば処理能力が低いルータの部分です。

　このようなネットワークでは、中継点よりも先のネットワークの帯域を超える量のパケットが送られてきたり、ルータの処理が追いつかないような量のパケットが送られてくると、パケットを転送しきれなくなります。

　道路の場合には、図4.35にもあるように、渋滞になると車を停止させたり、ゆっくり走ったりしなければならないことになります。IPネットワークの場合には、ふくそうが発生するとルータの部分でパケットが喪失することになります。

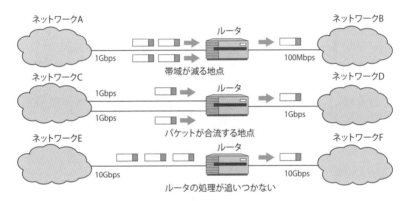

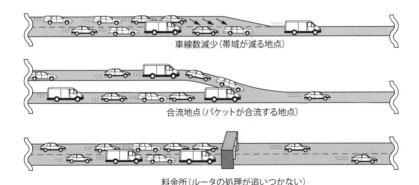

▶ 図4.35　ふくそうが発生する原因

4.4.3 ふくそう時のルータの処理

ルータの内部にはたくさんのキューがあります。キューには、入出力インターフェイスのキューと、内部のソフトウェア処理のためのキューがあります。各キューの長さは有限です。たとえば、BSD系UNIXシステムの場合には、各キューの長さは50パケット程度に設定されています。

それでは、キューにパケットを入れようとして、キューがいっぱいだった場合はどのように処理すればよいでしょうか。これには2つの方法が考えられます。1つは、キューが空くまで待つ方法です。もう1つは、キューに入れずにパケットを消去する方法です。

図4.36に、典型的なルータの内部構造と、キューがいっぱいの場合にパケットが失われる様子を示します。

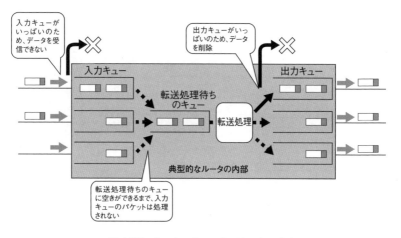

▶ 図4.36 ルータのキューとパケットの喪失

ふくそう時にパケットが失われないようにルータ間で送信を抑制することは、不可能ではありません。しかし、工夫をすればするほどルータのパケット転送能力が低下し、スループットも低下し、高速なネットワークを構築できなくなります。実際、インターネットのもとになった **ARPANET**（Advanced Research Projects Agency Network）では、ルータ間でパケットが失われないように制御していました。ところが、ふくそうが発生したとたんに回線がマヒしてまったく通信できなくなってしまい、回復することがなかったのです。この教訓から、TCP/IPでは、ルータは信頼性を提供せず、キューがあふれたらパケットが失われる設計になっています。

また、TCP/IPでは、ふくそうを避けるしくみをネットワークの中ではなく、通信を行う両端のコンピュータに任せています。具体的には、第6章で説明するTCPがふくそうを避ける制御をします。

4.5 物理的な通信とデータリンク

4.5.1 Ethernetによるデータの配送

ここでは、データリンクの中で最も普及している**Ethernet**（イーサネット）によるデータ転送について見ていきましょう。Wi-Fiも有線が無線になっただけで、基本的な考え方は同じです。

Ethernetプロトコルでは、ハードウェア的な仕様として、ケーブルの特性やコネクタの形状、伝送するビット列の形式、フレームのフォーマットなどを決めています。EthernetやWi-Fiのフレームフォーマットは、図4.37のようになっています。

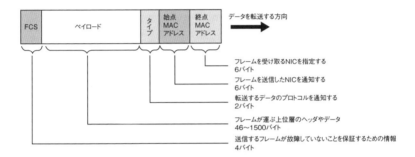

▶ 図4.37　Ethernetのフレームフォーマット

■ MACアドレス

MAC（Medium Access Control）アドレスは、EthernetやWi-Fiでフレームを送受信するときに利用されるアドレスです。このMACアドレスはNICごとに異なっているため、ホストの識別に使うことができます。MACアドレスは48ビットの長さがあり、00-02-b3-0a-f0-4fや00:02:b3:0a:f0:4fのように、16進数12桁を2桁ずつ「-」（ハイフン）や「:」（コロン）で区切って表します。

MACアドレスは図4.38のような構造になっています。コンピュータ上の情報がネットワークで送られるときには、1バイト単位で、下位ビットから順番に送信されます。ネットワークで送られてきた情報をコンピュータが受信するときには、1バイト単位で、先頭のビットを下位ビットから順番に格納します。

MACアドレスの先頭0〜23ビット目まではIEEEで管理されており、NICの製造メーカーに割り当てるフィールドとして定義されています[4]。NICの製造メーカーは、IEEE

---

[4] http://standards.ieee.org/regauth/oui/

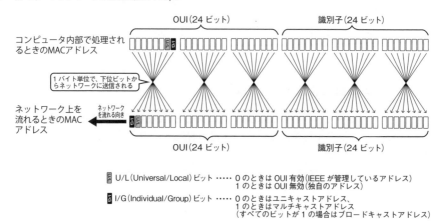

▶ 図4.38　MACアドレスの構造

に申請してMACアドレスの上位24ビットを取得します[†5]。そして製造したNICの下位24ビットに、製品ごとに異なる値を割り当てます。こうして決められたMACアドレスをNICのROMに焼き込んでから出荷します。このようにすることで、製造されるNICのすべてでMACアドレスが重ならないようになっています。

■ 物理的な接続とケーブルの種類

物理的な接続をするときには、いくつかの注意点があります。1つ目はデータリンクの規格が合っているかどうかのチェックです。

Ethernetには**1000BASE-T**や**100BASE-TX**、**10BASE-T**などの規格があります。ケーブルを直接接続するパソコンやハブなどの機器が、同じ種類の規格に対応していなければ通信はできません。つまり、1000BASE-T専用の機器と10BASE-T専用の機器では通信できません。なお、1000BASE-T/100BASE-TX/10BASE-Tに対応したハブを使用して、1000BASE-Tのパソコンと10BASE-Tのパソコンを接続することは可能です。

2つ目の注意点は、Ethernetの規格によって、使用できるケーブルの種類が異なることです。Ethernetで使用するLANケーブルは、専門的には**UTP**や**STP**と呼ばれます。UTPはUnshielded Twisted Pairの略で「シールドなしより対線」を意味し、STPはShielded Twisted Pairの略で「シールド付きより対線」を意味します。「**ツイストペアケーブル**」と呼ばれることもあります。ケーブルの両端のコネクタはRJ45と呼ばれます。

このUTPやSTPは、通信品質によりカテゴリ1～カテゴリ7までのケーブルが使われています。値が大きいほど高周波の信号を伝送できる高品質なケーブルになっています。10BASE-Tは「**カテゴリ3**」以上、100BASE-TXは「**カテゴリ5**」以上、1000BASE-Tは「**エンハンスドカテゴリ5**」以上のケーブルを使用する必要があります。短い距離であれば規格の範囲外のケーブルを使っても通信できることがありますが、トラブルのもとになりやすいのでやめたほうがよいでしょう。

[†5] http://standards.ieee.org/regauth/oui/forms

■ Ethernetを使った通信の階層

Ethernetを使った通信は図4.39のような階層構造で行われます。Ethernetを使って通信を依頼したり制御したりする部分がソフトウェアで、実際に物理的な信号を送って通信する部分がハードウェアです。

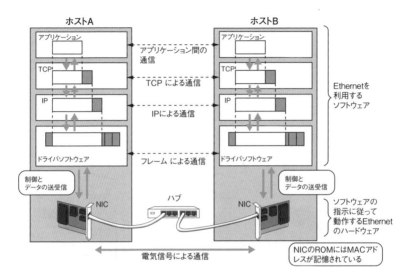

▶ 図4.39　Ethernetを使った通信の階層

■ Ethernetの内部処理

Ethernetは、基本的にはバス型の接続です。初期のEthernet（10BASE5）のバス型ネットワークでは、1本の同軸ケーブルにすべてのコンピュータが接続されていました。図4.40に、バス型ネットワークでのEthernetによるデータ転送の様子を示します。

図4.40のネットワークでは、ホストAのコンピュータがEthernetフレームを送信すると、その信号がケーブルに接続されているすべてのコンピュータに伝えられます。送られてきたデータを受信したコンピュータのネットワークカードは、CPUに割り込み信号を送り、データを受信したことを知らせます。割り込みを受けたCPUは、現在実行している処理を中断し、パケットの受信処理を開始します。つまり、ユーザプロセスの実行を一時停止し、ドライバソフトウェアの実行に制御が移ることになります。

ドライバソフトウェアは、まず、受信したEthernetフレームの終点MACアドレスを検査し、自分が受け取るべきかどうかを検査します。受け取るべきフレームだと判断したら、次にタイプを検査して、自分が受け取るべきプロトコルかどうかを検査します。自分が受け取れるプロトコルの場合には、メインメモリにフレームのデータ長分のメモリバッファを用意し、NICのデータを、データバスを通してメインメモリに転送します。

● 終点MACアドレスを設定してデータを送信する

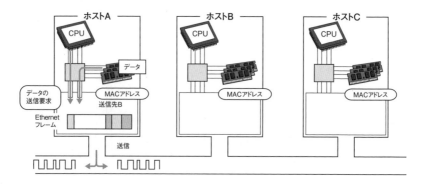

● データを受信したコンピュータは、送信先アドレスと自分のアドレスを比較する

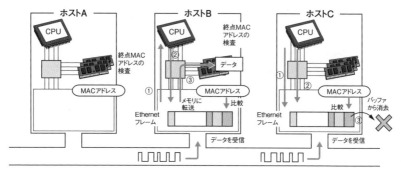

①CPUへの割り込み
②終点MACアドレスの検査（コンピュータ本体のCPUが検査する場合）
③フレームの廃棄、または、フレームをメモリに転送

▶ 図4.40　バス型のEthernetによるデータ転送

そして、上位層の、よりソフトウェア的なプロトコルの処理に移ります。

現在のパソコンなどでは、NIC自体にMACアドレスを検査する機能が備えられています。そして、自分が受け取るべきアドレスでない場合には、NICがそのフレームを破棄します。このように処理すると、CPUに割り込みが発生しないため、CPUはユーザプロセスの処理に専念できます。ただしNICを「**promiscuous**」というモードにすると、NICではフレームを破棄せずにすべて受け取り、CPUがそのフレームを受信するか廃棄するか判断するようになります[6]。

---

[6] Wiresharkでパケットキャプチャするときには、promiscuousモードにするかどうかを選択できます。このモードにするとMACアドレスに関係なく、届いたパケットをすべてキャプチャすることができます。

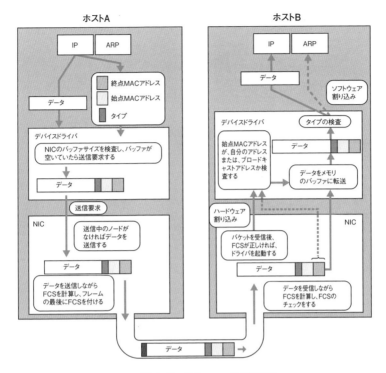

▶ 図4.41　Ethernetの内部処理

4.5.2 リピータハブとスイッチングハブ

　もともとEthernetは図4.40のようなバス型ネットワークとして登場しましたが、現在では、図4.42のように**ハブ**と呼ばれる装置を中心にスター型で接続されるのが一般的です。この形式の場合には、やり取りするパケットはいったんハブに送られ、ハブが接続されているそれぞれのコンピュータにパケットを伝送します。

　現在使われているハブのほとんどがスイッチングハブですが、初期のころはリピータハブが使われていました。これらの最も大きな違いは、MACアドレス学習によるフィルタリング機能の有無です。フィルタリングとは、コーヒーのフィルタのように、通すものと通さないものをより分ける処理のことです。

　リピータハブは送られてきたEthernetフレームの構造を理解せず、単なるビット列の信号として解釈し、無差別にすべての接続口（**ポート**[7]）にコピーして流します。つまり、OSI参照モデルの物理層のみを解釈して信号を伝送します。

---

[7] 6.1.3項で説明するTCPやUDPのポート番号とはまったく意味が異なりますので注意してください。

① ホストAからホストDにフレームを送信

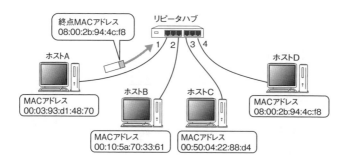

② リピータハブは、すべてのポートにフレームを伝送する。終点MACアドレスが一致したホストのみがフレームを受信し、一致しないホストはフレームを廃棄する

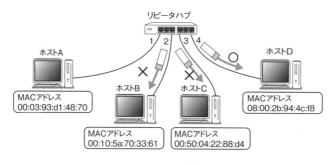

▶ 図4.42　リピータハブ

　これに対して、スイッチングハブはEthernetフレームの構造を理解し、Ethernetヘッダの終点MACアドレスがつながっているポートだけにコピーして流します。

　つまり、スイッチングハブはOSI参照モデルのデータリンク層を解釈してフレームの伝送を行います。

4.5.3　スイッチングハブの学習

　スイッチングハブは、フレームを伝送するときにフレームヘッダの始点MACアドレスを読み取ります。これにより、どのポートにどのMACアドレスの機器が接続されているかを知ることができます。スイッチングハブはこの情報を内部のメモリに一定時間記憶（キャッシュ、3.3.5項参照）します。これを「学習」と呼びます。

　学習後、学習済みのMACアドレスが終点アドレスに設定されているフレームを受信したときは、そのMACアドレスの機器が接続されているポートにのみフレームを送信し、他のポートにはフレームを送信しません。この処理をフィルタリングといい、スイッチングハブでは無駄なトラフィックを軽減させることができます。

① ホストAからホストDにフレームを送信

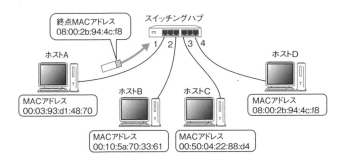

② MACアドレスの学習機能により、不要なポートには伝送しないように働く

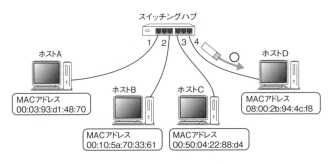

▶ 図4.43 スイッチングハブ

　ただし、スイッチングハブを使っていてもリピータハブと変わらない場面もあります。たとえば、まだ学習していないMACアドレスあてのフレームやブロードキャストのフレームは、すべてのポートから送信されます。また、マルチキャストのフレームは、安価なスイッチングハブでは学習できないことが多く、その場合もやはりすべてのポートから送信されてしまいます。つまり、スイッチングハブを使ったとしても、ブロードキャストやマルチキャストのトラフィックを軽減させることはできず、フィルタリングの効果には限界があるといえます。

164 第4章 ネットワークの基礎知識とTCP/IP

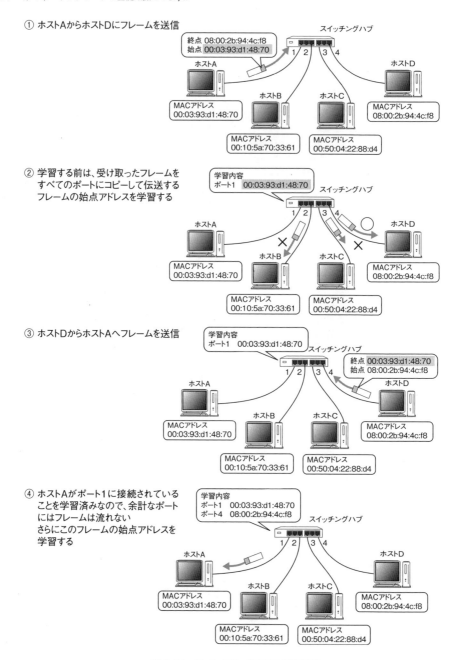

▶図4.44　スイッチングハブの学習機能

■ データの符号化

コンピュータの内部では、2進数で情報が管理されています。この2進数の情報を実際に媒体を通して送るために、どのような処理が行われているのでしょうか？

電気的なケーブルで接続されている場合には、電圧の高低の変化やその組み合わせ、光ファイバの場合には、光の点滅やその組み合わせで0や1の信号を表します。**10BASE-T**などのEthernetでは、**マンチェスタ**という方式が利用されています。これは、データが0のときには電圧が高いところから低いところへと変化させ、1のときには低いところから高いところへと変化させる方式です。

0や1を表すビットの間隔を決めるため、Ethernetではフレームを送る前に**プリアンブル**と呼ばれる64ビットの同期信号を送ります。このデータで通信機器を安定化させ、ビットの間隔を正しく読み取れるように制御します。

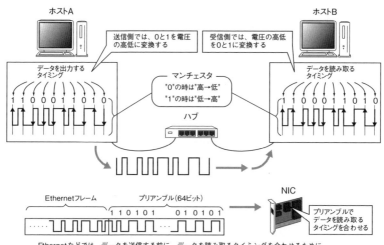

▶ 図4.45　マンチェスタによる符号化

高速化は周波数との戦いです。高周波の矩形波は、ノイズ源となる問題があります。そこで、通信速度を上げつつも周波数を減らすために、100BASE-TXではMLT-3（Multi Level Transmission-3）が使われ、1000BASE-TではPAM-5（Phase-Amplitude Modulation 5）が使われます。

MLT-3は、電圧を3段階で表現して電圧の急激な変化を減らし、周波数を低減することで、高速な通信を実現します。

PAM-5では電圧を5段階で表現し、さらに周波数を減らします。また、1000BASE-Tは4組の信号線をパラレルに使うことで、伝送に必要な周波数を1/4に減らしています。

4.5.4 データリンクの限界

　Ethernetで構築できるネットワークは、比較的小規模なネットワークに限られます。たとえば、同一の部屋の中や同一のフロア、同一の建物内などです。

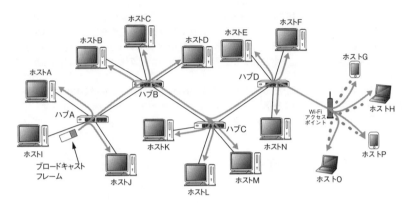

ブロードキャストフレームが多くなるとネットワークの性能が低下するなどの問題が生じる

▶図4.46　Ethernetの限界

　Ethernetでは、ケーブルの長さに制限があります。100BASE-TXや1000BASE-Tで使うLANケーブルは100m以内でなければなりません。それ以上になると、正しく通信できる保証はありません。

　また、Ethernetなどのネットワークでは、すべてのコンピュータで通信路を共有することになります。この共有された通信路を**セグメント**（segment）や**サブネットワーク**（subnetwork）、**サブネット**（subnet）と呼び、この範囲内では、同時に1台のコンピュータしかデータを送信できません。つまり、どれか1台のコンピュータがデータ

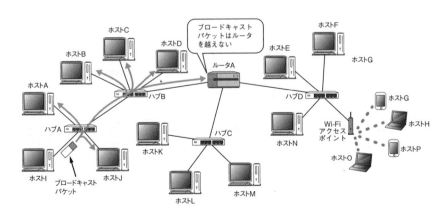

▶図4.47　ルータによるセグメントの分離

を送信していたら、それが終了するまで、ほかのコンピュータはデータの送信ができません。このため、コンピュータの台数が多くなると、データを送信できる機会が減り、通信性能が低下するようになります。

最近では、ネットワークを構築するときにスイッチでセグメントを分け、不必要な部分へパケットが送られないようにすることが増えてきましたが、それでもブロードキャストパケットはすべてのセグメントに伝わります。

4.5.5 ルータによるネットワークの接続

データリンクの制限を取り払う方法があります。それぞれのセグメントやサブネットワークをコンピュータで接続して、そのコンピュータがパケットの転送処理をするのです。このようにデータリンクとデータリンクを接続する専用のコンピュータが**ルータ**です。

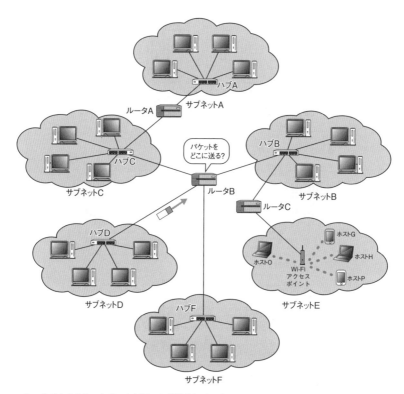

- ルータで小さなネットワークが互いに接続されている
- 小さなネットワークの中にはコンピュータがたくさんある
- パケットをどの方向に転送するかを決めるしくみが必要（ルータの仕事）

▶ 図 4.48　小さなネットワークが互いに接続されて大きなネットワークへ

ルータで接続すれば、ネットワークの距離の制限や、ブロードキャストパケットによるネットワークの混雑の問題を緩和することができます。ただし、ルータで接続した場合には、パケットをどの方向に送ったらよいかというパケット配送のしくみが必要になります。これが、第5章で説明するIPの役割です。

■ ストレートケーブルとクロスケーブル

1000BASE-Tが普及してから気にする必要がなくなりましたが、10BASE-Tや100BASE-TXなどでは接続するケーブルが**ストレートケーブル**なのか**クロスケーブル**なのかを気にする必要がありました。

ストレートケーブルは、コンピュータのNICとハブを接続するときに利用します。クロスケーブルは、ハブとハブを接続するときや、コンピュータとコンピュータを1対1で接続するときに利用します。

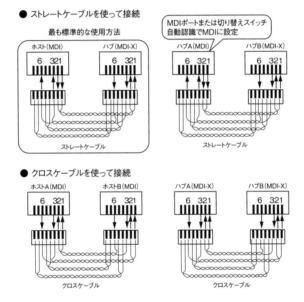

▶ 図4.49　ストレートケーブルとクロスケーブル

なぜ、ストレートケーブルとクロスケーブルを使い分ける必要があるのでしょうか。

図4.49は、10BASE-Tや100BASE-TXでホストとハブを接続する様子です。LANケーブルは、2本ずつ組になった4組の「より対線」からできています。10BASE-Tと100BASE-TXでは、そのうちの2組だけを使って通信をします。

- ホストは1と2を送信、3と6を受信で使う。これをMDI（Medium Dependent Interface）と呼ぶ
- ハブは3と6を送信、1と2を受信で使う。これをMDI-X（Medium Dependent Interface Crossover）と呼ぶ

このため、ホストとハブはストレートケーブル（12と12、36と36がつながっている

ケーブル）で接続すれば通信できます。しかし、ホスト同士やハブ同士を接続したらどうなるでしょう。ストレートケーブルでは通信ができません。そこでクロスケーブルが必要になるのです。

クロスケーブルは、12 と 36、36 と 12 がつながったケーブルです[8]。このため、ホストとホスト、ハブとハブを接続しても通信が可能です。

なお、1000BASE-T では 4 対全部を使って、双方向に信号を出します。双方向の信号は図には描きにくいのですが、理屈は同じです。なお、1000BASE-T の時代になってからは、自動的に MDI と MDI-X を切り替える自動 MDI/MDI-X が主流になったため、ケーブルがクロスかストレートかを気にする必要がなくなりました。

以上の考え方は、RS-232C（シリアルケーブル）などでコンピュータとネットワーク機器を接続するときや、コンピュータ同士を接続するときも同じです。コンピュータなどの **DTE**（Data Terminal Equipment）と、ネットワーク機器などの **DCE**（Data Circuit Equipment）を接続するときはストレートケーブルを使い、DTE と DTE、DCE と DCE を接続するときはクロスケーブルを使います。

4.5.6　ルータが備えるさまざまな機能の概要

電器店やパソコンショップに行くと、**ブロードバンドルータ**が販売されています。これらのルータも、本格的なルータと同じように、IP パケットを転送することが最も重要な役割ですが、それ以外にも、利用者が簡単にインターネットを利用するためのしくみが装備されています。

ほとんどのブロードバンドルータは、ホストに IP アドレスを自動配布する **DHCP**（8.2 節参照）や、プライベート IP アドレスとグローバル IP アドレスを付け替える **NAT**（**NAPT**、8.3 節参照）の機能を備えています。

これらの機能により、ルータの LAN 側の NIC にホストを接続し、WAN 側の NIC をプロバイダ側に接続し、必要な設定をすれば、簡単にパソコンやスマホがインターネットに接続できるようになります。

これらの機能は汎用目的の高性能ルータにも組み込まれていますが、DHCP や NAT の機能はデフォルトの設定（工場出荷時の設定）では動作しないようになっていて、管理者が必要に応じて設定する必要があります。

ブロードバンドルータは、利用者が複雑な設定をしなくても DHCP や NAT の機能が自動的に動作するように、あらかじめ設定されています。

また、ルータは、外部のネットワークから不正なパケットが送られてこないかを監視し、余計なパケットを廃棄する機能を備えています。これを**パケットフィルタリング**といいます。これは、インターネットから悪意を持ったユーザが LAN 内に不正侵入しないようにする**ファイアウォール**（firewall：防火壁、8.4.2 項参照）を作るときに利用される機能です。

---

[8] 1000BASE-T に対応するクロスケーブルの場合には、さらに 45 と 87、87 と 45 がつながっています。図 4.49 のケーブルは、1000BASE-T に対応したクロスケーブルになっています。

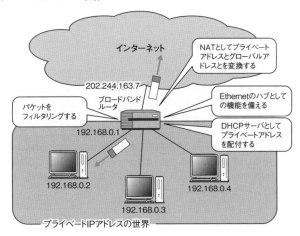

▶ 図4.50　ルータのさまざまな機能

このように、ルータはIPパケットの転送処理以外にも、たくさんの機能を持っています。

■ Wi-FiのSSIDとWEP、WPA

Ethernetと異なり、Wi-Fiは離れたところから接続できます。家の中にアクセスポイントがあっても、家の外から接続できてしまいます。赤の他人が接続してきたら大変です。自分の持っているデータを持って行かれたり、機器の設定を変更されて損害を受ける可能性もあります。

このため、会社や家庭など、特定の人が使用するWi-Fiでは、パスワードによる認証を行う必要があります。

Wi-Fiのアクセスポイントは、ホストが自分を識別できるようにするため、**SSID**（Service Set IDentifier）を発信します。パソコンやスマートフォンは、SSIDを使って接続したいアクセスポイントを選択します。

そのとき、パスワード（パスフレーズ）による認証を行います。認証にはさまざまなプロトコルがあり、主に **WEP**（Wired Equivalent Privacy）と **WPA**（Wi-Fi Protected Access）が使われます。ただし、WEPはパスワードが破られる脆弱性が指摘されているため、使うべきではありません。WPAも、短いパスフレーズは危険であり、13文字以上が奨励されています。

4.6 第4章のまとめ

この章では、次のようなことを学びました。

- ネットワークのトポロジ（バス型、デイジーチェーン型、リング型、スター型、メッシュ型、ツリー型）
- データリンク技術とインターネット技術
- ポイントツーポイントからインターネットまで
- クライアントとサーバ
- ユニキャスト、マルチキャスト、ブロードキャスト、エニーキャスト
- 階層モデルと OSI 参照モデル
- ネットワークの性能（伝送速度、帯域、スループット、ふくそう）
- Ethernet とスイッチングハブ

内容が盛りだくさんでしたが、ネットワークを学ぶ上で必要になることばかりです。特に階層の考え方が大切です。スマートフォンやパソコン、家電製品などメーカーも種類も問わずにいろいろな製品間で通信ができるのは階層化のおかげともいえます。階層ごとにしくみを分けた結果、LAN でも、WAN でもインターネットでも統一したしくみで通信できる環境が整いました。

また LAN で広く使われている Ethernet の知識も大切です。Wi-Fi も Ethernet を無線にした技術と考えてかまいません。LAN の基本は Ethernet なので、Ethernet を理解することはとても大切なのです。

そして次はいよいよ IP です。IP は Internet Protocol といって、インターネットを構築するために作られたプロトコルです。TCP/IP の中心になる技術なのでしっかり読み進めていきましょう。

第05章

IPはインターネットプロトコル

TCP/IPで最も重要な役割をするのがIPです。IPは異なるネットワークを相互接続し、インターネットワーキングを実現します。
そのため、IPにはたくさんの複雑なしくみが組み込まれています。
この章では、IPの機能やしくみについて説明します。

5.1 IPの目的

TCP/IPネットワークの最も重要な役割は、「目的のコンピュータに**パケットを運ぶこと**」です。この機能は**IP**（Internet Protocol）によって実現されています。この節では、現在広く使われているIPバージョン4（IPv4）の役割としくみについて説明します。

5.1.1 IPの役割

IPの役割をイメージすると、図5.1のようになります。

IPの最も重要な役割は、目的のコンピュータまでパケット（データグラム）を運ぶことです。IPアドレスというコンピュータを識別する数を定義し、ペイロード（データ）に**IPヘッダ**という荷札にあたる情報を付けて配送します。この荷札には、「目的のコンピュータの位置情報（IPアドレス）」や、「運んでいるペイロードに関する情報（上位プロトコル）」が含まれています。IPネットワークは、この荷札の情報を処理して、ペイロードの中に入っているデータを、目的のコンピュータまで運んでくれます。

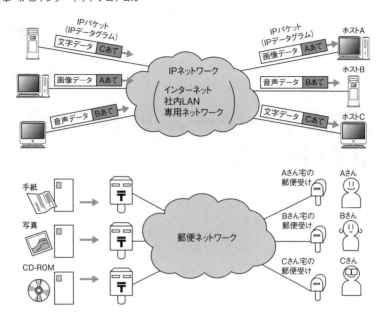

▶ 図5.1　目的のコンピュータまでどんなデータでも運ぶことができる

　数値で表すことができるデータならば、どんなものでもIPで運ぶことができます。つまり、デジタル化できれば、文字でも、音声でも、画像や動画でもなんでも送ることができます。

　これは切手を貼った封筒に送りたいものを入れ、宛先を書いて送れば目的の家まで届けてくれる郵便と似ています。郵便の場合には手紙や写真、CD-ROMなど、封筒に入りさえすればなんでも送ることができます。これがIPの場合はデジタルデータになっているのです。

　また、目的のコンピュータまで正しくパケットが届くためには、図5.1にあるIPネットワークの雲の中や外のすべての機器が、IPの機能を持っている必要があります。そして、これらすべての機器が協力して動作しなければなりません。

5.1.2 IPには制限事項がある

　IPはデータを目的のコンピュータへ運んでくれるという大切な役割を担いますが、いくつかの制限があります。

- パケットが目的地まで到達する保証はない
- 送信した順番どおりに目的地にパケットが届く保証はない
- 1つのパケットが複数に増える可能性がないとはいえない
- ペイロード（データ）が壊れていないことを保証しない
- 一度に運べるペイロードの最大サイズは65515バイトに制限される

　IPを利用したネットワークアプリケーションを作成する際には、これらの制限をよく理解する必要があります。なお、最大サイズの制限（65515バイト）はIPの仕様で認められている値であり、機器の実装によってはこれより小さなサイズしか送受信できない場合があります。IPの仕様では、最低576バイトのIPパケット（IPデータグラム）を送受信できることになっているため、標準のIPヘッダ長（20バイト）を引くと556バイトのデータまで1つのIPパケットで送受信できることが保証されます。

　IPの上位層として**TCP**を利用する場合は、上記の5つの制限を気にする必要はありません。TCPはIPを利用して通信するプロトコルですが、これらの制限を補うように作られています。一方、**UDP**を利用したアプリを作成する場合には、データの損傷を検出すること以外は、ほとんど同じ制限が課されるので注意が必要です（データの最大サイズはUDPヘッダの8バイトを差し引いた65507バイトになります）。

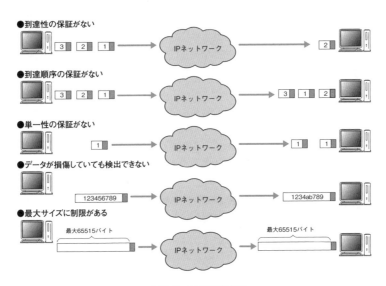

▶ 図5.2　IPの制限事項

■ IPにパケットの到達性の保証がない理由

IPを設計するときに、IPでパケットの到達性の保証を提供するしくみは考慮されませんでした。なぜでしょうか？

4.4節で説明した、ふくそう処理による性能の低下という理由もありますが、ここでは別の側面から考えてみましょう。

電話網や郵便網は、政府から認可を受けた電話会社や郵便局により運用管理されています。これらの組織は、雲の内部で問題が発生しないように設備投資や環境整備を行い、雲を利用する利用者にとって不便がないような環境を提供しています。つまり、雲の中に対する苦情が出ないように努力しているのです。

ところがTCP/IPでは、ネットワーク全体を管理するような機能を作ることは考えられませんでした。それぞれの組織が、それぞれの判断で、ネットワークの管理や運用、構築をすると考えられたのです。そして、IPには、「最終目的のコンピュータにパケットを届けるためできる限りの努力をするが、届く保証はしない」という役目を担わせることにしました。このような保証のないしくみを**最善努力**（best effort：**ベストエフォート**）型と呼びます。

パケットが届いたかどうかの保証は、ネットワークの中ではなく、ネットワークの外ですればよいと考えられました。こうして作られたのがTCPです。TCPはネットワークの内部ではなく、実際に通信している両端のコンピュータで働きます。つまり、ネットワークの外で働いているということになります。TCPは「ネットワークには信頼性がないもの」と考えて、データの到達性を保証するように機能します。

5.1.3 IPの基本——IPアドレスとルーティングテーブル

IPでは、**IPアドレス**（IP address）と**ルーティングテーブル**（routing table）を利用してパケットが配送されます。郵便でいえば、IPアドレスは「送り先の住所」で、ルーティングテーブルは「地図」といえます。

図5.3にあるように、届けたい手紙や情報には、どこに届けたらよいかという住所を書き込みます。IPでこの住所にあたるのが「IPアドレス」です。パケットを送るときには、送りたい相手のIPアドレスを指定することになります。

住所はあらかじめ決められています。住所が決まっていなければ手紙を送ることはできません。IPも郵便と同じで、IPアドレスはパケットを送る前に決められています。

図5.3には、地図の情報をもとにして、手紙が目的地へ向けて送られている様子が描かれています。IPでは、この地図にあたるものを経路制御表またはルーティングテーブルと呼んでいます。

まとめると、「IPアドレス」はIPネットワーク上のコンピュータの位置を意味し、「ルーティングテーブル」はその「IPアドレスへの道筋」が書かれたデータベースということになります。

IPアドレスは32ビット（4バイト）の数値で表されます。IPネットワークに接続されているコンピュータのNICには、必ずIPアドレスが付けられます。NICにIPアドレスが付けられていなければ、そのコンピュータはIPネットワークには論理的に接続されていないことになります。

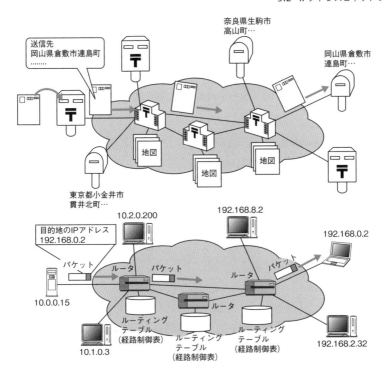

▶ 図 5.3　IPアドレスとルーティングテーブル

5.2　IPアドレスとネットワーク

　IPアドレスはコンピュータの位置を意味すると説明しましたが、ここでいう位置には2つの意味が含まれています。1つはそのコンピュータが属しているネットワークの位置で、もう1つは属しているネットワーク内での位置です。

5.2.1　IPアドレスの基礎

　IPアドレスによって、それぞれのコンピュータのネットワーク上の位置が決定されます。その位置情報をもとに、ルーティングテーブルが作成され、IPパケットが配送されます。このため、IPアドレスは、通信するネットワーク内で唯一の値になるように設定されなければなりません。たとえばインターネットの場合には、インターネットに直接接続されているすべてのホストやルータに異なるIPアドレスを付けなければなりません。同じIPアドレスが2つ以上付けられていたら、IPパケットを正しく配送できなくなります。このように異なるIPアドレスを付けることを、「**ユニーク**（unique）なIPア

178　第5章　IPはインターネットプロトコル

ドレスを付ける」といいます。

　IPアドレスは、**32ビット**（4バイト）の整数値で表されます。32ビットで表される数値は、0〜4,294,967,295までの4,294,967,296とおりあります。しかし、このような大きな数は覚えにくいため、図5.4のように、8ビットごとにピリオドで区切った表記法が利用されます。この表記法を**ドット付き10進表記法**（dotted decimal notation）と呼びます。

●IPアドレスは32ビットの数値で表される

2進数	00000000000000000000000000000000 〜 11111111111111111111111111111111
10進数	0 〜 4294967295
16進数	0 〜 FFFFFFFF

●人にとってわかりやすくするため、8ビットごとにピリオドで区切る

2進数	00000000.00000000.00000000.00000000 〜 11111111.11111111.11111111.11111111
10進数	0 . 0 . 0 . 0 〜 255 . 255 . 255 . 255
16進数	0 . 0 . 0 . 0 〜 FF . FF . FF . FF

▶ 図5.4　IPアドレスの表現方法

　IPアドレスは、大まかに2種類のアドレスに分けられます。**グローバルIPアドレス**と**プライベートIPアドレス**です。

　グローバルIPアドレスはインターネットに接続されるホストやルータに付けられるIPアドレスで、インターネット全体で**ユニーク**に付けられます（エニーキャストという例外はあります。4.1.6項参照）。家庭や企業のネットワークをインターネットに接続するときには、少なくとも1つのグローバルIPアドレスが必要です。通常は、プロバイダに接続したときに、プロバイダから自動的に割り当てられます。接続するたびにIPアドレスが変わるサービスが主流ですが、いつも変わらない固定IPアドレスを取得することも可能です（追加料金が必要になるのが普通です）。

　現在ではグローバルIPアドレスが枯渇しており、家庭や会社のホストやルータすべてにグローバルIPアドレスを付けることが難しくなっています。そこで、通常は、家庭内や会社内のホストではプライベートIPアドレスを使います。**プライベートIPアドレス**は私的なネットワークで使用するためのIPアドレスで、付B.1に示す範囲のIPアドレスです。このアドレスは他人に許可をとることなく使ってかまわないアドレスです。ただし、同一のネットワーク内ではユニークになるように割り当てる必要があります。プライベートIPアドレスを付けると、そのネットワーク内では通信ができますが、そのままでは、インターネットを介してグローバルIPアドレスがつけられているホストと通信ができません。そこで、家庭や会社では8.3節で説明するNATや、8.4.3項で説明するプロキシサーバを使って、プライベートIPアドレスをグローバルIPアドレスに変換することで、インターネットを介した通信を可能にしています。

■ whois データベース

グローバル IP アドレスは全世界できちんと管理されています。日本では JPNIC（Japan Network Information Center）が管理しています。

ネットで異常が発生したとき、その IP アドレスを管理している人を知りたくなることがあります。たとえば、特定の IP アドレスから大量のダイレクトメールや不正なパケットが送られてきたり、経路の途中のルータの挙動に疑いがある場合などです。インターネットを円滑に運用するためには、個々の組織の人同士で連絡を取り合って、対処していく必要があります。また、自分が使う権利を持っている IP アドレスを他人に勝手に使われては困ります。自分の IP アドレスを他人が使っている場合には、どちらが正当なのかをはっきりと示せる必要があります。

このような理由から、個々の IP アドレスを管理している団体や管理者、連絡先の情報が、次のサイトで公開されています。

　　　http://whois.nic.ad.jp/

自分の会社や学校がグローバル IP アドレスを持っている場合には、その IP アドレスの管理者が誰かを調べて、覚えておくのもよいでしょう。

5.2.2 IPアドレスはインターフェイスに付けられる

IP アドレスについて簡単に説明するときは、「ネットワークに接続されるすべてのホストやルータには IP アドレスが付けられます」といいます。しかし、これはあまり正確な表現ではありません。もう少し厳密に説明するならば、IP アドレスはホストやルータに付けられるのではなく、ホストやルータのインターフェイスに付けられます。

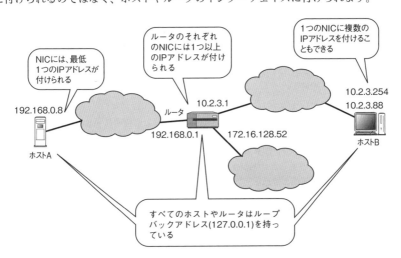

▶ 図 5.5　IP アドレスが付けられる場所

ルータには複数のインターフェイスが付いているのが普通です。ブロードバンドルータならば、少なくともLAN側のインターフェイスとWAN側のインターフェイスがあるので、最低2つです。通常、IPアドレスはこれらのすべてのインターフェイスに付けられます。

ホストにも複数のインターフェイスを持つものがたくさんあります。たとえば、スマートフォンはネットワークへの接続に3G/4GやWi-Fiを使います。パソコンはEthernetやWi-Fi、Bluetooth、USBを使います。これらのすべてのインターフェイスにIPアドレスを付けることができます。ただし、すべてを使って同時に通信することは少ないため、通常は、これらのインターフェイスのうち、実際にネットワークへの接続に使うインターフェイスにだけIPアドレスを付けます。

ホストやルータの物理的なネットワークインターフェイスを制御するのがNIC（Network Interface Controller）です。通常、1つのNICに1つのユニキャスト用のアドレスを付けますが、複数のユニキャストアドレスを付けることも、複数のマルチキャストアドレスを付けることもできます。

NICのように物理的なインターフェイスだけでなく、論理的なインターフェイスにもIPアドレスを付けることができます。論理的なインターフェイスには、ホスト内部でTCP/IP通信をするために利用される**ループバックアドレス**（コラム「特別なIPアドレス」を参照）があります。

■ 特別なIPアドレス

特別なIPアドレスがいくつかあるので、説明しておきましょう。

すべてのビットが0のIPアドレスと、すべてのビットが1のIPアドレス
0.0.0.0というIPアドレスは、自分のIPアドレスがわからないときや、相手に自分のIPアドレスを通知する意味がないときに利用されます。
　255.255.255.255というIPアドレスはブロードキャストアドレスを意味し、同一サブネット内のすべてのホストやルータにパケットを送りたいときに使われます。たとえば、0.0.0.0や255.255.255.255は、DHCP（8.2節参照）を使ってIPアドレスを設定するときに使われています。

リンクローカルアドレス
リンクローカルアドレスは、ルータを介さず、ホスト間で直接通信するときに使えるIPアドレスです。範囲は169.254.0.0～169.254.255.255です。ホストがネットに正しくつながっていない場合や、DHCPサーバと正しく通信できなかった場合に、リンクローカルアドレスが設定されることがあります。NICにこのアドレスしかついていないときにはルータの先にあるホストとは通信できません。

ループバックアドレス
ループバックアドレスは、同じノードで実行されている複数のプログラム同士で通信をしたいときに利用されるIPアドレスです。範囲は127.0.0.0～127.255.255.255です。ループバックアドレスの127.0.0.1には、localhostというホスト名が付けられています。

マルチキャストアドレス

マルチキャストアドレスは、特定グループ間で通信するときに利用されるIPアドレスです。範囲は224.0.0.0〜239.255.255.255です。

　マルチキャストアドレスは、マルチキャスト通信をするアプリによって動的に付けられるアドレスだけではなく、用途が固定的に決められているアドレスもあります。すべてのノードには224.0.0.1、すべてのルータには224.0.0.2というマルチキャストアドレスが付きます。また、5.6.4項で説明するRIPバージョン2では224.0.0.9、5.6.5項で説明するOSPFでは224.0.0.5と224.0.0.6が使われます。

5.2.3　ネットワークアドレスとサブネットマスク

　電話では、市外局番といって、地域ごとに割り当てられた番号があります。市外局番が03ならば東京23区の電話番号で、06ならば大阪の電話番号という具合です。私たちが電話をかけるとき、電話網では、市外局番を頼りにして通信回線を接続しています。

　同じように、TCP/IPでもネットワークが存在する場所を表す**ネットワークアドレス**というものがあり、それを頼りにパケットが配送されています（図5.6）。5.1.3項で説明したルーティングテーブルは、ネットワークアドレスが存在する場所を調べるためのテーブルと考えてよいでしょう。

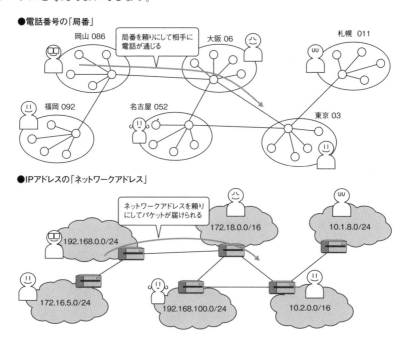

▶図5.6　ネットワークアドレスは電話番号の局番のようなもの

ネットワークアドレスは、電話の市外局番とは違い、地域ごとに割り当てられるわけではありません。4.5.4項で説明したセグメントやサブネット単位で決めます。そして、同じサブネット内のホストには、32ビットのIPアドレスのうち上位の何ビットかが同一になるようにIPアドレスを割り振ります。この同一の部分をIPアドレスの**ネットワークアドレス部**と呼び、残りを**ホストアドレス部**と呼びます。IPアドレスのホスト部のビットをすべて0にしたものが、**ネットワークアドレス**になります。

ただし、それだと、ネットワークアドレス部の下位ビットがたまたま0の場合には、どこまでがネットワークアドレス部なのかわかりません。そこで、ネットワークアドレスを書き表すときには、ネットワークアドレス部の長さを示すビット数を一緒に付記します。具体的には、IPアドレスの後に「/」を書き、その後にネットワークアドレス部の長さを表す数値を書きます。この書き方は**プレフィックス表記**（prefix notation）と呼ばれます。ネットワークアドレスを書くときには、ホスト部に相当する部分を省略して「192.168.0/23」（192.168.0.0から192.168.1.255までを表します）のように書いてもかまいません。

たとえば図5.7は、IPアドレスの上位26ビットをネットワークアドレス部にして、下位6ビットをホストアドレス部にした場合の例です。この場合には、同じEthernetに接続されているホストやルータのNICに付けられるIPアドレスの上位26ビットはすべて同じ値になり、下位6ビットはすべて異なる値になります。

歴史的な理由から、ネットワークアドレスを表すのに**サブネットマスク**（subnet mask）という方法が利用される場合もあります。サブネットマスクでは、ネットワークアドレス部を表す部分のビットを1にして、ホスト部を表す部分のビットを0にした数値を利用します。この数値により、ネットワークアドレス部に相当するのがどこまでのビットかを表します。サブネットマスクと同じような意味で、**ネットマスク**（netmask）や**サブネットワークマスク**（subnetwork mask）という言葉が使われることもあります。

図5.7の場合には、IPアドレスの先頭から26ビット目までを1にして、残りの6ビットを0にした数値がサブネットマスクになります。これをドット付き10進表記法で表すと255.255.255.192になります。このように、IPアドレスでは2進数と10進数の変換作業が頻繁に必要になります。この作業を少しでも容易にするため、ネットワークアドレスのビット数とネットマスクの関係を付B.2に載せておきます。

また、IPアドレスのホスト部のビットをすべて1にしたものを**ブロードキャストアドレス**（broadcast address）といいます。ブロードキャストアドレスは、同一のサブネット内に接続されているすべてのホストやルータにパケットを送りたいときに使われます。

ネットワークを構築するときには、IPアドレスの何ビット目までをネットワークアドレス部にするかを考える必要があります。その長さはどのようにして決めるのでしょうか？

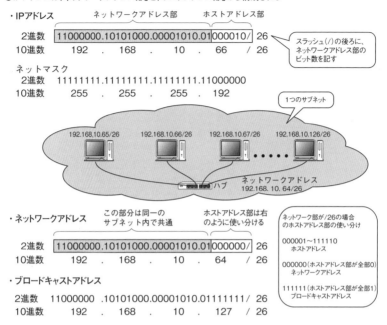

▶ 図5.7 「IPアドレス」=「ネットワークアドレス」+「ホストアドレス」

　基本的に、ネットワークアドレスは1つのデータリンクに接続されるホストの数で決まります。たとえば、図5.8のサブネットAのように上位24ビットをネットワークアドレス部にすると、最大254台のホストを接続できるようになります。サブネットDのように上位27ビットをネットワークアドレス部にすると、最大30台のホストを接続できるようになります。

　ネットワークアドレス部を小さくして、ホストアドレス部を大きくすれば、たくさんのホストを接続できるように思えます。しかし、5.2.1項で説明した世界中とつながるためのグローバルIPアドレスは、各組織への割り当て数が制限されています。このため、ネットワークアドレス部とホストアドレス部の大きさは、ネットワークの規模や利用方法をよく考えて設定する必要があります。

　ネットワークアドレス部のビット数や値によってどの範囲のIPアドレスがホストアドレス部になるかを、付B.3にまとめてあります。

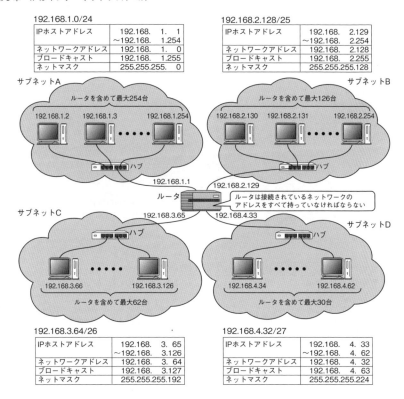

▶ 図5.8　IPアドレスでネットワークの構造が決まる

5.3 IPとルーティングテーブル

5.3.1 IPによるパケットの配送

　IPパケット（IPデータグラム）は図5.9のような構造をしています。IPパケットには、20バイト長のIPヘッダが付けられます。ヘッダの始点IPアドレスの部分に送り主のIPアドレスが格納され、終点IPアドレスの部分に送り先のIPアドレスが格納されます。ホストやルータは、終点IPアドレスを調べてパケットの配送処理をします。IPヘッダの各項目について詳しく知りたいときは、付A.3を参照してください。

　なお、IPヘッダやTCP、UDPのヘッダの説明図は、図5.9のように32ビット単位に区切って描かれますが、これは、ヘッダ構造が32ビットコンピュータを意識して作られているためであり、32ビット単位でデータが転送されるわけではありません。実際には、図5.10のように、すべてのフィールドがくっつけられて、1次元的（直線的）に転送されます。

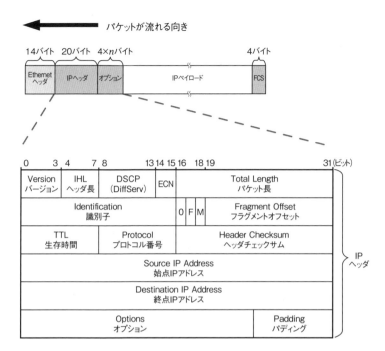

▶ 図5.9 IPパケットフォーマット

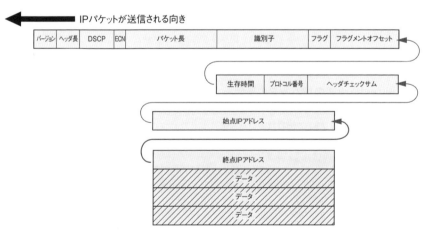

▶ 図5.10 IPパケットの転送

IPのヘッダには、**チェックサム**（checksum）というフィールドがあります。これは、IPパケットがネットワーク中を転送されている間に、ノイズなどによってIPヘッダが壊されていないことを保証するための情報を格納する場所です。このチェックサムによって、図5.11の影の付いている部分の情報が壊れていないことが保証されます。つまり、IPヘッダが壊れていないことは保証されますが、IPが運ぶデータについては保証されません。データが壊れていないことを保証するのは、TCPやUDPなどの上位層のプロトコルです。

なお、このチェックサムが有効なのは、データリンクの1区間のみです。途中のルータがパケットを中継するとき、ルータはIPヘッダの生存時間を変更します。ルータを経由するたびにチェックサムの値が再計算されるため、始点ホストから終点ホストまでIPヘッダが壊れていないとはいえないのです。このため、TCPやUDPでは、データだけではなく、IPヘッダの一部についても壊れていないことを保証します（6.2.2項、6.3.8項参照）。

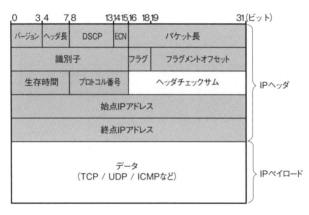

▶ 図 5.11　IPヘッダのチェックサム

■ WiresharkでのIPヘッダの表示

　本書では図5.9のように32ビット単位で折り返して表現しています。これはIPヘッダを定義しているRFC 791で使われている表現方法です。

　しかしながらWiresharkは図5.12のように、32ビット単位で折り返さず、フィールド単位で折り返して表現しています。

　その理由は、ネットワークを流れるパケットがすべて32ビット単位で折り返せるわけではないからです。IPヘッダは32ビットコンピュータでプログラムを作って動かすことを前提に設計されましたが、そうなっていないプロトコルのほうが種類が多いのです。Wiresharkはさまざまなプロトコルに対応する必要があることもあり、個別のプロトコルごとに特別な表示は行ってくれません。

　本書では、わかりやすさを優先してIPヘッダ、TCPヘッダ、UDPヘッダを32ビット単位で折り返して図示しますが、Wiresharkのキャプチャ結果と比較するときには見栄えではなく、フィールドの意味を見ながら対応関係について調べてください。

▶ 図 5.12　WiresharkでのIPヘッダの表示

5.3.2　ルータとルーティング

ルータ（router）はインターネットにとってとても重要な役割を果たします。最も重要なのは、OSI参照モデルの第3層（ネットワーク層）の機能を実現する役割です。つまり、2つのホスト間で通信できるように、IPパケットを中継し、配送することです。

TCP/IPプロトコルスタックの実装として説明するならば、ルータはインターネットモジュールを備え、IPパケットを送信先ホストに向けて転送する役割があります。ルーティングテーブルを利用して経路を決定し、IPパケットを配送するのです。これを**経路制御**や**ルーティング**（routing）といいます。

現在では、ルータの機能をハードウェアで処理する製品が増えてきました。これらの製品を販売する会社は、以前から存在しているルータとの違いをアピールするため、

188 第5章 IPはインターネットプロトコル

「ルータ」のことを「**レイヤ3スイッチ（L3スイッチ）**」と呼ぶことがあります。

　なお、IPプロトコルが使われ始めたころは、「ルータ」のことを「ゲートウェイ」と呼んでいました。「デフォルトゲートウェイ」（5.3.4項参照）や「BGP（Border Gateway Protocol）」（5.6.6項参照）という用語の中の「ゲートウェイ」は、その名残です。今では、OSI参照モデルの用語にそろえて「ルータ」と呼ぶのが一般的です。

5.3.3　ルーティングテーブルとパケットの配送

　図5.13を使って、2つのサブネットワークを接続して通信するときのルーティングテーブルの作られ方について説明しましょう。

　図5.13の上の図のような2つのサブネットワークがあったとします。この2つのサブネットワークは異なるEthernetで構築されています。これをルータで接続して、サブネットワーク間で通信できるようにするのがIPの役割であり、インターネットワーキングです。では、実際にはどのような設定が必要になるのでしょうか。

　まず、ルータを2つのネットワークに接続します。ルータには、2つのEthernetのNICが必要です。管理者はルータのそれぞれのNICにIPアドレスを設定します。設定するIPアドレスのネットワーク部は、接続したセグメントのネットワークと同じにしなければなりません。

　図5.13では、192.168.0.0/24のネットワークに接続したNICに192.168.0.1を設定し、192.168.1.0/24のネットワークに接続したNICには192.168.1.1を設定しています。

　次にルーティングテーブルの設定です。図5.13の中央の図のようにルーティングテーブルが作成されます。この図の環境では、ルータのルーティングテーブルを手動で設定する必要はありません。それぞれのNICがどちらのサブネットにつながっているのかわかるため、自動的に設定されます。

　ホストのルーティングテーブルは、同一のサブネット内については自動的に設定されます（190ページのコラム「ルーティングテーブルの自動設定」を参照）。ルータを経由して間接的に接続されているサブネットについては、ルーティングテーブルの設定が必要です。そのサブネットのアドレスに対する転送先は、ルータになるようにします。

　以上のように設定すれば、図5.13の下の図のように、192.168.1.4のホストから192.168.0.2のホストへ向けたパケットは、きちんと相手に届きます。この様子を順を追って説明しましょう。

　まず、192.168.1.4のホストでルーティングテーブルが参照されます（①）。ルーティングテーブルには、192.168.0.0/24と192.168.1.0/24の情報が入っています。ホストでは、これらの情報と、パケットに示された送信先（終点IPアドレス）とを比較することにより、そのパケットをどこへ転送すればいいかを決めます。ルーティングテーブルの2つの情報のうち、どちらと比較するかですが、この例ではネットワークアドレス部の長さが同じ24ビットなので、ここでは192.168.0.0/24のほうと比較するものと

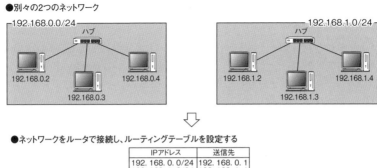
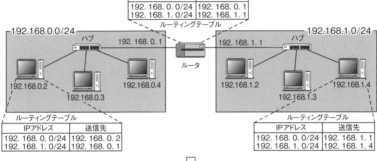
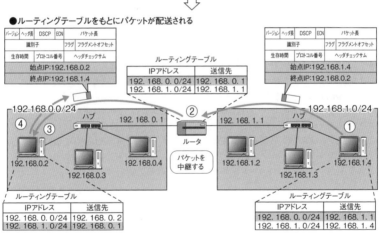

▶ 図 5.13　インターネットワーキングとルーティングテーブル

します（一般の場合にどのような順番で比較するかは 5.3.6 項で説明します）。
　今の例では、比較するネットワークアドレス部の長さは「/24」なので、アドレスの先頭から 24 ビットを取り出し、取り出した 24 ビットがパケットの送信先と一致するかどうか比較します。この例の場合には一致するので、ルーティングテーブルで 192.168.0.0/24 の転送先となっている 192.168.1.1 に向けてパケットを送信します。

次のルータでも、同じように、終点IPアドレスの192.168.0.2とルーティングテーブルの情報を比較します（②）。すると、ルーティングテーブルの192.168.0.0/24というエントリに一致します。ルーティングテーブルに指定された転送先は192.168.0.1であり、図5.13で左側のサブネットワークに接続されている自分のNICが示されています。これは、送信先がそのNICに直接つながっていることを意味します。ですから、直接192.168.0.2にパケットが送信されます（③）。

逆に、192.168.0.2から192.168.1.4へ向けてパケットを送る場合はどうでしょう。まず、192.168.0.2のホストで、最終的な送信先である192.168.1.4とルーティングテーブルの情報とを比較します（④）。192.168.0.0/24の先頭24ビットを取り出して比較すると、この場合には一致しないので、ルーティングテーブルの次のエントリである192.168.1.0/24と比較します。192.168.1.0/24とは一致するので、192.168.0.1に転送すればよいことがわかります。

インターネットでは、このようにして目的のホストまでパケットを送ることが可能になっています。

なお、本書では、「そのNICから直接通信可能」な場合にはルーティングテーブルの送信先に「そのNICのIPアドレス」を入れることとします。初期のTCP/IP機器の実装はそうなっているものが多かったのですが、現在では「IPアドレス」ではなく「OS固有のNICの識別子」が入っている実装が増えています。これらについては5.7.3項で説明します。

■ ルーティングテーブルの自動設定

システムにもよりますが、パケットを同一ネットワーク内に送るためのルーティングテーブルは、通常は自動的に設定されます。

ホストやルータのNICにIPアドレスを設定するときには、通常はネットワークアドレス部の長さ（ネットマスク）も同時に設定します。すると、NICに接続されているネットワークのネットワークアドレス部を計算することができ、自動的に直接NICで接続されているネットワークへのルーティングテーブルを作ることができるのです。このため、同一ネットワークのルーティングテーブルは手作業で設定する必要がなくなります。

5.3.4 デフォルトルート

図5.13は単純なネットワークでしたが、ネットワークがたくさん接続されていくと、だんだん複雑になっていきます。

たくさんのネットワークの情報を全部調べて逐一ルーティングテーブルに保持することはできません。そこでルーティングテーブルには、目的の送り先と一致するエントリが見つからなかった場合にパケットを送るアドレスを示した、特別なエントリを登録しておきます。これを**デフォルトルート**（default route）や**デフォルトゲートウェイ**（default gateway）といいます。ルーティングテーブルでは「default」また

は「0.0.0.0/0」と表されます。0.0.0.0/0は、先頭から0ビットが一致した場合の経路という意味になります。つまり、まったく一致しないときの送り先という意味です。

5.3.5 直接配送と間接配送

IPネットワークではルーティングテーブルをもとにIPパケットを配送しますが、その配送には2つの形態があります。**直接配送**と**間接配送**です。この2つについて、図5.14を使って順に説明しましょう。

図5.14の上の図では、192.168.1.5のホストが、192.168.1.3に向けてパケットを送ろうとしています。ルーティングテーブルを見ると、送信先のIPアドレスは

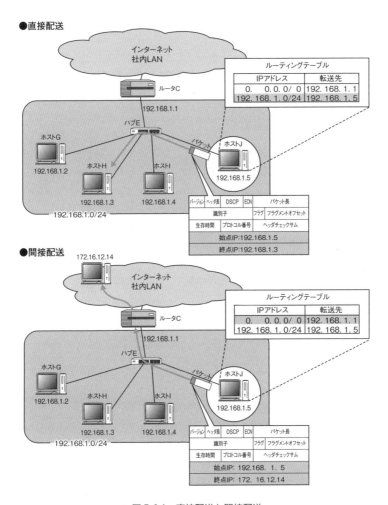

▶ 図5.14 直接配送と間接配送

192　第5章　IPはインターネットプロトコル

192.168.1.0/24の経路に当てはまり、次の送信先は192.168.1.5、つまり、パケットを自分のIPアドレスに送るという意味になっています。この場合は、送信先のホストは自分のNICに直接つながっているということなので、直接192.168.1.3に配送すればよいことになります。このように、送信先IPアドレスを持つコンピュータと直接つながっている場合のパケット配送を「**直接配送**」と呼びます。

　図5.14の下の図では、192.168.1.5のホストが、172.16.12.14に向けてパケットを送ろうとしています。ルーティングテーブルを見ると、デフォルトルートの0.0.0.0/0しかマッチしません。そこを見ると、192.168.1.1へパケットを送るようになっています。この場合には、送信先のIPアドレスを持つコンピュータが自分のNICにはつながっておらず、いったん途中のルータ（192.168.1.1）に向けて配送することになります。このように、送信先IPアドレスを持つコンピュータと直接つながっていない場合のパケット配送を「**間接配送**」と呼びます。

　インターネットなどの大きなネットワークでは、ルータをいくつも経由してパケットが配送されます。IPパケットは間接配送を繰り返しながら配送され、最後のルータで直接配送が行われます。

5.3.6　IPパケットの配送例

　図5.15のネットワークを使ってIPパケットが送信される様子を具体的に説明しましょう。図5.15のホストJ（192.168.1.5）からホストC（192.168.0.66）にIPパケットが送信される過程を考えます。

　ホストJで作成されたIPパケットの終点IPアドレスは192.168.0.66です。このアドレスとホストJのルーティングテーブルを比較し、次に送信すべきホストやルータを調べます。ホストJのルーティングテーブルには経路情報が2つ存在しています。ルーティングテーブルを検索する順番を決めるアルゴリズム（手順）はいくつも考えられますが、ここでは次のようなアルゴリズムで調べていくことにしましょう。

- ネットワーク部が最も長い経路情報から比較する（**最長一致**ルール）
- ネットワーク部が同じ長さの場合には、ルーティングテーブルの上から順番に調べる（ルーティングテーブルに入っている順番はOSによって異なる）

　ホストJについて調べてみると、1行目の/0よりも、2行目の/24のほうがネットワーク部が長くなっています。ですから2行目から比較します。比較する値は192.168.1.0/24なので、終点IPアドレス192.168.0.66の先頭から24ビットを取り出して比較することになります（ホストCのネットワークアドレス部の長さは26ビットですが、ホストJでは先頭から24ビットを比較している点に注意してください）。24ビットを取り出すと192.168.0.0になり、192.168.1.0と一致しません。

　次に0.0.0.0/0と比較します。これは0ビットを取り出したら0というデフォルトルートなので、終点アドレスがどのようなIPアドレスであっても必ず一致します。そこ

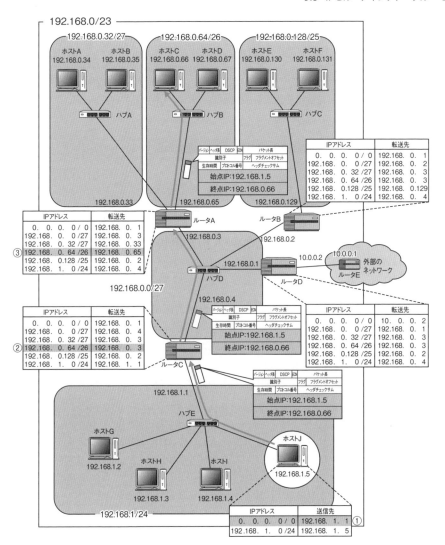

▶ 図5.15　IPパケットの配送例

で、ホストJでは192.168.1.1というIPアドレスが付けられたルータに、192.168.0.66あてのIPパケットを送信することになります（図5.15の①）。その結果、ルータCにこのIPパケットが到着します。

ルータCもホストJと同じような処理をします。ルータCのルーティングテーブルには、ネットワーク部の長さが異なるルートがたくさんあります。/0、/27、/26、/25、/24の5つです。これらについて長い順番に調べていくことにしましょう。

はじめは/27です。192.168.0.66/27の値はいくつでしょうか？

192.168.0.66の「先頭3バイト（24ビット）＋4バイト目の先頭3ビット」

という値になります。先頭3バイトは192.168.0です。4バイト目の先頭3ビットを求めるためには66を2進数に変換する必要があります。66は64＋2なので、2進数に変換すると、次のようになります。

2進数のビットとそれに対応する10進数の値

128	64	32	16	8	4	2	1	
0	1	0	0	0	0	1	0	⇒ 01000010

ここから先頭3ビットを取り出し、残りを0で埋めると、次のようになります。

2進数のビットとそれに対応する10進数の値

128	64	32	16	8	4	2	1	
0	1	0	0	0	0	0	0	⇒ 01000000

この値を10進数に直すと64です。すなわち192.168.0.66/27は192.168.0.64になるのです。この値はルータCのルーティングテーブルの2行目の192.168.0.0/27と同じ値ではありません。3行目の192.168.0.32/27とも同じ値ではありません。/27では該当する経路はありませんでした。

次に/26に移ります。192.168.0.66/26の値はいくつになるでしょうか？

192.168.0.66の「先頭3バイト（24ビット）＋4バイト目の先頭2ビット」

ですので、01000010の先頭2ビットを取り出した01000000になります。この値は64です。よって、192.168.0.66/26は192.168.0.64ということになります。これはルータCのルーティングテーブルの4行目（図5.15の②）に一致します。したがって、ルータCでは192.168.0.3にIPパケットが転送されることになります。こうして、192.168.0.66あてのIPパケットはルータAまで到着します。

ルータAもルータCと同じような処理をします。ルータCとルータAは独立して動作しているので、ルータCの処理結果をルータAが利用することはありませんが、ほぼ同じ処理内容になるので、ルータAの説明は省略します。最終的には、4行目（図5.15の③）の192.168.0.64/26というエントリにマッチし、転送先は192.168.0.65になります。192.168.0.65はルータA自身のNICに付けられたIPアドレスです。したがって、ルータAのIPアドレスではなく、IPパケットのヘッダに示されている終点アドレス192.168.0.66に直接配送されます。

■ ルーティングテーブル

UNIX や Windows では、以下のコマンドによりルーティングテーブルを表示させること
ができます。

```
netstat -rn (または-r)
```

Windows、Mac、Linux でルーティングテーブルを表示させた例を以下に示します。□
で囲んだ部分が、同一サブネット内にパケットを送るための情報を表します。▨ の部分
がデフォルトルートを表します。

【Windows】

```
> netstat -rn
===========================================================================
インターフェイス一覧
  7 ...00 18 f3 b2 64 31 ...... Realtek RTL8168/8111 Family PCI-E Gigabit
                                Ethernet NIC (NDIS 6.0)
  1 ........................... Software Loopback Interface 1
===========================================================================

IPv4 ルート テーブル
===========================================================================
アクティブ ルート:
     ネットワーク宛先          ネットマスク        ゲートウェイ    インターフェイス   メトリック
          0.0.0.0          0.0.0.0    192.168.0.1   192.168.0.37      266
        127.0.0.0        255.0.0.0         リンク上        127.0.0.1      306
        127.0.0.1  255.255.255.255         リンク上        127.0.0.1      306
  127.255.255.255  255.255.255.255         リンク上        127.0.0.1      306
      192.168.0.0    255.255.255.0         リンク上     192.168.0.37      266
     192.168.0.37  255.255.255.255         リンク上     192.168.0.37      266
    192.168.0.255  255.255.255.255         リンク上     192.168.0.37      266
        224.0.0.0        240.0.0.0         リンク上        127.0.0.1      306
        224.0.0.0        240.0.0.0         リンク上     192.168.0.37      266
  255.255.255.255  255.255.255.255         リンク上        127.0.0.1      306
  255.255.255.255  255.255.255.255         リンク上     192.168.0.37      266

固定ルート:
 ネットワークアドレス        ネットマスク     ゲートウェイアドレス       メトリック
          0.0.0.0          0.0.0.0      192.168.0.1          既定
===========================================================================
```

【Mac】

```
$ netstat -rn -f inet
Routing tables

Internet:
Destination       Gateway          Flags    Refs     Use    Netif   Expire
default           192.168.0.1      UGSc       6     208      en0
127.0.0.1         127.0.0.1        UH         7   11363      lo0
169.254           link#4           UCS        0       0      en0
192.168.0          link#4           UCS        3       0      en0
192.168.0.1       0:e0:2b:46:79:0  UHLW       7       0      en0     1133
192.168.0.35      127.0.0.1        UHS        0       0      lo0
192.168.0.37      0:2:b3:a:f0:4f   UHLW       0      54      en0      812
```

【Linux】

```
# netstat -rn
Kernel IP routing table
Destination     Gateway         Genmask         Flags   MSS Window  irtt Iface
192.168.0.0     0.0.0.0         255.255.255.0   U        40 0          0 eth0
127.0.0.0       0.0.0.0         255.0.0.0       U        40 0          0 lo
0.0.0.0         192.168.0.1     0.0.0.0         UG       40 0          0 eth0
```

5.4 IPのエラー処理

5.4.1 ICMP

　IPパケットの配送中にエラーが起きることがあります。たとえば、デフォルトルートが設定されていないルータの場合、ルーティングテーブルを検索しても送信先のIPアドレスが定まらず、エラーになります。

　このようなエラーが発生した場合には、送信元コンピュータに対して**ICMP**（Internet Control Message Protocol）と呼ばれるメッセージを返します。このICMPでは、エラーの内容とともに、元のIPパケットの「IPヘッダ」＋「IPヘッダに続く64ビット」を送り返します。IPヘッダの次にTCPやUDPのヘッダが続いている場合には、始点・終点のポート番号を含むヘッダの先頭から8バイトが送り返されることになります。

●IPパケット配送中にエラーが発生した場合

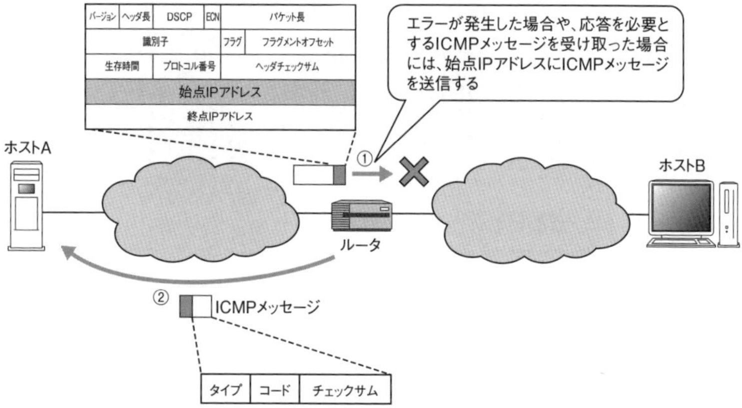

▶ 図5.16　ICMPメッセージ

　送信元のコンピュータでは、このメッセージによって、ネットワーク中に何らかの障害が起きたことを知ることができます。

　なお、2.4節の `ping` コマンドは、このICMPを利用したアプリです。

5.4.2　パケットのループ

　ネットワークが不安定になると、ルーティングテーブルがおかしくなり、経路がループする場合があります。こうなると、IPパケットはネットワーク中をぐるぐると回り、目的のネットワークへたどり着けないだけでなく、ネットワークを混雑させる原因になります。

このため、IPでは、IPパケットの**生存時間**（**TTL**：Time To Live）が決められています。具体的には、IPパケットがルータを1つ越えるごとに生存時間が1ずつ減らされ、0になったときにIPパケットが捨てられます。IPパケットが捨てられるときに、送信元にICMPでエラーが発生したことが通知されます。

従来は生存時間の初期値が64になっていましたが、インターネットの規模の拡大によって、これよりも大きな255や128などの値が初期値として使われるようになりました。ところが、今度はMPLS（Multi-Protocol Label Switching）のような、IPアドレスを用いない広域ネットワーク技術の登場により、再び64が初期値として使われるようになっています。

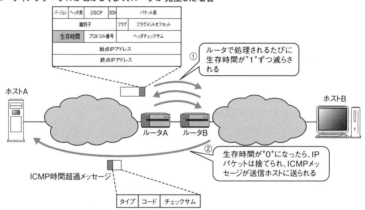

▶ 図5.17　ICMP時間超過メッセージ

5.5 IPとデータリンク

5.5.1 IPとデータリンクの関係

IPは、ハードウェアに依存しないように作られたソフトウェア的なプロトコルです。実際のパケットの配送処理は、**Ethernet**や**Wi-Fi**により、データリンク単位で行われます。IPとデータリンクが協力してパケットの配送処理を行うことになります。

IPヘッダの終点IPアドレスは、最終目的地のノードを表しています。これに対して、Ethernetの終点MACアドレスは、同じサブネット内でそのパケットを次に受け取るべきノードを表しています。つまり、図5.18のように、IPアドレスは常に最終目的地を示し、MACアドレスは1区間ごとに送り先のアドレスが変わっていくことになります。

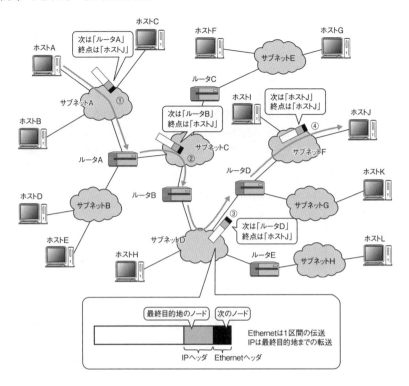

▶ 図5.18　IPとデータリンクの役割分担

　パケットを送るときには、ルーティングテーブルを見て次の転送先のIPアドレスを調べます。しかし、転送先のIPアドレスがわかっても、それだけではパケットを送ることができません。今度は、そのIPアドレスを持っている機器のMACアドレスが必要になります。このため、IPアドレスからMACアドレスを調べる処理が必要になります。この処理には**ARP**（Address Resolution Protocol）というプロトコルが利用されます。

　また、IPでは、最大65515バイトのデータを送ることができますが、よく使われているデータリンクのほとんどは、これよりも小さなデータしか送れません。このため、データリンクの**最大転送単位**（MTU：Maximum Transmission Unit）よりも大きなデータを送信しなければならなくなった場合、IPは1つのIPパケットを複数のデータリンクのフレームに分けて送信します。これを**IPフラグメンテーション**（fragmentation）といいます（5.5.3項を参照）。

■ IPは郵便物で、Ethernetはトラックやバイク

IPパケットは郵便の小包や宅配便の貨物のようなものです。つまり、実際に配達されるものなのです。

では、EthernetやWi-Fiなどのデータリンクはなんでしょう？ それは、小包や貨物を運ぶトラックやバイクといえます（鉄道や航空機、船、自転車と思ってもかまいません）。

トラックやバイクは、差出人から送り先までをすべて1台で運ぶわけではなく、1区間の運搬を担います。営業所から別の営業所までの1区間を運んだり、営業所から送り先の1区間を運ぶだけです。営業所で積み荷を載せ替えながら運んでいくのです。

IPとデータリンクの関係もそれに似ています。IPでは、最終的な送り先に届けるためにIPアドレスを使います。データリンクでは、1区間を運ぶためにMACアドレスを使います。ルータは、IPアドレスをもとにして次に送るべきデータリンクを選択し、MACアドレスを使って送り先を指定するのです。

5.5.2 ARP

Ethernetでは、データフレームの送信にMACアドレスが利用されています。IPで次の宛先となる送信すべきコンピュータが決まったら、そのMACアドレスを決定しなければなりません。これを求めるのが**ARP**（Address Resolution Protocol）というプロトコルです。

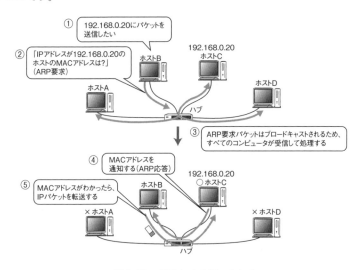

▶ 図5.19 ARPによる問い合わせ

ARPでは、ブロードキャストを利用して、同じEthernetに接続されているすべてのノードに対してMACアドレスの問い合わせ処理をします。

まず最初に、IPアドレスを検索キーにしてMACアドレスを問い合わせる**ARP要求パケット**を送信します。IPで通信するホストやルータは、このARPパケットを受信し

て処理しなければなりません。問い合わせ対象のIPアドレスを持っているノードは、問い合わせをしているノードに向けて、**ARP応答パケット**でMACアドレスを伝えます。

ARPがIPアドレスとMACアドレスの解決をするのは、同一のデータリンク内に限られます。送信先ホストが別のデータリンクにある場合は、ARPで解決するMACアドレスは送信先ホストのMACアドレスではありません。ルーティングテーブルで決定された「転送先」のIPアドレスを持つルータです。図5.20のように、IPパケットが間接配送される間はルーティングテーブルに基づいた転送先ノードのMACアドレスが調べられ、直接配送になると送信先ノードのMACアドレスが調べられて、IPパケットが送られます。

実際のIPパケットの配送処理は、ARPを行った後で開始されます。しかし、IPパケットを配送するたびにARPパケットを送っていたのでは、無駄な通信が増えたり、通信速度が低下したりするなど、問題を招くことになりかねません。この問題を避けるため、ホストやルータでは、ARP応答で得られたMACアドレスの有効期間を決め、数分間キャッシュ（3.3.5項参照）します。有効期間が切れたら、そのMACアドレスに関する情報は削除され、再度必要になった際に再びARP要求パケットが送信されます。

多くの通信では、1つだけパケットを送ったら終わりということはなく、連続してパケットを送ります。このため、MACアドレスをキャッシュすると、効率良く通信することができます。なお、MACアドレスをキャッシュするデータベースのことを**ARPテーブル**といいます。ARPテーブルを表示するコマンドが2.6.1項の arp コマンドです。

5.5.3 分割処理（IPフラグメンテーション）

IPでは、1つのIPパケット（IPデータグラム）で最大65515バイトのデータを送信できます。しかし、このように大きなパケットを転送できるデータリンクは、あまり多くありません。データリンクごとに、1つのフレームで送ることができるサイズが決まっています。これを最大転送単位や**MTU**（Maximum Transmission Unit）と呼びます。

EthernetのMTUは1500バイトです。ブロードバンドネットワークで使われているPPPoE（PPP over Ethernet）というデータリンク技術では、プロバイダによってMTUの大きさが異なり、1438〜1492バイトの大きさが使われています。IPヘッダの長さを差し引くと、実際にIPで送ることができるデータは、Ethernetの場合は1480バイト、PPPoEの場合は1418〜1472バイトということになります。

このように、データリンクのMTUはIPの最大パケット長よりも小さいため、必要に応じて**分割処理（IPフラグメンテーション）**を行います。図5.21のように、分割処理は、始点のホストで行われる場合と、経路途中のルータで行われる場合があります。いずれの場合も、分割された断片は終点ホストで**再構築処理**（reassemble）が行われます。

分割されたIPパケットのうち1つでも届かないと、再構築処理はできません。しか

5.5 IPとデータリンク　*201*

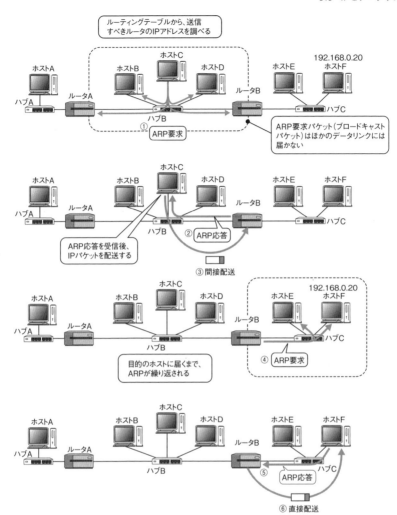

▶ 図 5.20　送信先ホストが同一のデータリンクにない場合

し、分割された IP パケットは同時に届くとは限らず、一部の IP パケットが後から遅れて届く場合があります。このため、分割された IP パケットを受信したときには、すべてのパケットがそろうまでしばらく待つ必要があります。ところが、パケットが喪失した場合には、いつまで待っていても来ないので、メモリを浪費してしまうことになります。このため、分割された IP パケットを受信したときには 30 秒程度のタイマー（3.2.6 項参照）を設定し、30 秒以内にすべてのパケットがそろわなかった場合には、受信したパケットを廃棄します。

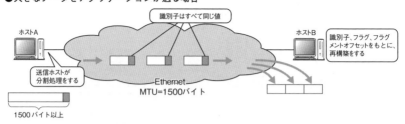

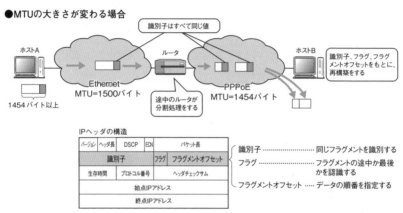

▶ 図 5.21　IP フラグメンテーション

5.5.4　経路 MTU 探索

　ネットワークの途中で分割処理をするのは非効率的です。途中のルータの負荷が高くなり、全体としてのスループットを低下させる原因になるからです。このため、最近の TCP/IP プロトコルスタックでは、通信するホスト間の最小 MTU を調べて、あらかじめそのサイズ以下に IP パケットを分割してから送るようになりました。これを**経路 MTU 探索**（path MTU discovery）と呼びます。

　経路 MTU 探索のしくみを図 5.22 に示します。経路 MTU 探索をする場合には、IP ヘッダの分割禁止フラグを設定し、途中のルータで分割処理をしないように設定します。分割処理をしないと転送できない大きなサイズの IP パケットを受け取ったルータは、その IP パケットを廃棄し、送信ホストに対して次の MTU の値を通知します。通知を受けたホストは、次からは通知されたサイズで送ります。これを繰り返せば、通信路上の最小の MTU を求めることができます。ただし、毎回この処理をしていたのでは失われるパケットの数が多くなってしまいます。このため、10 分間程度、経路 MTU の値をキャッシュ（3.3.5 項参照）するようになっています。

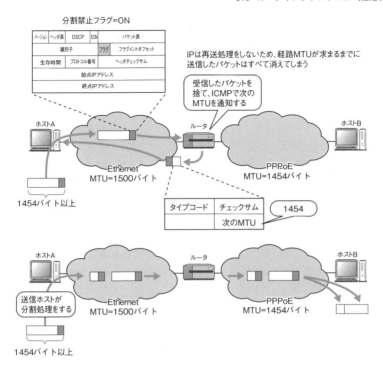

▶ 図 5.22　経路 MTU 探索により分割を避ける

5.6 ルーティングプロトコル（経路制御）

5.6.1 動的経路制御と静的経路制御

　経路制御の最も重要な役割は、物理的なネットワークの構造が決まっているときに、実際にパケットを流す通信路を決定することです。つまり、物理的に構築されたネットワークで、論理的にどのような道筋でパケットを流せばよいかを決定することであり、非常にソフトウェア的な仕事といえるでしょう。

　図5.23のようなネットワークがあったとして、AからBへパケットを送る場合にはどうしたらよいでしょう。

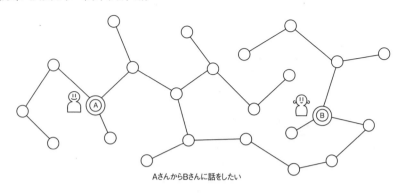

AさんからBさんに話をしたい

▶ 図5.23　ネットワークを利用して通信をしたい

　このような図でネットワークの迷路を外から見ているぶんには、比較的簡単に経路を決定できそうに思えます。しかし、ネットワークの中にある機器がネットワークの全体像を知ることは容易ではありません。ネットワークの内部から、その構造を細かく知るにはどうしたらよいでしょう。

　図5.23のようなネットワークの全体像をルータが知るためには、図5.24のように、それぞれのルータが隣り合ったルータとネットワークの情報を交換し合えばよいと考えられます。適切な情報を交換し合えば、最終的にはネットワークの構造を知ることができます。このように、ルータ同士が情報を交換しながらネットワークの構造を知る方法を、**動的経路制御（ダイナミックルーティング：dynamic routing）**といいます。そのしくみを**ルーティングプロトコル**といいます。

　もう1つ、ネットワークを作ったネットワーク管理者が手作業でルーティングテーブルを作る方法が考えられます。これは、**静的経路制御（スタティックルーティング：static routing）**と呼ばれる方法です。

　図5.24のネットワークは、う回路がない単純なネットワークの例ですが、動的経路制御の力が発揮されるのはう回路のあるネットワークの場合です。

　業務ネットワークなどでは、回線に障害が発生しても、う回路を使って通信が途絶えないようにしたい場合があります。このように設計したネットワークのことを、**冗長経路のあるネットワーク**といいます。パケットがう回路を流れるためには、障害発生時にルーティングテーブルが自動的に変更される必要があります。

　静的経路制御では、障害が発生しても経路は自動的に変わりません。管理者がルーティングテーブルを変更する必要があります。このため、静的経路制御を使用している環境でう回路を使いたい場合には、管理者が常にネットワークを見張って、障害発生時に素早くルーティングテーブルを修正しなければなりません。これはとても大変な作業です。

　冗長経路のあるネットワークの場合、普通は動的経路制御を使います。動的経路制御ならば、ネットワーク機器などに障害が発生して通信不能になったときに、ルータが自

5.6 ルーティングプロトコル（経路制御） 205

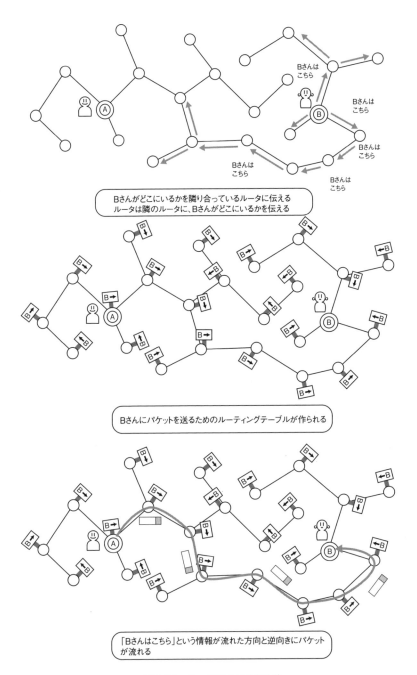

▶ 図 5.24 ルータ同士の情報交換

動的に障害を検出してう回路を通るようにルーティングテーブルを変更します。

ただし、動的経路制御を使っていても、経路が瞬時に切り替わることまでは期待できません。通信不能になってから経路が切り替わるまでには、数秒から数分間のタイムラグがあるのが普通です。障害発生後しばらくは通信不能になりますが、間もなく自動的に通信できるようになります。

5.6.2 メトリックによる経路制御

図5.24で説明した単純なしくみでは、う回路があるネットワークで正しいルーティングが行われません。図5.25のように、ループのある部分で正しく情報が伝わらなくなり、パケットを送信する方向が決まらなくなってしまうからです。

●う回路を追加すると、その部分で情報がぐるぐる回ってしまう

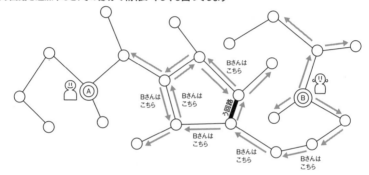

●ルーティングテーブルが正しく作成できず、パケットを正しく届けることができない

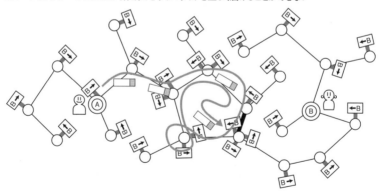

▶ 図5.25　ループがあるネットワーク

この問題を解決するために、**メトリック**（metric）という考えを導入し、これを利用して経路制御を行います。

メトリックとは、ネットワークの論理的な「距離」を意味し、数値で表されます。メ

トリックの値は、大きければ大きいほど論理的な距離が遠く、小さければ小さいほど論理的な距離が近いことを意味します。通常は、IPパケットの転送時に始点ホストと終点ホストの間に存在するネットワークのメトリックの合計が最も小さくなるように経路制御が行われます。

5.6.3 自律システムとルーティングプロトコルの種類

ルーティングプロトコルは、ネットワークの規模や性質によって使い分ける必要があります。そのときの一つの目安となるのが、**自律システム**（**AS**：Autonomous System）です。

ASは、ルーティングに関して同一の考えに基づいて管理運営するネットワークを意味します。現在のインターネットの場合には、ASはプロバイダ（Internet Service Provider：ISP）とほぼ一致します。プロバイダからサービスを受けている会社や組織は、そのプロバイダというASの内部にあるネットワークと考えられます。

代表的なルーティングプロトコルを表5.1に示します。RIP、RIP2、OSPFはAS内部の経路制御で利用され、BGPはAS間の経路制御で使われます。AS内部で使われるルーティングプロトコルのことを**IGP**（Interior Gateway Protocol）といい、AS間で使われるルーティングプロトコルを**EGP**（Exterior Gateway Protocol）といいます。

▶ 表5.1　代表的なルーティングプロトコル

ルーティングプロトコル	下位プロトコル	方式	適応範囲	ループの検出
RIP	UDP	距離ベクトル	特定の組織内（AS内）	×
RIP2	UDP	距離ベクトル	特定の組織内（AS内）	×
OSPF	IP	リンク状態	特定の組織内や組織間（AS内）	○
BGP	TCP	経路ベクトル	不特定の組織間（AS間）	○

5.6.4 RIP（Routing Information Protocol）

RIPには、バージョン1とバージョン2の2つのバージョンがあります。バージョン1は、組織内のサブネットがすべて同じ大きさの場合だけ使えます。異なる大きさのサブネットで構成されている場合には、RIPバージョン2を使う必要があります。

RIPは**距離ベクトル**（distance vector）型のプロトコルと呼ばれます。RIPの基本は「**距離**」と「**向き**」で、図5.26のように働きます。

RIPでは自分が知っている情報を30秒間に1回ブロードキャストします。このパケットには2つの役割があります。

1. そのルータが正常に動作している（故障していない）ことを伝える
2. そのルータを経由して到達できるネットワークアドレスとメトリックを伝える

① ルータは自分が接続されているネットワークの情報を知っている

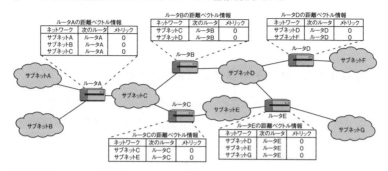

② 自分が持っている経路情報のメトリック(距離)に1を加えてから、30秒に1回ブロードキャストする
　 他のホストやルータから受け取った情報と比較して、メトリックが小さい情報を採用する
　 (スプリットホライズン機能により、そのネットワークから知った情報は同じネットワークに伝えない)

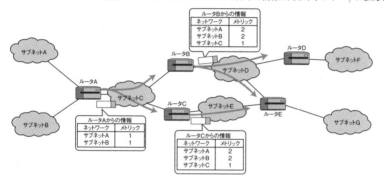

③ すべてのルータに情報が行き渡ったら正しく経路制御できる
　 (メトリックが同じ場合は、どちらにパケットを送っても正しく届く)

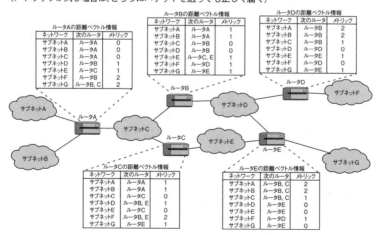

▶ 図5.26　RIPによる経路情報の伝達

RIPのメトリックは「経由するルータの数」です。到達できるネットワークアドレスは、次のようにして伝えます。

1. 自分のNICが接続されている「ネットワークアドレス」については、「メトリック1」として伝える
2. 他のルータから伝えられた「ネットワークアドレス」については、「1を加えたメトリック」を伝える

RIPでは、直接接続されているネットワークをメトリック0と考えます。そして、ルータを1つ経由するごとに、メトリックの値が1ずつ増えていきます。他のルータから受け取ったネットワークの情報を伝えるときには、メトリックの値を1増やしてから伝えます。これにより、ループがあるネットワークでも「メトリックが小さいほう」を選択することで経路を決定できます。

ルータは、RIPのパケットが来なくなると、ネットワークが切断されたと判断します。ただし、ノイズでパケットが破損した場合もパケットは来なくなるため、ネットワークとの接続が切れたと判断するまでの時間は、余裕をみて180秒間とします。

RIPはしくみが単純なので、広く利用されています。しかし、メトリックの最大値が15と決められており、メトリック16は通信不能であることを表すため、規模の大きなネットワークでは利用できません。また、ループの数が多いと切り替えに時間がかかるなどの問題点もあります。きめ細かい制御をしたい場合には、次に説明するOSPFが利用されます。

5.6.5 OSPF（Open Shortest Path First）

OSPFはリンク状態（link state）型のプロトコルです。RIPは「距離」と「向き」の情報を使っていましたが、OSPFでは次の2種類の情報を使って経路制御を行います。

1. **ルータリンク状態情報**（router-LSA：router Link State Advertisement）：ルータが接続しているネットワークアドレスの情報
2. **ネットワークリンク状態情報**（network-LSA：network Link State Advertisement）：そのサブネットに接続されているルータの情報

ルータリンク状態情報は、すべてのルータが、自分のNICに接続されているネットワークの情報から作成します。ネットワークリンク状態情報は、Ethernetなどのブロードキャスト型ネットワークに複数のルータが接続されている場合に作られます。接続されているすべてのルータがネットワークリンク状態情報を作成するわけではありません。1台のルータが**指名ルータ**（designated router）になり、その指名ルータがネットワークリンク状態情報を作成します。

OSPFでは、この2つの接続情報をやり取りすることで、個々のルータがネットワークのトポロジを把握して経路制御を行います。

これを身近な例にたとえると、「OSPFはジグソーパズル」のようなものだといえます（図5.27、図5.28）。

① 自分が直接接続されているネットワークの情報を作成（ジグソーパズルのピースを作る）

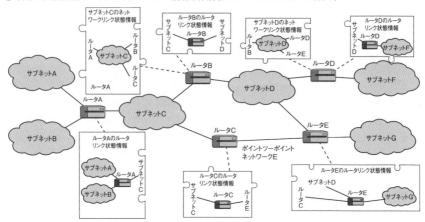

② 隣のルータ同士で情報を交換（ピースを複製してコピーする）

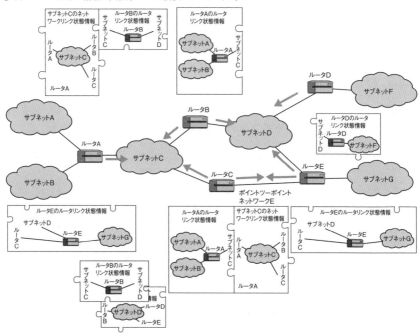

▶ 図 5.27　OSPF はジグソーパズル（1）

ネットワーク全体をジグソーパズルだと考えてください。個々のルータはジグソーパズルの1ピースの情報を知っています。この情報を次々に隣のルータにコピーして伝えます。ピースがすべて集まったら、ネットワークの全トポロジを把握することができます。そして、IPパケットの転送では、メトリックの合計値が小さくなるルートを選択します。

③ 情報が同期（すべてのルータの情報が同じになる）したら、そのトポロジから経路を決定する
（パズルを組み立て、最短経路を調べる）

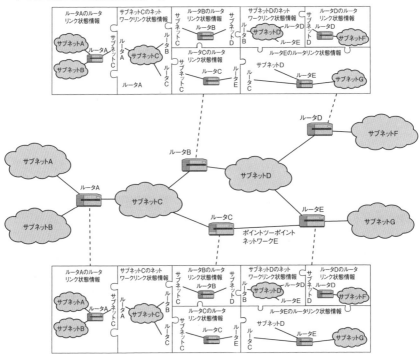

▶ 図5.28　OSPFはジグソーパズル（2）

RIPではルータ1つがメトリック1を表していましたが、OSPFではネットワークごとにメトリックの値を変えることができます。たとえば、帯域が大きいネットワークではメトリックを小さな値に、帯域が小さいネットワークではメトリックを大きな値にすることで、ネットワークをより効率的に使えるようになります。

5.6.6 BGP（Border Gateway Protocol）

BGPはプロバイダなどのAS間の経路制御に使われるプロトコルです。

図5.29はインターネットの概念図です。BGPで経路制御を行う組織には**AS番号**という固有の番号が割り当てられます。BGPはこのAS番号を使って経路制御を行います。

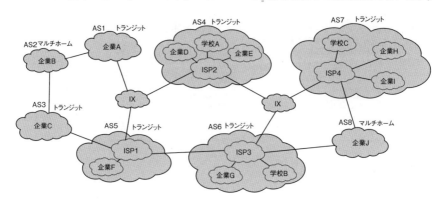

▶図5.29　AS

BGPでは、基本的には経由するASの数が少ない経路が選択されます。AS内部には複数のネットワークアドレスが存在していることが多いため、BGPによって作られるルーティングテーブルは莫大な大きさになります。

BGPでは、経路情報を伝播するのに、特定のネットワークアドレスに到達するまでに経由するAS番号の一覧表（**ASパスリスト**）を使います（図5.30）。ASは、ASパスリストを受け取ったら、そこに自分のAS番号を追加してから隣のASに伝えます。もしも受け取ったASパスリストに自分のAS番号が入っていたら、ループが起きているということなので廃棄します。これにより、ループがあるネットワークでも正しく経路情報を伝えることができます。

ASは、経路制御の観点からは次の3つに分類されます。

1. 他のAS間のパケットを中継する**トランジットAS**（transit AS）
2. 他のAS間のパケットを中継しないが、複数のASに接続されている**マルチホームAS**（multihomed AS）
3. 1つのASとしか接続されていない**スタブAS**（stub AS）

マルチホームASやスタブASは、トランジットASに回線費用を払わないと通信できません。トランジットASは、回線費用をもらっていないASについては、パケットの転送を行いません。BGPでは、このようなそれぞれのAS間の契約も経路制御に利用できるようになっています。

BGPで扱われるASは、社会生活にたとえるならば、独立国家のようなものといえる

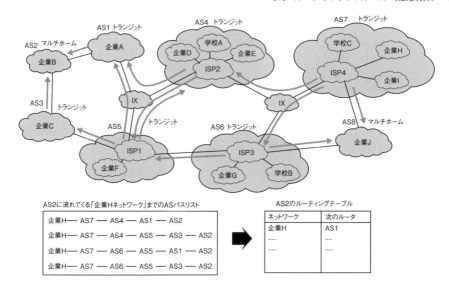

▶ 図 5.30　BGPによる経路情報の伝達

でしょう。それぞれのASは、独立してAS内部のネットワークの運用・管理を行っています。AS内部の運用・管理体制については、外部の組織による内政干渉は受けません。AS間で互いに通信できるようにするためには、国家間で外交関係を結ぶように、それぞれのAS間で通信に関する契約をしてから、BGPによる接続設定をしなければなりません。これをBGPでは**ピアリング**（peering）と呼びます。

インターネットには、**IX**（Internet eXchange）と呼ばれるポイントもあります（4.1.3項参照）。ここは、国家間の中立地帯のようなもので、それぞれのASを対等な関係で接続できる地点です。IXに接続していないASは、別のAS経由で間接的にIXと接続することになります。このとき、IXに近いASを上流AS、IXから遠いASを下流ASと呼びます。

5.7 コンピュータ内部のIPの処理

5.7.1 ホストの処理

IPパケット（IPデータグラム）送受信時の、ホストにおける処理の概要を図5.31に示します。

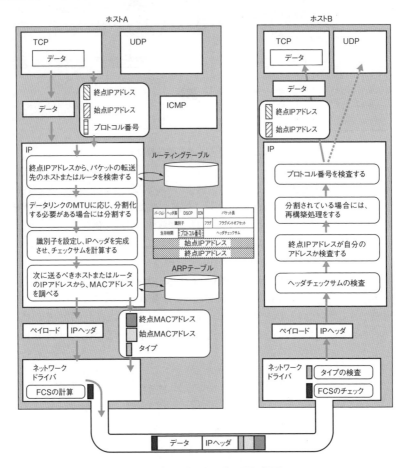

▶ 図5.31 ホストによるIPの処理

IPは、TCPやUDPなどの上位層から指示されたIPアドレスに向けて、データを送信します。IPの最も重要な役割は、ルーティングテーブルを検査して、次に送信すべきルータやホストを調べることです。送信すべき相手が見つかったら、その相手が接続さ

れているNICのMTUとデータ長を比較し、必要に応じて分割処理をします。

そして、識別子や生存時間を設定し、チェックサムを計算してIPヘッダを付加し、IPパケットの配送処理をします。Ethernetなどの場合には、次の送り先のMACアドレスがわからなければ送信できないので、ARPテーブルでMACアドレスを検索します。ARPテーブルにMACアドレスが登録されている場合には、そのMACアドレスを指定して、ネットワークドライバにIPパケットを送ります。MACアドレスが見つからない場合には、ARPプロトコルを実行し、MACアドレスを検索してから送信します。

ルーティングテーブルとARPテーブルを2回検索するのは、無駄に感じるかもしれません。処理の効率アップを図るため、ルーティングテーブルとARPテーブルが統合されて1つになっているOSや、ルーティングテーブルにARPテーブルへのリンク（ポインタ）があるOSがあります。このようなOSでは、ルーティングテーブルを検索するだけで、次に送信すべきルータやホストのIPアドレスとMACアドレスの両方を調べることができます。

受信側では、チェックサムの検査、分割されたIPパケットの再構築処理が行われます。そして、プロトコル番号に指定されているプロトコルのモジュールにペイロードが渡されます。

5.7.2　ルータの処理

ルータの最も重要な役割は、IPパケット（IPデータグラム）の転送処理です。受信したIPパケットのヘッダを検査し、終点IPアドレスが自分のIPアドレスの場合は、自分で処理します。自分のIPアドレス以外の場合は、転送処理をします。まず、パケットがループするのを防止するために生存時間を1減らし、IPパケットを転送してよいかチェックします（5.4.2項参照）。

転送処理をするときには、終点のIPアドレスから次に転送すべきルータを検索します。後は、ホストでIPパケットを処理するときと同じです。なお、ルータは転送するIPパケットの分割処理は行っても、再構成処理は行いません。さまざまな理由から、再構成処理は受信したホストの仕事と決められています。

IPパケットを転送するときにはエラー処理も行います。生存時間が0以下になってIPパケットを廃棄したときは、ICMP時間超過メッセージを作成して、IPパケットの送信元に送ります[1]。

ルーティングテーブルを検索してもエントリが存在しない場合があります（デフォルトルートが登録されていないときに起きる可能性があります）。このような場合には、ICMP到達不能メッセージを作成し、IPパケットの送信元に送ります。

---

[1] 2.5節で、tracerouteコマンドを実行して画面に表示されたルータのIPアドレスは、このようにして返ってきたICMP時間超過メッセージの送信元IPアドレスです。tracerouteコマンドは、生存時間を1から順に増やして送ることで、近いルータから順に、わざとICMP時間超過を発生させます。

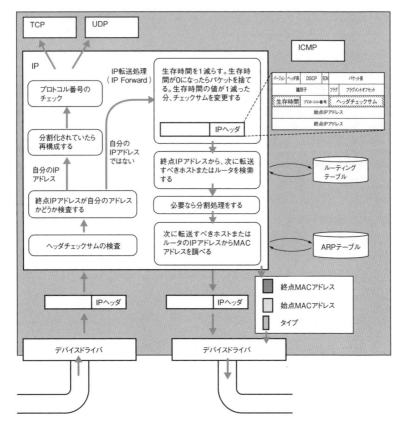

▶ 図 5.32　ルータによる IP の処理

5.7.3　ルーティングテーブルとARPの内部構造

　IPパケットを送信する処理は、実際にはさらに複雑です。図5.33に、IPパケットの送信処理をより細かく描いた図を示します。これは、図5.15のルータAについて細かく描いたものです。この図のルーティングテーブルは、図5.15に比べてかなり情報が増えています。エントリの数が増え、インターフェイスの欄、フラグの欄が追加されています。

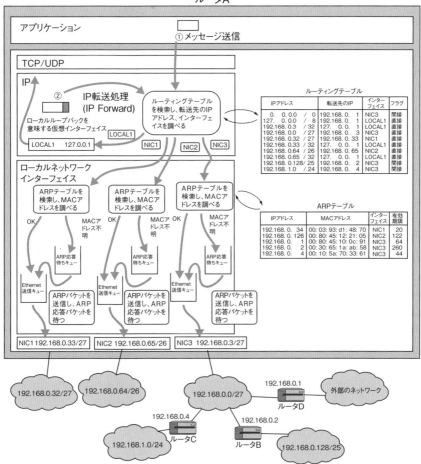

▶ 図 5.33　ルーティングテーブルとARPの内部処理

　実は、ルーティングテーブルの細かい内容は、機種やOSの種類によって異なります。**実装に依存する部分が多い**のです。IPプロトコル自体は、ルーティングテーブルの仕様を決めていません。このため、「ルーティングテーブルは必ずこうなっている」と言い切ることはできないのです。別の見方をすると、ルーティングテーブルは実装する人が自由に作ってかまわない、ということです。とはいっても、一般的な実装について知ることは、理解を深めるために重要です。

　多くの実装では、ルーティングテーブルにインターフェイスの欄があります。この欄はIPパケットを送出すべきインターフェイスを表しています。図5.33の場合には、NIC1〜NIC3の**ネットワークインターフェイス**と、LOCAL1という**ローカルループバッ**

クインターフェイスがあります。ローカルループバックインターフェイスは論理的な仮想インターフェイスで、物理的な NIC は存在しません。自ホスト内の 2 つのアプリで通信するときに使われます（ホスト名は localhost）。

インターフェイスの情報がある場合には、ルーティングテーブルを検索することで、IP パケットを送出すべき NIC がわかることになります。なぜ、ルーティングテーブルにこのような情報が必要なのでしょうか。

ルーティングテーブルを検索して転送先の IP アドレスがわかったとします。次に調べなければならないのは、どの NIC からパケットを送信するかということです。これはインターフェイスに付けられている IP アドレスのネットワーク部から調べることもできますが、検索に手間がかかります。Cisco Systems 社製のルータは NIC に IP アドレスを設定しないこともあり、このような場合には、送出するインターフェイスを識別する情報が必要になるのです。

また、図 5.33 のルーティングテーブルには、フラグの欄があります。これは、IP パケットを直接配送か間接配送のどちらで転送すべきかを表しています。直接配送ならば、IP パケットの終点 IP アドレスに送信しなければなりません。間接配送ならば、ルーティングテーブルで調べた次の転送先に送信する必要があります。図 5.15 の例では、「次の宛先」が自分の NIC に付けられている IP アドレスと同じならば直接配送だと判定しましたが、これでは検索に手間がかかります。このため、直接配送か間接配送かを示すフラグの付いた実装が多くなっています。

なお、ルーティングテーブルにインターフェイスとフラグが付いている実装では、直接配送のときの「次のルータ」を示す情報が入っていないことがあります。

ルーティングテーブルを検索して送出すべき NIC が決まったら、ARP テーブルを検索して MAC アドレスを検索します。ルーティングテーブルと ARP テーブルが統合されているシステムでは、ルーティングテーブルを検索したときに ARP テーブルの検索も終了します。

ARP テーブルに MAC アドレスの情報があった場合には IP パケットを送信できますが、なかった場合には ARP 要求パケットを送信する必要があります。IP パケットを ARP 応答待ちキューに格納し、ARP 要求パケットを送信します。ARP 応答パケットが戻ってきたら、ARP 応答待ちキューに格納されている IP パケットを送信します。

図 5.33 の ARP テーブルには、有効期間が書かれています。ARP テーブルに自動登録された情報は「キャッシュ」されますが、一定期間たつと削除されます。この制限時間の部分には、そのキャッシュが消去されるまでの秒数などが入っています。

図 5.33 には描かれていませんが、ルーティングテーブルや ARP テーブルの情報がどのようにして設定されたのかを表すフラグがあるのが普通です。ルーティングプロトコルや APR プロトコルなどで動的（ダイナミック）に設定されたのか、管理者によって静的（スタティック）に設定されたのかを意味します。ルーティングテーブルにしろ ARP テーブルにしろ、動的に設定された情報は一定期間が経過すると消去されます。

5.8 第5章のまとめ

この章では、次のようなことを学びました。

- IPアドレス、サブネットマスク、ルーティングテーブル
- ICMP
- ARP、IP分割処理、経路MTU探索
- ルーティングプロトコル、RIP、OSPF、BGP

インターネットを介して通信できるのはIPのおかげです。でも実際にはICMPやARP、ルーティングプロトコルなど、さまざまなプロトコルがIPに協力するために動いていることが理解できたと思います。

IPネットワークを構築するときに必要になるのがIPアドレス、サブネットマスク、ルーティングテーブルに関する知識です。これらについて理解するには2進数に関する知識が必要になります。3.4.3項や付B.2、付B.3を参照しながら理解を深めていってください。

IPには信頼性がありません。ふくそうが発生すると、パケットの取りこぼしや破棄処理が行われ、パケットが喪失する可能性があります。

これを解決するのが、次の章で説明するTCPです。TCPはインターネットのように、さまざまなネットワークが接続された複雑な環境下でも、問題なく通信できるように制御するプロトコルです。IPとの役割分担について考えながら読み進めてください。

第 **06** 章

TCPとUDP

TCP/IPで通信をするとき、TCPとUDPという性質の異なる2つのプロトコルの、どちらかを選択して通信をすることになります。
ネットワークシステムを構築するときには、TCPとUDPの性質の違いを理解し、性質にあったネットワーク環境を構築する必要があります。
この章では、TCPとUDPについて、役割や特徴、機能などを比較しながら説明します。

6.1 TCPとUDP

6.1.1 IPとTCP/UDP

第5章で見たように、IPは、IPネットワークのすべての機器が処理するプロトコルです。これに対して、この章で説明するTCPやUDPは、通信する両端のコンピュータの内部で処理するトランスポートプロトコルです。これは、図6.1のように、「IPを郵便」、「TCP/UDPを事務員さん」と考えれば理解しやすいでしょう。

郵便では、配達する人が会社の郵便受けまで郵便物を運んでくれます。これはIPがパケットを目的のホストまで運んでくれることに似ています。これで配達が終わったかといえば、そうではありません。郵便物の多くは、会社あてではなく、会社の特定の人あてに送られます。会社ではたくさんの人が働いているので、その人のデスクまで届ける必要があります。デスクまで届けるのは事務員さんの仕事です。この事務員さんの仕事をするのがトランスポートプロトコルです。通信しているアプリを識別し、そのアプリにメッセージを送り届ける役割があります。

TCP/IPでは、2つのトランスポートプロトコルが用意されています。**TCP**（Transmission Control Protocol）と **UDP**（User Datagram Protocol）です。このTCPとUDPによって、アプリ間の通信が可能になります。つまり、TCPとUDPの使い方さえ知っていれば、IPネットワーク内部の細かい構造を知らなくても、通信シス

221

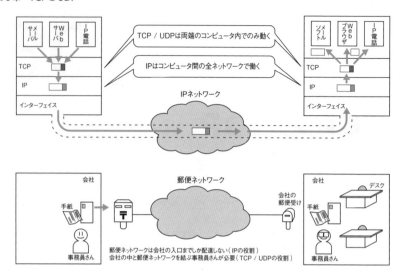

▶ 図6.1　IPとTCP/UDPの役割分担

テムを作ることができます。

　トランスポートプロトコルが2つあるのには理由があります。アプリにとって、どのようなネットワークサービスが必要かを十分に検討した結果、最低でも、性質の異なる2つの通信プロトコルが必要だと結論付けられました。それがTCPとUDPだったのです。

　TCP/IPでシステム構築をする場合には、TCPとUDPの性質の違いを十分に理解して、それぞれのプロトコルを使い分けることが大切です。

6.1.2　クライアント/サーバモデルとポーリング/セレクティング方式

　TCP/IPは、クライアント/サーバモデルの通信を実現します。サーバはサービスを提供するアプリで、クライアントはサービスを要求するアプリです。

　クライアント/サーバモデルでは、図6.2の左のように、クライアントからサーバに対してサービスを要求する形で通信が開始されます。サーバは自発的には何もしません。クライアント主導でサービスが行われます。これは、不特定多数のコンピュータにサービスを提供するのに向いています。

　これに対し、ポーリング/セレクティング方式という方法もあります。図6.2の右のように、マスターからのサービス受付通知が届いてから、スレーブがマスターにサービスを要求する方式です。この方式では、マスター主導でサービスが行われます。マスターからスレーブに何か要求がないか順番に尋ねることを**ポーリング**（polling）といい、マスターがメッセージを送りたいスレーブに受信要求を送ることを**セレクティング**（selecting）といいます。インターネットでは、ポーリング/セレクティング方式の

 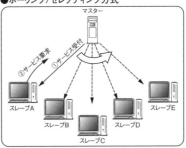

▶ 図6.2　クライアント/サーバモデルとポーリング/セレクティング方式

サービスはほとんどありません。ただし、マスターをクライアント、スレーブをサーバと考えると、1つのクライアントから複数のサーバに順番に問い合わせるような巡回ソフトやシステム管理をポーリング型のサービスと呼ぶことがあります。

6.1.3　TCPとUDPとポート番号

　TCPやUDPがコンピュータの内部でどのような仕事をするのか見ていきましょう。マルチタスクのシステムでは、図6.3のように、たくさんのプログラムが動いています。実際の通信は、コンピュータとコンピュータの間で行われるのではなく、プログラムの実行単位であるプロセスやスレッドの間で行われます。このため、IPによって運ばれてきたデータを受け取ったコンピュータでは、そのデータを実際に通信しているプロセスやスレッドに正しく受け渡す必要があります。この「受け渡しの処理」がTCPやUDPの最も重要な役割になります。

　TCPやUDPでは、どのアプリとどのアプリが通信しているかを、**ポート番号**（port number）という16ビットの数値を使って識別します。実際には、次の5つの数値の組み合わせで通信が識別されます。

- 終点IPアドレス・始点IPアドレス
- 終点ポート番号・始点ポート番号
- プロトコル番号（TCP=6、UDP=17）

　この5つの数値のうち、1つでも値が異なれば、違う通信と見なされます。これらの5つの数値は、通信を識別するための**アソシエーション**（association）と呼ばれます。2.6.2項で説明したnetstatコマンドで表示される情報は、このアソシエーションです。

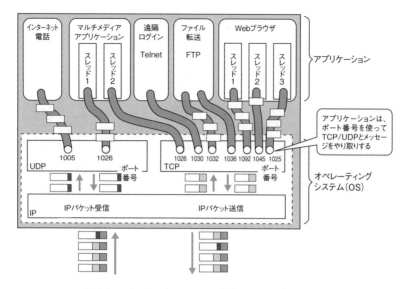

▶ 図6.3　プロセスやスレッドに渡すデータをポートで管理

6.1.4　ソケットインターフェイス

　TCPやUDPのプロトコル処理では、アソシエーションと呼ばれる5つの数値の組み合わせで通信を識別します。これらの数値は誰が決めるのでしょうか？　通信プロトコルとしてのTCPやUDPは、通信相手のIPアドレスやポート番号の管理方法を定めていません。これらの値を決めたり管理したりする方法は、プロトコルスタックの実装に依存しており、決まっている方法ではありませんが、通常は通信するアプリやOSが管理します。

　クライアントがサーバに通信するとき、TCP/UDP/IPモジュールにサーバのIPアドレスとポート番号を指定するのはアプリです。アプリがシステムコールを使ってIPアドレスとポート番号をOSに伝え、その設定に従うように**ネットワークモジュール**（トランスポートモジュールとインターネットモジュール）がパケットを作成して通信を行います。

　アプリとネットワークモジュールとの間の仲立ちをするインターフェイスの代表に、**ソケット**（socket）があります。ソケットはTCP/IPプロトコルとして決められている機能ではなく、TCP/IPプロトコルを動かすために必要となるインターフェイス（API）の一つです。ソケットは、もともとBSD系UNIX用に作られたものですが、現在の多くのシステムがソケットインターフェイスを採用しています。

　ソケットは、ネットワークモジュールが動作するために必要な処理をします。アプリが使用しているIPアドレスやポート番号を管理したり、パケットの送受信に必要なバッファ（キュー）の管理をします。`netstat`コマンドにより表示される情報は、ソケッ

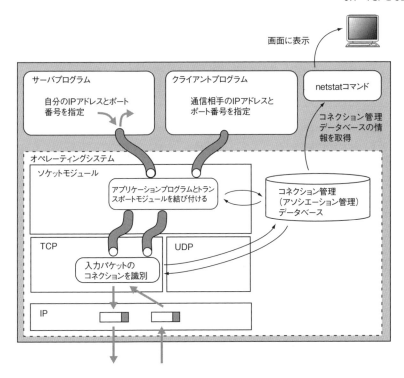

▶ 図6.4 ソケットインターフェイス

トが管理しているデータベースと考えてかまいません。

　図6.5を参照しながら、実際の接続の様子を説明しましょう。サーバプログラムは、特定のポート番号を開いてクライアントからの接続を待ちます。図6.5では、左側のサーバはTCPのポート番号80番で接続を待っています（80という数字の脇にある「＊」という記号は、相手のポート番号を指定していないことを表しています）。

　そのポートに向かって、クライアントからサービス要求が来ます。サーバのポート番号が決まっていないとクライアントは接続を要求できないので、サーバプログラムを実行するときには、サーバが接続を待つポート番号を決めておく必要があります。

　サーバ側のポート番号は、サーバプログラムを動かす人が勝手に決められますが、Webや電子メールなど、インターネットで広く使われるポート番号はあらかじめ決まっています。Webなら80番で電子メールなら25番です。あらかじめ決められている代表的なポート番号を付C.1、付C.2に示してあります。

　クライアント側のポート番号は、許可されている番号であれば何番でもかまいません。通常は、クライアントプログラムではポート番号を指定せず、OSに割り当ててもらいます。OSは自分のコンピュータ内でポート番号が重ならないように割り当てます。

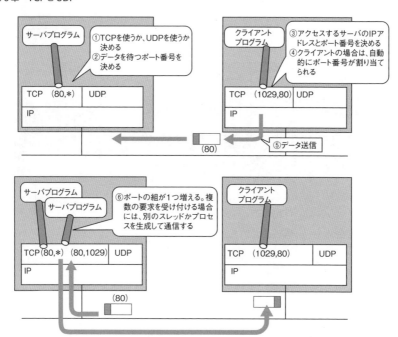

▶ 図6.5　ポートを使った通信

図の場合には1029番を割り当てています。

　通信が開始されると、サーバ側では、ポート番号（80, *）と（80,1029）の2つのポートでパケットを待つことになります。多くのシステムでは、新しい通信が開始されると、新しいポートによる通信を専門に処理するプロセスやスレッドを生成します。そして、要求を待つサーバプログラムは（80, *）で接続を待ち続け、要求を処理するサーバプログラムはポート番号（80,1029）のパケットを処理し続けます。

　ただし、これだけでは、ほかのコンピュータから同じ（80,1029）のポート番号でパケットが送られてくると区別できなくなってしまいます。この問題を避けるため、正確にはポート番号だけでなく、サーバとクライアントのIPアドレスも含めたアソシエーションにより通信が管理されているのです。ほかのコンピュータからポート番号（80,1029）のパケットが届けられても、アソシエーションにより正しく通信を区別できます。

6.1.5 TCPとUDPの特徴の違い

アプリの種類によって、ネットワークに要求する機能が異なります。たとえば、アプリによってはメッセージが送信先に正しく届く必要があります。複数の相手に同じメッセージを一度に送信したい場合もあるでしょう。メッセージがパケット単位で送信されることを望むアプリケーションもあれば、1バイトずつ順番が変わらないことを望むアプリもあるでしょう。

これらの要求を満足するプロトコルが提供されていないと、個々のアプリの作成者がそれぞれの機能を作り込まなければなりません。これでは、アプリ開発者の負担が増えることになります。かといって、すべての要求に応えられるだけたくさんのトランスポートプロトコルを作るのは困難です。そこで、アプリケーションからのさまざまな要求を実現するために、最低限必要な基本的なサービスとして、プロトコルが2つだけ作られました。それがTCPとUDPです。

TCPとUDPの機能を一言で説明すると、TCPは「信頼性があり、全二重で1対1通信を実現するストリーム型のプロトコル」で、UDPは「アプリケーションから渡されたデータを、IPを使ってそのまま送信するプロトコル」です。

TCPとUDPの特徴をまとめると、表6.1のようになります。TCPは、大量のメッセージを確実に転送したい場合に向いています。UDPは、小さなメッセージを送信したい場合や、画像、音声をリアルタイムで送信したい場合に向いています。

▶ 表6.1　TCPとUDPの違い

プロトコル	信頼性	即時性	通信相手の数	転送タイプ	フロー制御	ふくそう制御
TCP	ある	小さい	1対1	ストリーム型	あり	あり
UDP	ない	大きい	1対1、1対多	データグラム型	なし	なし

6.2 IPそのままのUDP

6.2.1 UDPの役割

UDPは、「IPにポート番号とチェックサムが付いただけ」と表現されることがあります。これは、IPの機能に次の2つの機能が追加されただけだということです。

- データが壊れていないことを保証する
- アプリ間の通信を実現する

実際にUDPで追加された機能はこの2つだけです。このため、図6.6に示すように、UDPによる通信ではパケットが失われてしまうことがあります。UDPは複雑な制御を一切しないため、単純なプロトコルになっています。このため、送信しなければならないデータ量が少ない通信には向いています。

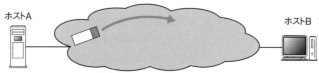

UDPは、送りたいときに送りたいだけ、相手に向けてパケットを送信できる

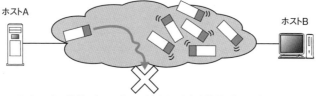

ネットワークの混雑により、パケットが失われても何も特別な処理は行わない

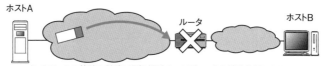

ネットワークの故障や障害、通信相手のコンピュータの故障などにより通信不能の場合でも、データパケットを送信できる

▶ 図6.6　UDPによるデータ転送

UDPは図6.7のようなヘッダ構造になっています。IPに終点ポート番号、始点ポート番号、パケット長とチェックサムが付いているだけということがわかるでしょう。

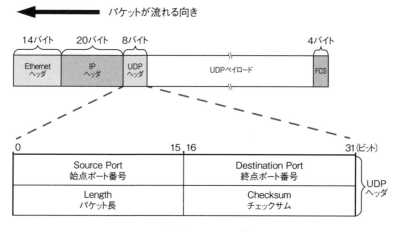

▶図6.7　UDPヘッダ

6.2.2　UDPによるデータの信頼性

UDPでは、チェックサムによってパケットが壊れていないことを保証します。図6.8で影を付けた部分がUDPのチェックサムによって保証される部分です。

チェックサムを計算するときには、UDPのヘッダとデータだけでなく、UDP疑似ヘッダと呼ばれる情報も計算に使用します。UDP疑似ヘッダは、始点・終点IPアドレスやプロトコル番号、パケット長などで構成され、チェックサムの計算にだけ使われます。実際にネットワークに流れることはありません。このような疑似ヘッダを使用することで、UDPのヘッダとデータだけではなく、始点・終点IPアドレスやプロトコル番号、パケット長が正しいことも保証されます[†1]。

なお、UDPのチェックサムはオプションになっていて、無効にすることもできます。無効にすると信頼性が低くなりますが、チェックサムの計算処理が不要になるため、より高速なデータ転送が可能となります。

無効にする場合には、チェックサムのフィールドのビットをすべて0にします。しかし、それでは、チェックサムの合計が0になった場合と区別がつかないと思われるかもしれません。85ページのコラム「2の補数と1の補数」で、1の補数表現では2種類の0を表せると説明したことを思い出してください。チェックサムが有効になっているときにチェックサムの合計が0になった場合には、すべてのビットを1にすることで、チェックサムが有効か無効かを区別できるようにしています。

[†1] UDPヘッダにもUDP疑似ヘッダにも「パケット長」が含まれているのは、疑似ヘッダのフォーマットがTCPのものと同一にする都合です。

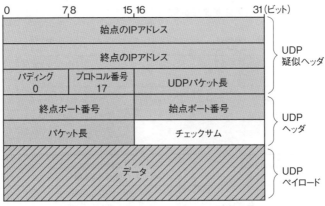

▶ 図6.8　UDPの疑似データとチェックサム

■ UDPとTCPで、チェックサムの計算に疑似ヘッダを含める理由

　UDPだけではなく、TCPでもチェックサムの計算に疑似ヘッダを含めます。なぜでしょうか？　その理由は、

　　　IPヘッダには信頼性がない

からです。UDPやTCPは、経路の途中にあるルータを信用しません。IPヘッダのフィールドのうち、自分にとって壊れていては困る部分を、疑似ヘッダとしてチェックサムの計算に含めることで、下位層の情報の信頼性を自分で確認できるようにしているのです。
　それでは、UDPやTCPから見てIPヘッダに信頼性がないのはなぜでしょうか？　その理由はIPヘッダのチェックサムを誰が計算するかを考えるとわかります[†2]。
　IPヘッダは、中継するルータによって書き換えられます。具体的には、生存時間が1減らされます。このため、IPヘッダのチェックサムは、ルータを経由するたびに変化することになります。終点ホストに届いたときのIPヘッダのチェックサムは、始点ホストが計算したものではなく、隣のルータが計算したものです。終点ホストでIPヘッダのチェックサムを確認すれば、「隣のルータから終点ノードに届くまでにIPヘッダが壊れてない」ことはわかります。しかし、IPヘッダのチェックサムは、「始点ホストから終点ホストに届くまでにIPヘッダが壊れてない」ことの判断には使えないのです。極端に言えば、途中のルータにバグがあり、IPヘッダを壊してからチェックサムを再計算していた場合、チェックサムは正しいのにIPヘッダは正しくない、ということが起こり得てしまうのです。

[†2] IPヘッダのチェックサムは、ほとんど意味がないため、IPv6では削除されました。

6.3 非常に複雑なTCP

6.3.1 TCPの役割

TCPの役割を一言でいえば「アプリを作る人が楽ができる環境を提供する」ことです。

IPネットワークには、5.1.2項で説明したように、さまざまな制限事項があります。IPでは、送信したパケットが喪失したり、順番が入れ替わったり、データが壊れる可能性があります。

また、4.4節で説明したふくそうの問題もあります。ネットワークの環境も人それぞれです。回線速度が64kbpsのネットを使ってインターネットに接続している人もいれば、1Gbpsの高速LAN回線を使っている人もいるでしょう。

高速な回線を利用するときには高速な通信ができ、低速な回線でもその回線でできる限りの通信ができるのが理想です。ネットワークが空いているときには帯域を使い切り、ネットワークが混雑してきたらパケットの送信量を減らすなどのしくみも必要です。

かといって、接続されているネットワークの回線速度を特定の値に仮定してプログラムを作ってしまっては困ります。想定した回線速度よりも低速だったときは、いつもふくそう状態になってたくさんのパケットが喪失してしまったり、また逆に、想定した回線速度よりも高速だったときは、その回線速度を生かせないことになってしまいます。

利用者の環境を考えてアプリを作成することは、とても大変です。実際、UDPを使ったアプリを作るときには、利用者の環境を想定しなければならない場合があります。単純なプロトコルの場合にはいいのですが、UDPを使ってインターネットのような複雑な挙動をするネットワークで高性能な通信ができるシステムを作ることは、とても大変です。

TCPはこれらの問題点を解決してくれるプロトコルです。つまり、TCPのおかげで、アプリを作る人は、ネットワークの細かい挙動について意識することなく、高性能な通信ができるプログラムをたやすく作ることができます。ふくそうが発生したらパケットの送信量を減らし、ふくそうから回復したら送信量を増やしてくれます。パケットが喪失しても、再送処理により復元してくれます。64kbpsでも通信でき、100Mbpsならばその回線速度を生かすように、自動的に制御してくれるのです。

TCPは図6.9のようなヘッダ構造になっています。UDPに比べて非常に複雑な構造になっていることがわかるでしょう。TCPでは、この複雑なヘッダ情報を利用して、信頼性があり効率の良い通信を実現します。TCPヘッダの各項目について詳しく知りたい場合には、付A.6を参照してください。

TCPヘッダにはTCPのパケット長が含まれていません。TCPのパケット長は、IPヘッダにあるヘッダ長とパケット長の値から計算することになっています。ということは、IPヘッダのヘッダ長やパケット長が壊れていたら、TCPの信頼性が保証されないこ

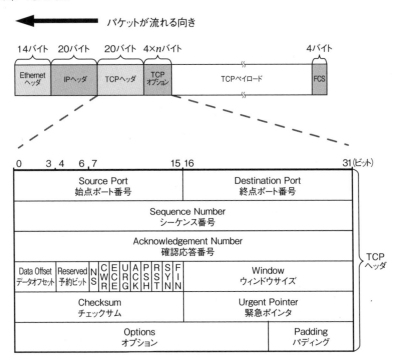

▶ 図6.9　TCPヘッダ

とになってしまいます。でも心配ありません。TCPは下位層であるIPを信用しておらず、自分にとって必要な情報は、正しいかどうかを自分で確認できるようになっています。TCPの下位層が、IPv4からIPv6やその他のプロトコルに変わっても、TCPで決められているしくみはそのまま実現できるのです。

6.3.2　セグメント単位でデータを送信

アプリが大量のメッセージ送信をTCPモジュールに要求した場合、TCPモジュールはアプリから渡されたメッセージを、ある一定量の大きさ以下に区切ってから送信します。この区切られたメッセージのことを**セグメント**（segment）と呼び、TCPが区切るメッセージの最大バイト長を**最大セグメント長**や**MSS**（Maximum Segment Size）と呼びます。

TCPでは、最初に最大セグメント長を決定してから通信を開始します。できるだけ無駄が少なく効率の良い通信ができる値に決定します。理想的な最大セグメント長は「通信経路上で分割処理（IPフラグメンテーション）が起きない最大の大きさ」です。

セグメント長が小さいと、1つのパケットに占めるデータの割合が小さくなってしまいます。IPヘッダが20バイト、TCPヘッダが20バイトあるので、もしもパケットに

含まれるアプリケーションメッセージが20バイトしかなかったとしたら、アプリケーションメッセージを送っているのか、ヘッダを送っているのかわからなくなります。これは、1kgの荷物を2kgの箱に入れて送るようなもので、とても無駄が多いことがわかるでしょう。

そうかといって、セグメントを大きくすればよいというわけではありません。セグメントが大きくなると、IPフラグメンテーションが発生する確率が上がります。IPフラグメンテーションが発生すると、セグメントが喪失したときの再送時に無駄が生じます。

たとえば、IPフラグメンテーションによりIPパケット（IPデータグラム）が経路の途中で3つに分割され、その3つのIPパケットのうちの1つがふくそうなどによって喪失したとします。部分的にはアプリケーションメッセージが届いているにもかかわらず、これらはすべてIPモジュールによって廃棄されてしまいます。そのため、すべてのアプリケーションメッセージを再送しなければなりません。これでは、せっかく届いたセグメントが無駄になってしまいます。

このため、TCPモジュールはできるだけ無駄が少なくなる長さを考えて、最大セグメント長を決定します。TCPの再送制御やふくそう制御では、最大セグメント長を考慮して処理が行われます。

6.3.3 再送制御による信頼性の提供

IPは、IPパケットを目的のコンピュータまで運んでくれますが、目的のコンピュータに確かに届いたかどうかは保証してくれません。それを保証するのはTCPの最も重要な役割です。

TCPでは、両端のホスト間でデータが届いたかどうかを確認し合いながらセグメントを送信します。データが届いたことの連絡を、**確認応答**や、**ACK**（アック：ACKnowledgement）といいます。

送信するデータは、**シーケンス番号**（sequence number）と呼ばれる連続した番号が付けられてから送られます。この番号は1バイト単位で付けられます。送信するデータが1460バイト単位の場合には、シーケンス番号は1セグメントごとに1460ずつ加算されることになります。シーケンス番号を使うことで、IPパケットの順序が入れ替わった場合でも、元の正しい順序に直せるようになります。

確認応答では、次に受信すべきシーケンス番号を返します。つまり、図6.10のように、シーケンス番号が2920で1460バイトのセグメントを送ったときには、次に受け取るべきセグメントのシーケンス番号は4380なので、確認応答の値は4380になります。

234 第6章 TCPとUDP

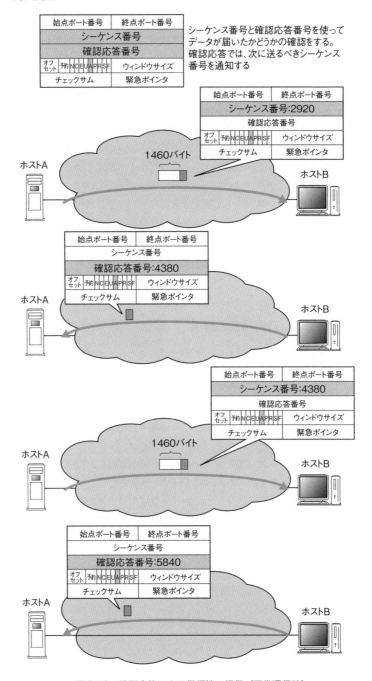

▶ 図6.10 確認応答による信頼性の提供（正常通信時）

データセグメントの送信元ホストに確認応答が届かなかった場合には、データセグメントが失われたと判断します。たとえば、図6.11のように、シーケンス番号が2920のデータセグメントが途中で失われてしまった場合には、送信ホストには確認応答が来ません。もしも、セグメントを送信してから一定時間たっても確認応答が来なかったら、セグメントが失われたと判断して、同じデータを格納したセグメントをもう一度送ります。これを**再送処理**といいます。

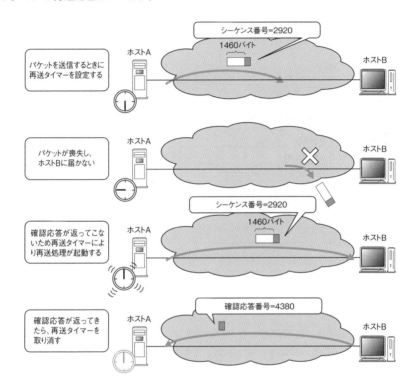

▶ 図6.11　確認応答による信頼性の提供（パケット喪失時）

セグメントが失われたと判断する時間は、正常通信時にセグメントを送信してから確認応答が返ってくるまでの時間と、その**ジッター**（jitter：揺らぎ）を計測した値から決めます。そして、セグメントを送信するたびに、その時間にタイマー（3.2.6項参照）をセットします。タイマーがタイムアウトしたときは、セグメントが失われたと判断して再送処理をします。

BSD系UNIXをはじめとする多くのTCP実装では、タイムアウトによる再送時間は最短で1秒になっています。ですから、タイムアウトが発生した場合には、セグメントの到着が1秒以上遅れることになります。

6.3.4 TCPの内部変数（TCB）と入出力バッファ

　データの到達性に関する信頼性を提供するためには、セグメントを送受信する2つの TCPモジュール間で、シーケンス番号と確認応答番号の値を記憶しておかなければなりません。

　TCPモジュールの内部には、このような情報を格納するためのデータベースが備えられています。これを **TCB**（Transmission Control Block）と呼びますが、本書では「TCPの内部変数」と呼ぶことにしましょう。TCPの内部変数には、基本的に表6.2のような情報が格納されます（詳細はOSなどの実装ごとに異なります）。

▶ 表6.2　TCPの内部変数に格納される情報

TCPの内部変数	説明
snd.una (send unacknowledged)	まだ確認応答されていないシーケンス番号
snd.nxt (send next)	次に送るシーケンス番号
snd.wnd (send window)	送信ウィンドウ
snd.cwnd (send congestion window)	ふくそうウィンドウ
iss (initial send sequence number)	シーケンス番号の初期値
mss (maximum segment size)	送信セグメントの最大長
rtt (round-trip time)	セグメントを送ってから確認応答を受信するまでにかかった時間
rcv.nxt (receive next)	次に受信するデータセグメントのシーケンス番号
rcv.wnd (receive window)	受信ウィンドウ
irs (initial receive sequence number)	確認応答番号の初期値

　実際の内部変数は、表の説明よりもはるかに多い情報を管理しています。TCPモジュールは、このような情報を管理し制御することで、信頼性の提供、フロー制御、ふくそう制御を実現します。

　TCPの内部変数は、次の項で説明するコネクションごとに管理されます。つまり、コネクションを1つ確立するたびに、1つのTCPの内部変数データベースが用意され、そのデータベースはそれぞれのコネクションに独立して管理されることになります。

　また、TCPでは、コネクションごとに送受信のメッセージを格納するバッファが用意されます。これは、TCPによる通信の信頼性と高スループットを実現するためのものです。TCPの内部変数とバッファは、アプリケーション（セッション層）からの指示に従って、作られたり消去されたりします。

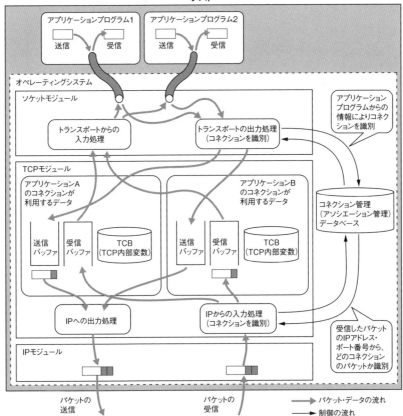

▶ 図6.12　TCPの送受信バッファと内部変数

6.3.5　コネクションの管理

TCPでは、データセグメントの送信を開始する前に、通信相手との間で**コネクション**を確立します。そして、通信が終了したら、コネクションを切断します。

コネクションを使うことで、通信不能なコンピュータに無意味なデータを送信することを防ぎます。また、通信がいつ始まり、いつ終わったかをきちんと管理できます。

コネクションを確立するには、図6.13のように、TCPヘッダだけからなるセグメントを3つ送り合います（**3ウェイハンドシェイク**）。通信が終了したら、図6.14のように、4つのセグメントを送り合ってコネクションを切断します。

正しいシーケンス番号のセグメントが来たかどうかや、途中で抜けがないかどうかを受信側で判断できるようにするためには、コネクションを確立する両方のTCPモジュールで、シーケンス番号の初期値（iss）と確認応答番号の初期値（irs）を一致させておく必要があります。

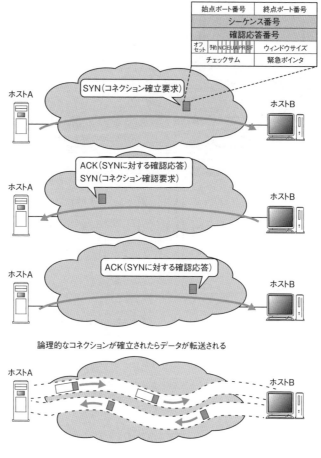

▶ 図6.13　TCPコネクションの確立

　シーケンス番号を0から始めればよいように思えるかもしれませんが、TCPではそうはしません。0から始めると、コネクションの確立と切断を繰り返したときに、シーケンス番号が0に近いデータセグメントばかりが送られることになります。そうすると、何らかの原因でネットワーク中をさまよっていた別のコネクションのTCPセグメントが後から届いたときに、誤って受信してしまう可能性があります。このような問題が発生することを避けるため、TCPではコネクションを確立するたびにシーケンス番号の初期値をずらすことになっています。

　シーケンス番号のように離れたホスト同士で記憶する情報を一致させる作業を、**同期**といいます。英語ではシンクロナイズ（synchronize）といい、TCPにおける接続の確立要求のことを、synchronizeの頭の3文字をとって**SYN**（シン）と呼んでいます。

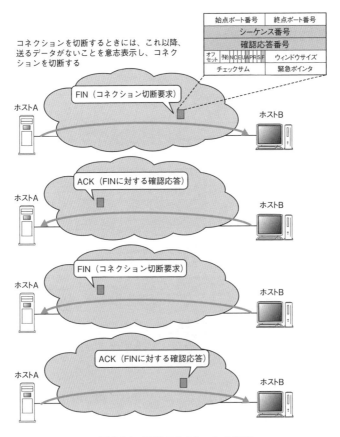

▶ 図6.14　TCPコネクションの切断

6.3.6　フロー制御（ウィンドウフロー制御）

図6.15のように、1パケットごとにデータセグメントの送信と確認応答セグメントをやり取りしていたのでは、大きな**スループット**（throughput）を得ることはできません。4.3.3項でも説明しましたが、スループットとは単位時間あたりに処理できる仕事量を意味し、コンピュータやネットワークの性能を表す言葉としてよく使われます。

TCPでは、スループットを向上させるために、一度に複数のデータセグメントを送信します。確認応答を受信するまでに送信できるデータセグメントの量を**ウィンドウ**といいます。ウィンドウを大きくすれば、データ転送のスループットを向上させることができます。かといって、図6.16の上のように、いっぺんにたくさんのデータセグメントを送ったのでは、受信側のコンピュータが受信しきれずに取りこぼしてしまう可能性があります。これは、受信側のコンピュータの処理能力が小さい場合や、受信側のアプリの処理が一時的に停止されている場合に起こります。受信側がデータを取りこぼした

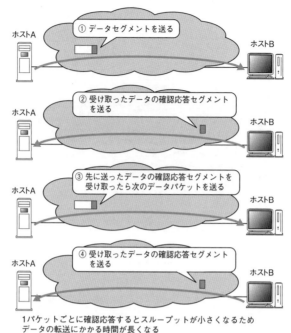

▶ 図6.15　1パケットごとの確認応答（ストップアンドウェイト型）

ら、そのデータを再送しなければならなくなり、帯域の無駄使いになってしまいます。特に、ネットには家電製品からスーパーコンピュータまでさまざまな能力のコンピュータがつながっていることを忘れてはいけません。能力の異なるコンピュータ間で通信しても、パケットの取りこぼしが起きないことが効率的な通信を実現するために必要なことなのです。

このため、TCPでは、図6.16の下の図のように、データを受信する側のコンピュータが、データ受信用に準備しているバッファの大きさを知らせます。そして、送信側のホストは、通知されたサイズに合わせてデータを送信します。このような制御を**フロー制御**（flow control：流量制御）といいます。この受信可能なバッファサイズのことを**ウィンドウサイズ**（window size：rcv.wnd）といいます。

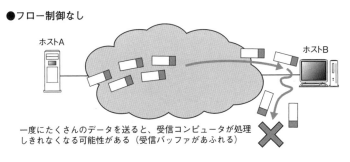

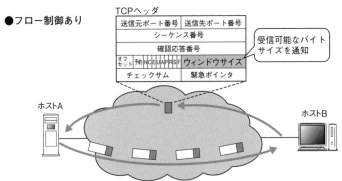

▶ 図6.16　フロー制御

6.3.7　ふくそう制御

　一度にたくさんのコンピュータが大量のパケットを送信すると、ネットワークがパンク状態になってしまいます。パンク状態になってもそのままパケットを送り続けたら、どうなるでしょうか。ルータでパケットが失われ、そのパケットを送り直さなければならなくなります。しかし、何も考えずにすぐに送り直すと、送り直したパケットでまたネットワークが混雑してしまい、送り直したパケットも失われてしまいます。このようなことの繰り返しでは、いつまでたってもパケットが相手のホストまで届かないことになってしまいます。

　そこでTCPは、図6.17のように、ネットワークの混雑度を推測してデータセグメントの送信量を制御します。TCPには、ネットワークが空いているときには帯域を使い切るほどたくさんのデータセグメントを流し、混雑しているときにはデータセグメントの送信量を少なく抑えるようなしくみが備わっているのです。

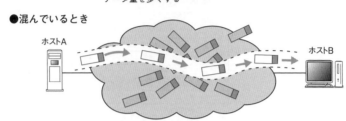

▶ 図6.17　ふくそう制御

　混雑度を推測するのは非常に難しいため、TCPではネットワークの混雑の度合いを単純化して考えています。それは、「ネットワークが混雑しているからパケットが損失する」という考え方です。確認応答のタイムアウトが発生したら、ネットワークが混雑していると考えて送信側で送信データ量を少なくし、タイムアウトが発生しなくなったら、ネットワークが空いていると考えて送信データ量を多くします。

　具体的には、送信側で**ふくそうウィンドウ**（snd.cwnd）という値を定義し、タイムアウトが発生したら、ふくそうウィンドウを小さくします。そして、確認応答が来るたびに、ふくそうウィンドウを大きくしていきます。データセグメントが失われなければ、受信ホストから通達されるウィンドウの大きさまで、確認応答を待たずにデータセグメントを送るようになります。TCPのふくそう制御の詳細なアルゴリズムについては、Tahoe、Reno、new Reno、Compound TCP、CUBIC TCPなど、たくさんのアルゴリズムが提案されており、OSやバージョン、設定によって使われるアルゴリズムは異なっています。

■ フロー制御とふくそう制御の違い

フロー制御とふくそう制御の違いがわかりにくいかもしれません。違いを一言で説明すると、次のようになります。

- フロー制御は、**通信相手の受信キューがあふれない**ように、送信パケットを制御する
- ふくそう制御は、通信相手との**経路上にあるルータやハブのキューがあふれない**ように、送信パケットを制御する

フロー制御もふくそう制御も、キューがあふれないようにするという点は同じですが、どこのキューかが異なります。フロー制御は通信相手だけを考えます。ふくそう制御はネットワークのことを考えます。このように、目的を考えて、それぞれに適したアルゴリズムを考案し、シミュレーションを行い、実装と実験を繰り返しながら、TCPは発展してきたのです。

6.3.8　TCPにおけるデータの信頼性

TCPも、UDPと同様に、データが壊れていないことを保証するためのチェックサムが使われています（6.2.2項参照）。しくみはUDPと同じで、図6.18の影を付けた部分、すなわちIPアドレスを含めたヘッダとデータのすべての情報が正しいことを保証します。ただし、UDPとは違い、TCPではチェックサムを無効にすることはできません。

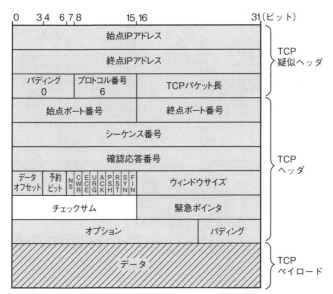

チェックサムは、グレーの部分の値が壊れていないことを保証する。
ヘッダのすき間であるパディングの部分にはすべて0が入る

▶ 図6.18　TCPのチェックサム

6.4 コンピュータ内部のUDPとTCPの処理

6.4.1 UDPの内部処理

UDPでデータを転送する際のコンピュータ内部の処理の概要を図6.19に示します。UDPの処理は基本的に、ポート番号を識別する処理と、データ全体のチェックサムを計算する処理だけです。次項で説明するTCPの処理と比較すると、いかにUDPが簡素なプロトコルであるかがわかるでしょう。

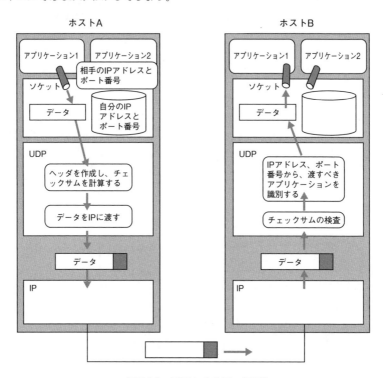

▶ 図6.19　UDPによるデータ転送

ただし、UDPはコネクション指向ではないので、実際の動作はもう少し複雑になります。

ホストにEthernetと無線LANなどの2つのNICがある環境では、どちらのNICからパケットが出ていくかで、始点IPアドレスが変わります。このようなときには、IPでルーティング処理をしてからでなければ始点IPアドレスが決まりません。始点IPアドレスが決まらないとUDP疑似ヘッダが作成できません。疑似ヘッダが作れなければ

UDPのチェックサムを計算できず、UDPのヘッダが作れなくなります。このような理由で、UDPヘッダを完成させるためには、その前にIPでルーティング処理をしなければなりません。

6.4.2 TCPの内部処理

TCPでデータを転送する際のコンピュータ内部の処理の概要を図6.20に示します。TCPはUDPと比べるととても複雑です。それは、信頼性の提供と、ネットワークの利用効率を高めるための工夫によるものです。

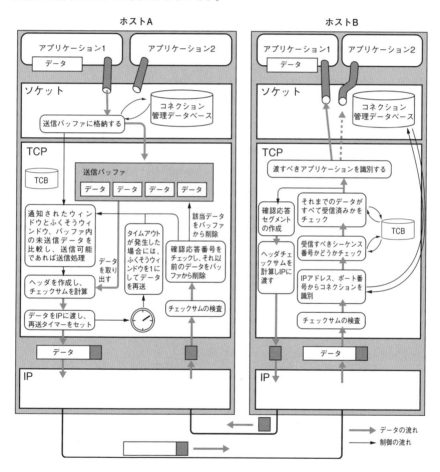

▶ 図6.20 TCPによるデータ転送の内部処理

246 第6章 TCPとUDP

TCPでは、データセグメントが失われたら送り直さなければなりません。このため、送信するアプリケーションメッセージは必ずバッファに格納され、相手から確認応答されるまでバッファからは削除されません。データセグメントを送信したらタイマーをセットし、タイマーが切れる前に確認応答が来なければデータセグメントを再送します。また、フロー制御やふくそう制御のため、ウィンドウやふくそうウィンドウの大きさに応じてデータセグメントの送信量を増減させます。

受信側では、データセグメントを受け取ったとき、その前に受け取るはずだったデータセグメントがまだ届いていない場合があります。この場合も、受信したデータセグメントをバッファに格納しておきます。そして、抜けていたデータセグメントをすべて受け取ったときに、途中を含めたそこまでのデータを受け取ったと判断します。

さらに、TCPでは、コネクションの管理やより複雑な再送処理（高速再送制御）、ネットワークの効率を高める制御（Nagleアルゴリズム、遅延確認応答など）が行われますが、それらを図に含めると複雑になりすぎるため、図6.20では省略しています。

なお、TCPもUDPと同じように、SYNセグメント（コネクション確立要求セグメント）を作成するときは先にルーティングテーブルを検索する必要があります。コネクションを確立するまでは始点IPアドレスが決まっていないため、TCP疑似ヘッダが作成できず、チェックサムの計算ができないからです。コネクション確立後は、始点IPアドレスが決まってコネクション管理データベースに格納されるため、ルーティングテーブルを検索しなくてもTCPヘッダを作成することができます。

なお、最近ではTCPのチェックサムなどの計算処理をNICなどのハードウェアが行う場合があります。これを**オフロード**（offload）処理といい、**TOE**（TCP/IP Offload Engine）という言葉も使われます。TCP/IPプロトコルスタックのすべての処理をソフトウェアで行うと、CPUの負荷が高くなります。そこで、いくつかの機能をオフロード化することで、システム全体の処理能力を向上させようとしています。この場合、送信パケットをWiresharkで表示すると、チェックサムが正しい値になっていません。なぜならWiresharkはNICに送られる前、チェックサムが計算される前のパケットの姿を表示しているからです。

6.5 第6章のまとめ

この章では、次のようなことを学びました。

- ポート番号
- UDP
- TCP（コネクション管理、再送制御、フロー制御、ふくそう制御）

TCP、UDPは、アプリケーションを助けるために作られたプロトコルです。IPだけでは複数のアプリケーションプログラムから同時にネットワークを使うのは困難です。またIPは信頼性がなく、パケットの到着順序が入れ替わったり、喪失したり、データが壊れる可能性があります。

TCPやUDPを使えば、複数のアプリケーションを同時に起動しても問題なく通信できるようになります。またTCPを使えば、IPの制限事項について気にする必要がなくなります。TCPやUDPのおかげで、アプリケーションを作るのがとても楽になるのです。このため、たくさんの便利なアプリケーションが登場し、インターネットやTCP/IPの便利さが世界中の人々に理解されるようになったのです。

それでは実際のアプリケーションは具体的にはどのようなプロトコルになっているのでしょうか？ 次の章ではTCP/IPアプリケーションがどのようなしくみで通信しているかを学びます。

第07章

TCP/IPアプリケーション

第6章までは、ネットワークで通信をするためのネットワークハードウェア技術と、TCP/IPなどのソフトウェア技術について説明してきました。
この章では、TCP/IPのしくみの上でアプリケーションがどのように通信するかを説明します。

7.1 ネットワークとアプリケーション

7.1.1 アプリケーションプログラムの役割

第6章までに説明してきたような技術があれば、互いに遠く離れた2つのホスト上で動いているアプリケーションプログラム間で通信をすることができます。アプリケーションプログラムは、ネットワークをどのように使うかを決め、利用者が要求する処理を実行するプログラムです。

ネットワークを通して通信できるようになったということは、郵便にたとえるなら、手紙に住所と宛名を書いてポストに入れると相手まで届くようになった状態です。電話なら、電話をかけて相手と話せるようになった状態です。郵便や電話を利用するのは、何かの目的があり、それを実現するためでしょう。コンピュータネットワークでは、電話や郵便を使って「何を伝えるか」、「どのような話の展開にするか」に相当することは、アプリケーションプログラムによって実現します。

つまり、アプリケーションプログラムとは、図7.1のように、TCPやUDP、IP、データリンクなどの技術を利用して、利用者が要求する処理を実現してくれるソフトウェアなのです。

249

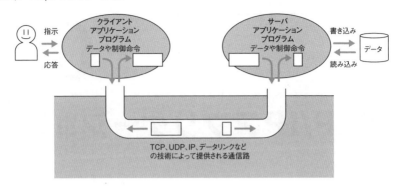

▶図7.1　ネットワークアプリケーション

7.1.2 アプリケーションプログラムの構造

　TCP/IPアプリケーションプログラムは、基本的にはクライアント/サーバモデルに基づいて作られています。クライアントは、人間が直接操作するアプリの場合もあれば、電子メールの配送システムのようにコンピュータが自動的に処理をしてくれるソフトウェアの場合もあります。

　図7.2に、TCP/IPアプリケーションプログラムの典型的な構造を示します。人間が操作するアプリがクライアントの場合、アプリケーション層の主な仕事は、キーボードやマウスなどから入力される情報を処理し、ネットワークを介してやり取りした情報をディスプレイやファイルなどに結果として出力することです。

　ネットワークで送受信する情報は、サーバとクライアントが扱うことのできるフォーマットに変換が必要です。この変換は、図7.2ではプレゼンテーション層モジュールが担うものとしています。データ変換処理によるオーバーヘッドを避けるため、ネットワーク共通の情報でデータベースを構築し、それをサーバとクライアントが利用する場合もあります。

　アプリケーションから、ソケットなどのインターフェイスを通してトランスポートプロトコルに指示を出すのは、図7.2ではセッション層モジュールという部分です。トランスポートプロトコルとしてTCPを利用するかUDPを利用するかは、このモジュールが決定します。TCPの場合には「コネクションをいつ確立し、いつ終了するか」を決め、UDPの場合には「再送処理についてはどのように処理するか」を決めることになります。

　プレゼンテーション層モジュールやセッション層モジュールを制御し、両端のホストで動作しているアプリケーションプログラム間で情報をやり取りするのは、アプリケーション層モジュールの仕事です。やり取りする情報には、通信相手のアプリケーション層モジュールへの処理依頼、それに対する返答、そして相手に送信したいデータの3つがあります。

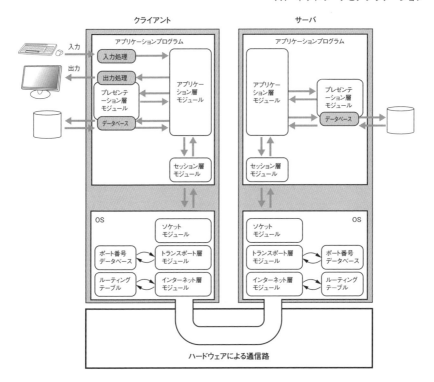

▶ 図7.2　アプリケーションプログラムの構造

7.1.3　ストリーム型とデータグラム型

　TCP/IPを使うアプリケーションプログラムの通信方式は、大きく**ストリーム型**（stream）と**データグラム型**（datagram）の2種類に分けられます。

　ストリーム型は、図7.3のように、**テキスト**（文字列）で命令やデータを送受信する方式です。この図では、アプリケーションAからアプリケーションBに「USER」という命令で「YUKIO」というデータを送信しています。そして、アプリケーションBからは「+OK」という応答メッセージが返ってきています。なお、これらの文字は、ネットを流れるときには3.4.6項で説明したASCIIコードでコード化された数値として送られます。

　このように、ストリーム型では、ネットワークで送受信される命令やデータは、空白などで区切られた複数の英単語や数字などから構成され、末尾には区切りマークが付けられます。Webや電子メール、ファイル転送といったストリーム型アプリケーションプロトコルの多くは、区切りマークとして「改行コード」を利用しています。改行コードはOSによって異なりますが、ネットワークアプリケーションでは「CR+LF」が使われることが多くなっています。

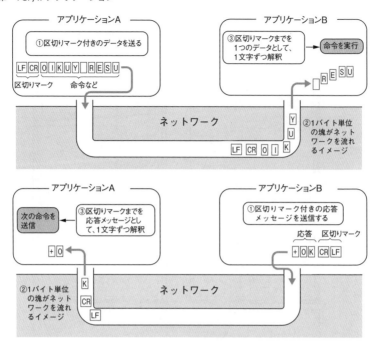

▶ 図7.3 ストリーム型アプリケーション

■ 改行コード

改行コードには次の2種類があり、表7.1のように、OSなどのシステムによって使われているものがまちまちです。

- CR：Carriage Returnの略で、「行頭に戻る」「折り返す」といった意味のコード
- LF：Line Feedの略で「1行送る」という意味のコード

この2つの操作により改行を実行するのが自然なので、古くからTCP/IPアプリケーションでは「CR+LF」が利用されてきました。

▶ 表7.1 改行コード

OS	改行コード	改行コード（16進数）	C言語
UNIX（OS X、Linux）	LF	0A	\n（¥n）
DOS/Windows	CR+LF	0D 0A	\r\n（¥r¥n）
TCP/IPアプリケーション	CR+LF	0D 0A	\r\n（¥r¥n）

ストリーム型のアプリケーションの多くは、トランスポート層にTCPを利用しています。TCPを利用したストリーム型アプリケーションの場合、2.7節で示したように**telnet**クライアントで動作チェックできるという利点があります。

　データグラム型は、IPヘッダやTCPヘッダ、UDPヘッダのように、パケットのフォーマットを固定的に決定して**バイナリ**で命令やデータを送受信する方式です。バイナリでデータを送受信するときは、ネットワークバイトオーダ（3.4.5項参照）について考慮する必要があります。

　図7.4は図7.3の通信をデータグラム型に置き換えた例です。パケットフォーマットがバイト単位で固定され、命令コードやデータ長がバイナリデータとして格納されます。図7.3との比較では、命令コード「3」が「USER」を意味し、命令コード「14」が「+OK」を意味しています。

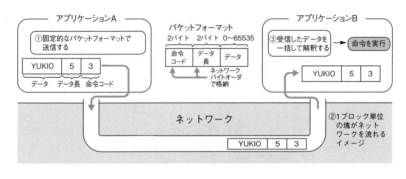

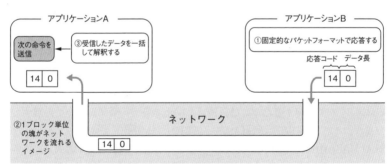

▶ 図7.4　データグラム型アプリケーション

　データグラム型は、UDPを使うアプリで主に利用されます。データグラム型のアプリケーションプロトコルでTCPを使いたい場合、TCPではパケットの区切りが決まっていないので、命令やデータを固定長にする、あるいは、ヘッダにデータ長を格納し、バイト数を数えてデータの区切りを識別するなどの工夫が必要になります。

7.2 Webのしくみ

実際のTCP/IPネットワークアプリケーションがどのようなしくみになっているか、具体的に見ていくことにしましょう。まずは、インターネットでよく利用されているWebについて説明します。

7.2.1 Webの概要

世界で最も利用されているTCP/IPアプリケーションといえば、Web（World Wide Web：WWW）でしょう。マウスでクリックしたり画面をタップしたりするだけで、文字や写真、動画、音楽など、さまざまな情報をディスプレイに表示させることができます。Webブラウザ上でゲームをすることもできます。

これらのサービスは、トランスポートにTCPを使った通信によって行われています。

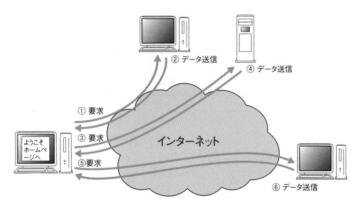

▶ 図7.5　Web（World Wide Web：WWW）

Webのしくみを理解するためには、まず、Webの4つの要素について理解する必要があります。それは「URL」、「HTML」、「HTTP」、「MIME」です。

URLはUniform Resource Locatorの略で、「情報の場所を表す書式」のような意味です。わかりやすくいえば、Webでアクセスするための「アドレス」と考えてもかまわないでしょう。

URLは図7.6のような文字列です。アクセス方法とアクセスするドメイン名（またはIPアドレス）、ポート番号（省略可）、アクセスするファイルの絶対パス、ファイルへのパラメータ（CGIを使用するときなど）などを指定することができます。これらの情報をもとにして、クライアントがサーバに向けてHTTPによる要求メッセージを送信することになります。

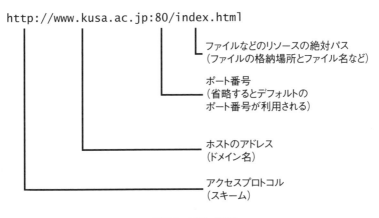

▶ 図7.6　URL（URI）

　URLと似た用語に **URI**（Uniform Resource Identifier）があります。URIはURLよりも広い意味を持った言葉で、URLがインターネット上の「場所」を表すのに対して、URIは場所に限らず世の中のあらゆる概念を指定できる識別子です。たとえば、電話番号やメールアドレス、社員番号、学生番号などもURIで表すことができます。もちろんホームページのアドレスも表せるので、URLはURIの中に含まれると考えてかまいません。

　HTTPはHyperText Transfer Protocolの略で、「ハイパーテキストを転送するプロトコル」を意味します。一言で説明すれば、HTTPはWebのデータを転送するときに利用されるアプリケーションプロトコルです。サーバからファイルをダウンロードするときに送受信される要求や応答の書式、手順を定めています。

　HTMLはHyperText Markup Languageの略で、「ハイパーテキストを記述するための言語」を意味し、Webでやり取りされる文字情報を格納するためのデータ構造のことです。HTMLでは、関連する情報へのリンク（link）を定義することもできます。HTMLは、Webにとってのプレゼンテーション層と考えてかまいません。

　MIMEはマイムと読み、Multipurpose Internet Mail Extensionsの頭文字から作られた言葉です。「さまざまな目的のためのインターネットメールの拡張」を意味し、もともとは、電子メールでさまざまな情報を転送するためのデータフォーマットとして規定されたものです。初期のインターネットの電子メールでは、文字情報しか送ることができませんでしたが、MIMEの登場によって画像や音声を添付することが可能になりました。現在では、Webのような電子メール以外のさまざまなアプリケーションでも利用されています。

　WebにとってのMIMEは、Webでやり取りされるアプリケーション層、プレゼンテーション層、セッション層のヘッダを規定するものといえます。MIMEは応用性が高く、ストリーム型のアプリケーションで広く利用されています。

■ ハイパーテキスト (hypertext)

　Webページにはさまざまな情報への「リンク」が張られており、このリンクをマウスでクリックしたり、指でタップしたりするだけで、リンク先の情報に飛ぶことができます。
　このようなシステムをハイパーテキストやハイパーメディアといいます。ハイパーテキストという言葉には「テキスト＝文字」というニュアンスが含まれるため、動画や音声なども利用できることを強調したいときは、ハイパーメディアという言葉を使うことがあります。しかし、通常はどちらも同じ意味と考えてよいでしょう。
　Webを使ったハイパーテキストには、関連する情報へのリンク先が同じコンピュータ上にあるとは限らないという特徴があります。インターネットプロトコルでアクセス可能なコンピュータならば、日本であろうとアメリカであろうと、どこのコンピュータの情報へもリンクが張れます。インターネット上のありとあらゆる情報にリンクを張り巡らすことができるため、インターネットの特徴を最大限に生かしたアプリケーションといわれます。

7.2.2　Webシステムの内部処理

　Webは、図7.7のようなクライアント/サーバモデルのシステムです。クライアントからサーバにデータ取得要求のメッセージが送られ、それに基づいてサーバはデータをクライアントに送ります。

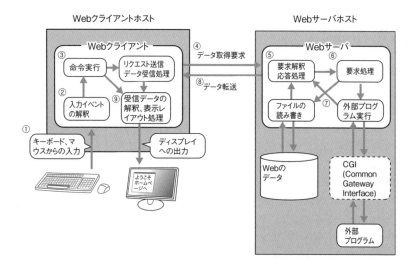

▶ 図7.7　Webのしくみ

　Webを利用するときは、Webブラウザをクライアントとして使うことが多いでしょう。ユーザがマウスやキーボードを使ってWebブラウザを操作すると（①）、Webブラウザがそれを解釈して（②）、Webサーバにリクエストを送信します（③、④）。Web

サーバは、送られてきたリクエストを解釈して（⑤）、処理をし（⑥、⑦）、Webブラウザに結果を転送します（⑧）。

　Webには、大きく「データの取得」と「外部プログラムの実行」という2種類の処理があります。「データの取得」とは、サーバからクライアントにデータをダウンロードさせることです。データ取得のリクエストがきたら、サーバはハードディスクなどからデータを読み込んでクライアントに送ります。

　「外部プログラムの実行」とは、**CGI**のようなインターフェイスを通してサーバ上でプログラムを実行することです。CGIはCommon Gateway Interfaceの頭文字から作られた言葉です。「外部プログラムの実行」では、サーバではCGIを介してプログラムを実行し、プログラムの出力結果をクライアントに送ります。CGIは、オンラインショッピングやブログ、SNSなどで利用されています。

7.2.3 HTTPによるWeb通信

　HTTPでは、どのような処理をしたらよいかを短い文字列によって指示します。これを**メソッド**（method）と呼びます。ファイルをサーバからダウンロードするときには、GETというメソッドが利用されます。たとえば、Webブラウザに`http://www.kusa.ac.jp/index.html`と入力すると、Webブラウザは次のような手順で処理をします。

1. DNS（8.1節参照）に問い合わせて「`www.kusa.ac.jp`」のIPアドレスを取得する
2. そのIPアドレスのポート番号80に対してTCPのコネクションを確立する
3. 「`GET /index.html HTTP/1.1`」のようなメッセージを送信する
4. ダウンロードされたファイルを解析し、次の処理に移る

　3.の「`GET /index.html HTTP/1.1`」がHTTPの要求依頼（リクエスト）です。通常は、このリクエストの後に、WebブラウザがMIMEで規定されているヘッダ情報を付け加えて送信します。

　MIMEヘッダでは、「:」（コロン）と改行、空行が特に重要な意味を持ちます。MIMEヘッダは、次のような書式で、1行単位で情報を記述します。

```
タグ: 値　［改行］
タグ: 値　［改行］
タグ: 値　［改行］
．．．．．．．．
［改行］（終わりを示す空行）
```

　MIMEヘッダの終わりには必ず空行があります。空行があるということは、改行が2つ連続していることを意味します。

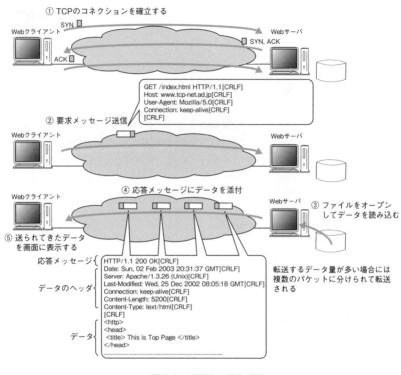

▶ 図7.8　HTTPの通信手順

最低でも、次の1行のMIMEヘッダが必要です。

```
host: ドメイン名
```

これは同じIPアドレスを使っていても異なるサイトを構築できる**バーチャルホスト**と呼ばれる機能を実現するためです。ですから、先ほどの要求メッセージは、最小でも次の3行になります。

```
GET /index.html HTTP/1.1 [改行]
host: www.kusa.ac.jp [改行]
[改行]
```

通常のWebページをリクエストするときはGETメソッドを利用しますが、CGIではPOSTというメソッドが利用されることがあります。CGIをPOSTで動作させるときと、GETで動作させるときとでは、CGIに送信したいデータの記述方法などに違いがあります。

HTTPリクエストを受信したWebサーバは、次のような手順で応答処理を行います。

1. HTTPリクエストを解釈して処理をする
2. 「HTTP/1.1 200 OK」のようなメッセージを送信する

2.の「HTTP/1.1 200 OK」がHTTPの**応答（レスポンス）**です。リクエストと同様にMIMEヘッダが付加されます。レスポンスにある3桁の数字はステータスコードといい、Webサーバの応答の種類を示しています。以下のようなステータスコードがあります。

200	リクエストが成功した
401	認証エラー
403	アクセス権限エラー
404	リクエストされたリソースがサーバにない

■ Web上で利用されるプログラム

Webは、ファイルを転送するだけではなく、プログラムと組み合わせて使われることが多くなっています。Webで利用されるプログラムには、いくつかの形式がありますが、大きく2種類のプログラムに分かれます。1つはクライアント側で実行するプログラム、もう1つはサーバ側で実行するプログラムです。

クライアント側で動作させるプログラムの代表はJavaScriptです。それ以外にも、JavaやAdobe社のFlashが利用されています。クライアント側で動作させるプログラムは、クライアント側コンピュータの負荷を増加させますが、サーバの負荷が増えることはありません。いったんプログラムがダウンロードされて実行されれば、サーバの負荷やネットワークの混雑度に関係なく、プログラムを動作させることができます。

サーバ側で動作させるプログラムの代表として、CGIを利用したものがあります。CGIでは、どんな言語のプログラムでも使うことができますが、PerlやPHP、Python、Ruby、C言語などのプログラム言語がよく利用されます。クライアントからサーバで実行されるプログラムへと引き渡すパラメータの指定には、URL（URI）の一部としてHTTPの要求依頼に含める方法（GETメソッド）と、HTTPのデータとして送る方法（POSTメソッド）があります。

CGIは、サーバを動かしているコンピュータに大きな負荷を及ぼす可能性があります。また、CGIプログラムの処理を要求するたびにネットワーク上にトラフィックが流れるため、ネットワークが混雑しているときには、サーバの負荷が高くなくても反応が遅くなる場合があります。

個人や企業が作成するプログラムと連携できるサービスを提供しているWebサイトもあります。これらのサイトが提供しているサービスを自分のサイトやプログラムで利用したいときには、それぞれのサイトが提供しているAPIを使ってプログラミングを行います。Google MAPやTwitter、Facebookなども、個人や企業が自分たちのプログラムで利用できるAPIを公開しています。

7.3 電子メールのしくみ

7.3.1 電子メールのしくみの概要

　Webを動かしている3つの基本要素は、アドレスとしてのURL、データ構造としてのHTML、転送プロトコルとしてのHTTPでした。電子メールにも同じように基本要素が3つあります。電子メールでは、アドレスとしてメールアドレス、データ構造としてMIME、転送プロトコルとして**SMTP**（Simple Mail Transfer Protocol）、**POP**（Post Office Protocol）、**IMAP**（Internet Message Access Protocol）などが使用されます。

　Webの通信は、クライアントとURLで指定されたサーバとが、直接コネクションを確立して通信するのが基本でした。これに対して電子メールの通信は、メールアドレスで指定した相手と直接コネクションを確立するのではなく、メールゲートウェイと呼ばれるサーバを経由してメッセージを配送するのが基本です。

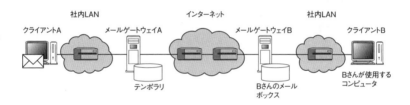

▶ 図7.9　メールゲートウェイを介した電子メールの配送

　ユーザが電子メールを読み書きするホストで動かすプログラムを**MUA**（Mail User Agent）と呼び、メールサーバとして電子メールの配送処理をするプログラムを**MTA**（Mail Transfer Agent）と呼びます。

　電子メールの場合には、最終目的地を表すのはIPアドレスではなく、電子メールのヘッダに書かれるメールアドレスです。

　TCPのコネクションは、それぞれのMTAの間で切れることになります。ですから、流れるパケットのIPヘッダの終点IPアドレスは、完全な最終目的地を表すのではなく、配送の途中で経由するMTAのIPアドレスを指し示すことになります。

　MTAからMTAへメールを転送するときには、SMTPと呼ばれるプロトコルが利用されます。MUAがメールを受け取る際には、POPやIMAPという転送プロトコルが利用されます。データはMIME形式で転送されます。

●クライアントからメールサーバへの転送

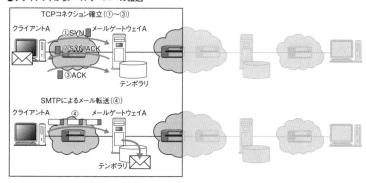

●メールゲートウェイを介した転送（複数のメールゲートウェイを経由する場合もある）

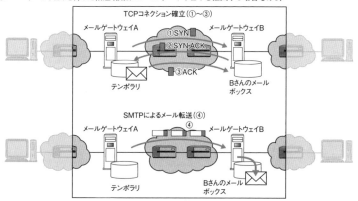

●メールを受け取る（受け取る操作をするまではメールボックスに保存されたまま）

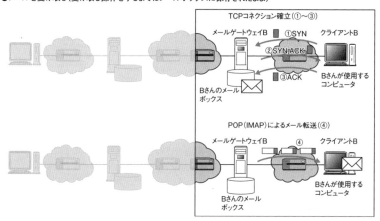

▶ 図7.10　電子メールによるデータのやり取り

7.3.2 電子メールにおけるMIME

IPやTCP、UDPにはヘッダとデータという構造があり、ヘッダの中身は1ビット単位で意味が決められている固定的な構造になっていました。これに対し、電子メールなどのアプリで利用されるMIME形式のヘッダは、拡張性と柔軟性を向上させるために、ヘッダの長さが可変長で、また、いくらでもヘッダの項目を増やせるようになっています。

電子メールには、表7.2のようなヘッダフィールドが使われます。

▶ 表7.2　電子メールのMIMEヘッダ

ヘッダ	内容
To:	受取人
From:	差出人
Subject:	題名
Date:	日付
Return-Path:	エラーメールの戻り先
Mime-Version:	MIMEのバージョン
Content-Type:	メッセージのデータフォーマット
Content-Transfer-Encoding:	メッセージコードのビットサイズ
Message-Id:	メッセージのID
X-Mailer:	MUA（メーラ）の種類
Received:	メールのメッセージを送受信したホスト

電子メールは、いくつものメールゲートウェイを経由しながら配送されます。どのメールゲートウェイを経由したかが、「Received:」に記録されていきます。メールシステムの設定に誤りがあると、電子メールがループしてしまう場合があります。IPパケットでは、生存時間を使ってループした異常なパケットを削除するようになっていましたが、電子メールは、「Received:」をチェックしてループを検出します。

7.3.3 SMTP

SMTP（Simple Mail Transfer Protocol）は、電子メールを送信するためのプロトコルです。メーラからメールサーバへの送信と、メールサーバからメールサーバへの送信に利用されます。

SMTPは、図7.11のような流れで電子メールを転送します。

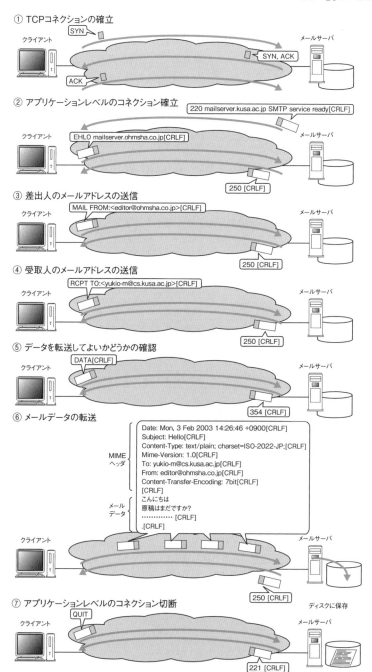

▶ 図7.11　SMTPによる電子メールの転送

264 第7章 TCP/IPアプリケーション

　SMTPでは、最初にTCPでコネクションを確立します。コネクションを確立するときには、通信相手のIPアドレスを決定する必要があります。しかし、メール本文にはメールサーバのドメイン名もIPアドレスも記載されていません。

　転送先のIPアドレスは、受取人のメールアドレスをもとにして、DNSへ問い合わせて調べます。DNSには、ドメイン名とIPアドレスの対応関係以外に、メールアドレスとメールサーバの対応関係が登録されています。これを**MXレコード**（Mail eXchange resource record）といいます。このMXレコードをもとにしてTCPのコネクションを確立します。

　コネクションの確立後、SMTPによるやり取りが行われます。SMTPはストリーム型のアプリケーションプロトコルで、空白で命令の区切りを表し、改行で1つの命令の終わりを意味します。

　SMTPでは、クライアントは表7.3のような要求メッセージを送ります。

▶ 表7.3　メールプロトコルの命令

命令	意味
EHLO	SMTP開始
MAIL FROM: <メールアドレス>	送信者のメールアドレス
RCPT TO: <メールアドレス>	受取人のメールアドレス
DATA	メール本文の開始
QUIT	コネクション切断要求
AUTH	SMTP AUTHによる認証を行う

処理が成功した場合、サーバは表7.4のようなメッセージを送ります。

▶ 表7.4　処理が成功したときの応答コード

応答コード	意味
220	通信受付開始
235	認証成功（SMTP AUTHを使ったとき）
250	命令成功
334	認証フレーズ受付開始
354	メール本文受付開始
221	コネクション切断OK

処理が失敗した場合、サーバは表7.5のようなメッセージを送ります。

7.3 電子メールのしくみ　265

▶ 表7.5　処理が失敗したときの応答コード

応答コード	意味
454	認証失敗（SMTP AUTH を使ったとき）
450	メールボックスがない
451	処理中にエラーが発生した
452	ディスク容量が足りない
500	文法エラー
502	要求されたコマンドを実装していない

■ **SMTP 認証と POP before SMTP**

電子メールはとても便利ですが、大きな問題も抱えています。迷惑メール（SPAM メール）の存在です。もともとインターネットの電子メールは、迷惑メール対策がなされていませんでした。現在は、迷惑メール対策として、次のことが行われるようになっています。

- **SMTP ポート番号（TCP 25）の遮断（OP25B：Outbound Port 25 Blocking）**：プロバイダの会員組織（企業、学校、家庭など）からは、SMTP（TCP ポート番号25）でインターネットに直接通信できない。プロバイダ間で通信できる。
- **サブミッションポート（TCP ポート番号 587）の利用**：プロバイダの会員組織（企業、学校、家庭など）が、SMTP でインターネットと通信したい場合に、メール送信専用の特別なポートを使用する。
- **SMTP で認証を利用する**：サブミッションポートを使用しているときは、「SMTP 認証」または「POP before SMTP」を使用する。

SMTP 認証は、SMTP でメールを送るとき、EHLO の直後に AUTH コマンドを使ってパスワードのやり取りをする方法です。これによって、パスワードを知っている人しかメールを送れないようにします。

POP before SMTP は、7.3.4 項で説明する POP を使ってメールを受信した直後しか、SMTP でメールを送れなくする方法です。POP はパスワード認証があるため、結果として、パスワードを知っている人しかメールを送信できなくなります。

これらの取り組みにより、「誰がメールを送ったのか」を明らかにすることができ、送り主不明のメールをなくせるわけです。ただし、このように運用していないプロバイダがインターネットに接続されている限り、迷惑メールはなくなりません。

7.3.4 POP

POP（Post Office Protocol）は、メールサーバのメールボックスに届いているメールをメーラ（MUA）が受信するときに使われます。POP も SMTP と同様にストリーム型のプロトコルです。

POP は、図7.12のような流れでメールボックスの電子メールを受信します。

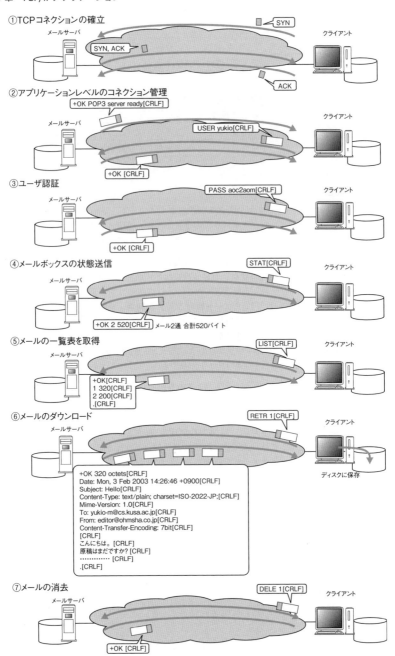

▶ 図7.12 POPによる電子メールの受信

クライアントからサーバには表7.6のようなメッセージが送られます。

▶ 表7.6　POPプロトコルの命令

POPの命令	意味
USER <ユーザ名>	メール受取人のユーザ名
PASS <パスワード>	メール受取人のパスワード
STAT	届いたメールの数とバイト数の表示
UIDL	ユニークなIDの一覧を表示
LIST	メール一覧を表示
TOP <番号 行数>	メールのヘッダ＋本文先頭を取得
RETR <番号>	メール全文を取得
DELETE <番号>	メッセージの消去
QUIT	コネクション切断要求

サーバからの応答メッセージは「+OK」と「-ERR」の2種類で、要求された処理が成功したときには「+OK」、失敗したときには「-ERR」です。

マルチメディア通信

7.4.1 マルチメディア通信のしくみの概要

　TCP/IPネットワークを使って、動画や音声を送ることができます。IP電話やテレビ会議システム、ライブ中継など、さまざまなことに使われています。

　図7.13は、ホストAからホストBに映像や音声を送る処理を模式化したものです。このようなシステムでは、いたるところに**バッファ（キュー）**があります。取りこぼしが起きないようにしたり、再生するタイミングを調整したりするためです。

　映像や音声をネットワークを通して送るためには、まずハードウェアで情報を取り込んでデジタル化する必要があります。取り込んだデジタルデータをそのまま送るのでは、情報量が多すぎてスループットを出せないため、圧縮処理が行われるのが普通です。デジタルデータの圧縮の方式や、圧縮処理を行う装置を**コーデック**（codec）といいます。コーデックの処理は、ソフトウェアで行うこともハードウェアで行うこともあります。コーデックの種類によっては、元のデジタルデータの10分の1以下に圧縮できることもあり、帯域が細くても高品質な動画・音声を楽しむことができます。

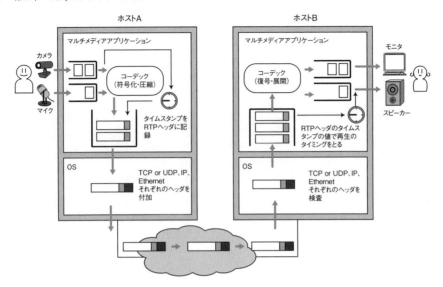

▶ 図7.13　RTPによるマルチメディア通信

　この圧縮したデータをネットワークを通して送ります。送るときに**タイムスタンプ**（time stamp）という情報を追加します。これは再生するときのタイミングを意味しています。映像や音声のデータは、再生するタイミングがとても大切です。受け取った側では、パケットを受け取ったタイミングで再生してはならず、録画、録音したタイミングで再生しなければなりません。それを可能にするために時刻情報を付加して送るのです。通常この処理には、**RTP**（Real-time Transport Protocol）というUDP上で使うトランスポートプロトコルが使われます。

7.4.2　相手を呼び出すシグナリング

　IP電話など特定の相手を呼び出して会話するシステムでは、相手を呼び出してセッションを確立する処理が必要になります。セッションの確立には、**SIP**（Session Initiation Protocol）などのプロトコルが使われます。

　図7.14は、SIPによってセッションを確立する様子を表しています。IP電話などでは、自分の端末は相手の端末の位置情報を知りません。端末の情報は、SIPプロキシサーバが知っています。最初に相手を呼び出すときには、SIPプロキシサーバが相手を探してくれます。相手が見つかり、その相手が通話を許可してくれたら、直接通信が可能になります。

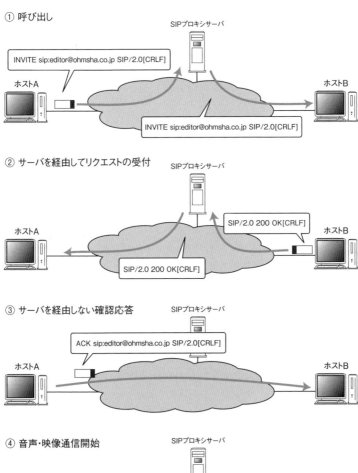
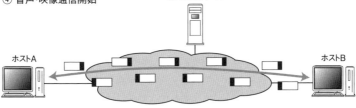

▶ 図7.14　SIPによるセッションの確立

7.4.3 映像・音声データの転送

TCP/IPネットワークを使って音声や映像を送るときには、主に2つの方法が使われています。

- **リアルタイム通信**
- **蓄積型通信**

リアルタイム通信は、電話やテレビ放送のように、現在進行で進む通信のことです。蓄積型通信は、過去に録画、録音した映像や音声を転送する方式です。どちらかといえば、リアルタイム通信にはUDPが向いていて、蓄積型通信にはTCPが向いています。

図7.15はTCPとUDPでリアルタイム通信をする場合の概念図です。

トランスポート層にTCPを使ってリアルタイム通信をスムーズに行うには、どうしても大きなバッファが必要になります。TCPではパケットが喪失すると再送処理が行われ、数100ミリ秒〜数秒間のタイムラグが発生するためです。バッファがタイムラグ以上の映像・音声データを蓄積できる容量を持っていないと、再送処理によって、映像や音声が途切れてしまうかもしれません。

これに対して、UDPではパケットが喪失しても再送処理をしないため、プロトコル処理による大きなタイムラグは発生しません。このため、**IP電話**などではUDPが使われています。ただし、UDPにはふくそう制御やフロー制御がないため、インターネットのような公共網での通信にはあまり向いていません。パケットが大量に喪失する可能性があるため、単純にUDPを使用するだけではなく、アプリケーションプログラムがパケットの喪失量を把握して、送信レートを制御するなどの工夫が必要になります。

インターネットの動画・音声配信では、リアルタイム通信と蓄積型通信を融合させた**ストリーミング**が広く行われています。ストリーミングでは、録画・録音したデータを数秒間ためて（バッファリングして）から配信します。インターネットでは、ふくそうなどによりネットワークの回線が混雑した場合に、数秒間通信ができなくなることがあります。これを見越して、10〜60秒程度の映像・音声をバッファに蓄積して再生します。こうすると、数秒間通信できなくなっても、映像・音声が乱れることなく再生することができます。このため、インターネットを使ったストリーミングにはTCPが使われることが多くなっています。TCPにはふくそう制御と再送制御が備わっているため、バッファさえ大きくしておけば映像や音声が乱れることはなく、アプリケーションプログラムを作るのも比較的容易になります。

7.4 マルチメディア通信

●TCPを使ったマルチメディア通信

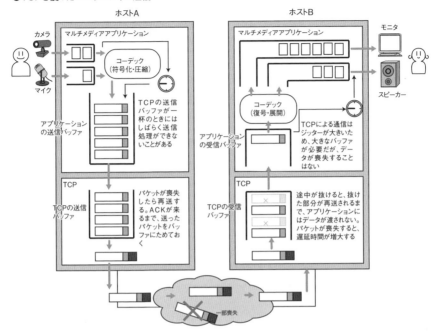

●UDPを使ったマルチメディア通信

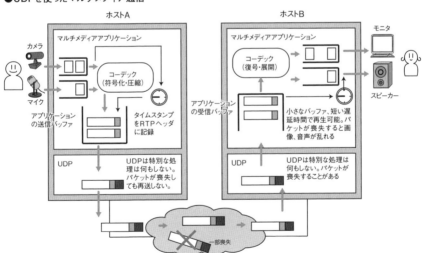

▶ 図7.15 マルチメディア通信における TCP と UDP の違い

第7章のまとめ

この章では次のようなことを学びました。

- ストリーム型とデータグラム型
- Webのしくみ（URL、HTML、HTTP）
- 電子メールのしくみ（SMTP、MIME、POP）
- マルチメディア通信（RTP、SIP）

階層化の最上位にあるのがアプリケーションです。その下位層にあたるEthernet、IP、TCP/UDPなどのしくみは、アプリケーションによって使われて初めて意味を持ちます。

そのアプリケーションは目的に応じてはさまざまなものが使われています。企業や個人が開発した独自プロトコルも使われていますし、自分たちで好きなようにプロトコルを作ることもできます。そこがインターネットやTCP/IPの特徴でもあります。

アイディアを出して新しいものを生み出すときでも、基本となるのは本書で説明したWebや電子メール、マルチメディア通信などのしくみです。これからも、世の中をより便利で豊かにするために新しいアプリケーションが生み出されていくことでしょう。

第08章

IPを助ける
プロトコルと技術

第7章までで、アプリケーションプログラム間の通信を実現するために、IPやTCP、UDPがどのように働くかがわかったと思います。
でも、実際の通信では、もっとたくさんの機能が必要です。
初心者でもネットワークを使えるようにするための機能や、管理者を助ける機能、セキュリティ、暗号化など、さまざまな機能が必要になります。
この章では、IPを助ける技術や、次世代IPであるIPv6について説明します。

8.1　DNS

8.1.1　DNSの役割

　TCP/IPで通信する場合には、通信したいコンピュータのIPアドレスがわからなければなりません。しかし、IPアドレスはただの数字の羅列であるため、人間にとっては覚えにくいものです。

　そこで、それぞれのコンピュータに英数字からなる名前を付けて、その名前をコンピュータに入力するとIPアドレスに変換してくれるしくみが作られました。それが発展して、**DNS**（Domain Name System）になりました。

　図8.1のように、DNSでは**ドメイン名**（domain name）という名前を入力すると、コンピュータが自動的にDNSのデータベースにアクセスし、ドメイン名に対応するIPアドレスを検索します。そして、実際の通信は、検索されたIPアドレスをもとに行われます。

　DNSを直接利用するコマンドが2.3.3項の`nslookup`です。`nslookup`を使うと、ドメイン名からIPアドレスを調べたり、その逆ができたりします。

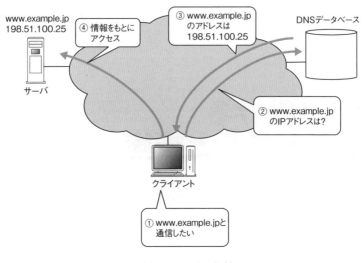

▶図8.1　DNSの役割

8.1.2　ドメイン名の構造と管理

　各組織が勝手にドメイン名を付けてしまうと、同じ名前がぶつかってしまう可能性があります。

　このような問題を避けるため、ドメイン名にはきちんとした構造と管理体制が決められています。図8.2にドメイン名の構造を示します。これを**FQDN**（Fully Qualified Domain Name）と呼びます。英数字を使った短い単語がピリオドでつながれ、ピリオドの前後で意味が区切られています。右側にいくほど、大きな組織の集合を意味します。

　この形式は、英米式の名前の書き方や、住所の書き方にならっています。つまり、人名なら名前（ファーストネーム）が先にきて名字（ファミリーネーム）が後にくる、住所なら番地や町名が先にきて市や州の名前が後にくるような書き方です。

　インターネットには膨大な数のコンピュータが接続されているので、すべてのコンピュータのドメイン名とIPアドレスを1つのデータベースで管理することは不可能です。そこで、図8.3のように、**ルート**（root：根）を頂点とするツリー構造で、国単位や組織単位でデータベースを管理しています。そして、近くのDNSサーバに問い合わせをすると、データベースを順番に検索して目的の情報が得られるようになっています。

8.1 DNS

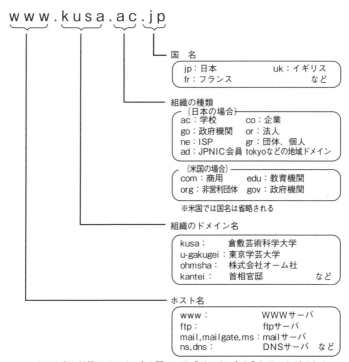

▶ 図8.2 ドメイン名の構造

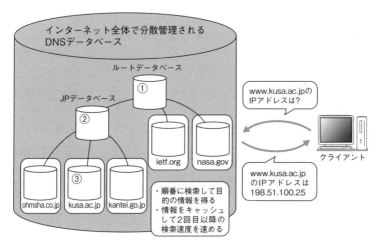

▶ 図8.3 DNSデータベースの階層化

276 第8章　IPを助けるプロトコルと技術

　なお、ドメイン名の国名の部分がcomやorgなどになっていても、そのコンピュータが米国にあるとは限りません。日本からでも、米国のドメイン名の管理機関に申請すれば、comやorgドメインを取得することができます。この場合でも、コンピュータを米国に持って行く必要はありません。DNSはIPアドレスとドメイン名の対応関係を管理するだけで、コンピュータの物理的な位置には関係しないからです。

■ DNSとhostsファイル

　DNSは、巨大化するインターネットでは非常に便利なシステムですが、小さなネットワークで運用するには面倒な場合があります。こういう場合には、DNS以前から使われていた**hosts**ファイル（表8.1）を利用するとよいでしょう。hostsファイルにIPアドレスとホスト名の一覧表を書いておけば、ホスト名を通じて目的のホストにアクセスできます。このhostsファイルはテキストファイルになっていて、テキストエディタで簡単に修正できます。

▶ 表8.1　hostsファイルの格納場所

OS	格納場所
Mac、Linux	/etc/hosts
Windows	C:¥Windows¥System32¥drivers¥etc¥hosts

hostsファイルの例

```
127.0.0.1     localhost
192.168.0.3   host1   host1.kusa.ac.jp
192.168.0.4   host2
192.163.0.5   host3.kusa.ac.jp
```

8.2 DHCP

8.2.1 DHCPとは

ネットワークで通信するホストには、IPアドレスが正しく付けられている必要があります。かつては、ホストにIPアドレスを設定するのは管理者の仕事でした。管理者は、同じIPアドレスが複数のホストで重複して使われないように、きちんと管理しながら設定していました。

現在では、このような管理者の手間を軽減するため、IPアドレスを自動的に割り当てる**DHCP**（Dynamic Host Configuration Protocol）が広く使われています。

DHCPを使うには、**DHCPサーバ**を1つ以上用意する必要があります。そして、ネットワークに接続するホストでは、**DHCPクライアント**を起動します。最近のWindowsやMac、スマートフォンでは、特別な設定をしなくても自動的にDHCPクライアントが起動するようになっています。

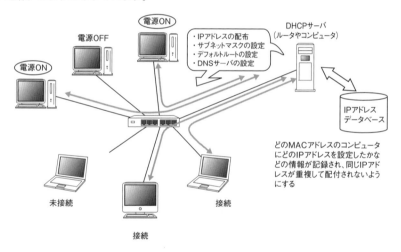

▶ 図8.4　IPアドレスを自動的に設定するDHCP

8.2.2 DHCPのしくみ

DHCPクライアントはDHCPサーバに対し、IPアドレスの設定を要求するパケットを送信します。それを受け取ったDHCPサーバは、クライアントからの要求に応えてIPアドレスを配布します。クライアントがDHCPの要求パケットを送信するタイミングは、OSの起動時や、Wi-Fiに接続したとき、LANケーブルを差したとき、ユーザがコマンドを入力して要求したときなどです。

DHCPサーバが用意されているネットワークであれば、ホストには自動的に適切なIPアドレスが設定されるようになります。また、DHCPはその名が示すように、IPアドレス以外にも、ホストにとって必要な設定を動的にしてくれます。たとえばIPアドレスのネットワークアドレス部の長さやデフォルトルートの設定、DNSサーバ（8.1.1項参照）の設定などが含まれます。

ほとんどのブロードバンドルータには、DHCPサーバの機能が最初から組み込まれており、これにより、家庭でも気軽にLAN環境が構築できるようになりました。

■ **DHCPでIPアドレスが取得できなかったとき**

ノートPCを持ち歩く場合には、ネットワークアドレスが異なるネットワークに接続するたびにDHCPサーバからIPアドレスを取得し直さなければなりません。ケーブルを差し直したときに自動的に更新されないときには、手動で作業をしなければならないことがあります。

Windowsでは

```
> ipconfig /release
> ipconfig /renew
```

と入力すると、IPアドレスを取得し直すことができます。Red hat系Linux（Fedora Core、Vine）では

```
# service network restart
```

と入力します。どちらも管理者権限が必要です。

 ## 8.3　NAT（Network Address Translator）

8.3.1　NATとは

インターネットに接続されるすべてのホストやルータには、ほかに同じものがない「ユニークなグローバルIPアドレス」を設定しなければなりません。しかし、急速なインターネットの発展により、現在ではグローバルIPアドレスが不足しています。

このため、LANからインターネットへつながる出口のところに **NAT**（Network Address Translator）と呼ばれる装置を設置し、グローバルIPアドレス1つで複数のホストをインターネットに接続するしくみが広く利用されるようになりました。

NATは図8.5のように利用されます。NATのLAN側のNICにプライベートIPアドレスを割り当て、インターネット側のNICにグローバルIPアドレスを割り当てます。NATでは、パケットが通過するときに、プライベートIPアドレスとグローバルIPアドレスの変換をします。

8.3 NAT（Network Address Translator）

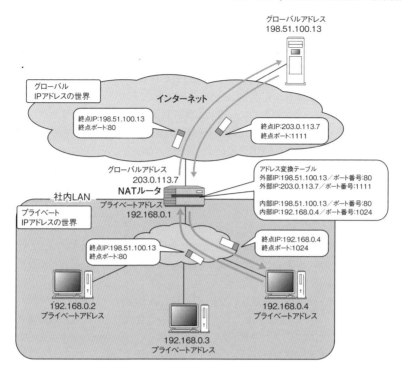

▶図8.5　NATを使用したインターネット接続

　最初、NATはIPアドレスのみを変換する装置として提案されました。現在では、IPアドレスだけではなく、TCPやUDPのポート番号も含めて変換してくれるようになっています。このため、NATのことを **NAPT**（Network Address Port Translator）と呼ぶこともあります。本書ではNATを、ポート番号を含めて変換してくれる装置の意味で使います。

8.3.2　NATのしくみ

　第6章で説明したとおり、TCP/IPやUDP/IPの通信は、始点・終点のIPアドレスとポート番号、トランスポートプロトコルの番号、という5つの数値の組み合わせで管理されます。NATはこれらをうまく変換することで、LAN側に接続されている複数のホストから送られてくるパケットを、1つのグローバルIPアドレスに変換して送ることができます。こうして、ルータのインターネット側のNICにグローバルIPアドレスが1つ設定されるだけで、LAN内の複数のホストが同時にインターネットに接続できるようになります。

ほとんどのブロードバンドルータには、NATの機能が最初から組み込まれています。またスマホやパソコンのテザリングやインターネット共有などもNATと同様な機能を使っています。

NATを介して通信するときには、図8.5にも描かれているように、NATの内部にアドレス変換テーブルが作られます。このテーブルは、LAN側からインターネット側にパケットが送信されるときに自動的に作られます。TCPの場合には、SYNセグメントでアドレス変換テーブルが作られ、FINセグメントが流れてしばらくたったらアドレス変換テーブルが消去されます。UDPの場合は、最初のパケットでアドレス変換テーブルが作られ、通信が終わったと予想されると消去されます。ただし、UDPの場合、通信が終わったかどうかの判断を完璧にはできないため、不具合が発生することがあります。

8.3.3 アドレス変換

NATを利用している場合には、そのままでは外部から内部に入れません。これはセキュリティ的にはありがたいことですが、外部から内部に接続できないと不便なこともあります。

最近は、インターネット側からLAN側への接続が必要なアプリが増えてきています。たとえばIP電話、テレビ会議システム、ネットワーク対戦ゲームなどの**双方向アプリケーション**です。これらのアプリはNATを介すと動作しない場合があり、せっかくのインターネット接続が無意味になってしまうことがあります。

NAT機能を備えたルータの多くは図8.6のように、利用者が固定的なアドレス変換の設定をできる機能を提供しています。これにより、インターネット側から届くパケットをLAN内のホストへ届くように設定できます。ただし、NATのインターネット側のNICに1つしかグローバルIPアドレスが付いていない場合には、同じポート番号は1つのホストにしか設定できません。ですから、テレビ会議システムやネットワークゲームなどで、NATに固定的なアドレス変換の設定が必要な場合には、NAT内部の1台のホストしか外部から接続できないことになります（外部と接続できるホストがゲートウェイとして働くように設定されていれば、LAN内の複数のホストが外部に接続できる場合もあります）。

より利便性を高めるために、アプリケーションによる自動的なアドレス変換の設定も行われます。これは、ユニバーサルプラグアンドプレイ（UPnP）を使ったり、アプリケーションが望む変換テーブルが作られるように恣意的なパケットを送ったりします。これらの機能は、NATトラバーサル（NAT traversal）と呼ばれます。この機能により、NAT環境でもグローバルIP環境に近い通信が実現できますが、通信相手などにより、相性問題が起きたり制限事項があったりします。

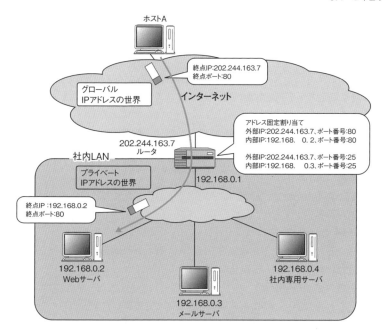

▶ 図 8.6 アドレス変換機能

8.4 セキュリティ

8.4.1 セキュリティ対策

　ネットワークを使うときには、セキュリティ対策について考えなければなりません。情報漏えい事件やコンピュータウイルスによる被害、サイバーテロなど、ネットワークセキュリティについて報じられるニュースは年々増えています。

　セキュリティ対策には、企業や学校などの組織として行う対策と、コンピュータを利用するそれぞれの利用者が個別にやらなければならない対策があります。

　個人の対策として、**アンチウイルスソフト**や**パーソナルファイアウォール**が使われるようになってきました。メールやWebなどでダウンロードしたファイルに、**マルウェア**（悪意のあるソフト）や**ウイルス**（プログラムに感染するマルウェア）が混入していないかをチェックしてくれたり、NICから入出力されるパケットを監視して不正アクセスが行われていないかをチェックしてくれたりするソフトです。

　もちろんソフトに頼るだけではなく、あやしいソフトウェアをインストールしない、あやしいサイトにはアクセスしない、不用意にメールの添付ファイルを開かない、ネッ

トワーク経由でアクセスできるサーバにはパスワードを付けてパスワードの管理をしっかりする、といったセキュリティ対策の意識を持って、日頃から注意する必要があります。

さらに、Wi-Fiを使っている場合には、他人が屋外からアクセスできないように、Wi-Fiに対するセキュリティ対策（WEPによるパスワード設定など）をきちんと実施する必要があります。

セキュリティについてきちんと理解するためには、機密性、完全性、可用性という3つの言葉を理解する必要があります。

- **機密性**（confidentiality）
  許可された人だけが、情報にアクセスできるようにする（自分の家には自分しか入れない）
- **完全性**（integrity）
  情報を正しく保ち、不正な破壊や改ざんが行われないようにする（自分の家の中の物は壊れていないし、変化していないし、なくなってもいない）
- **可用性**（availability）
  許可された人が、いつでも情報にアクセスできるようにする（いつでも自分の家に入れるし、家に入ったらすべてのものをすぐに確認できる）

セキュリティ対策では、この3つに対してバランスよく対策を施すことが大切だといわれています。環境や場面によって、大切な事項が変わってくるからです。

8.4.2 ファイアウォールとIDS、IPS

コンピュータをインターネットに接続すると、常に不正侵入などの危険が付きまといます。このため、会社や学校のLANをインターネットに接続するときには、外部から容易には侵入できないようにするしくみを導入します。これを**ファイアウォール**といいます。防火壁と訳され、隣の火災が移らないようにする壁を意味します。ネットの場合、どこかで不正侵入による破壊や情報流出などの被害が発生しても、それ以外の範囲に被害が及ばないようにする装置です。家庭向けのブロードバンドルータを含むほとんどのルータには、最初から簡易的なファイアウォールの機能が備えられています。

ルータでは、パケットの**フィルタリング**（filtering）によってファイアウォールを実現しています。フィルタリングとは、ルータが受信したパケットを無差別に中継するのではなく、IPヘッダやICMP/TCP/UDPヘッダなどを検査して、ヘッダの特定のフィールドが指定した値になっているパケットのみを中継するように処理することをいいます。

具体的には、IPアドレスやTCP/UDPのポート番号、ICMPのタイプやコードなどを検査し、特定のIPアドレスやポート番号のパケットのみを転送するように設定したり、余計なICMPパケットが入ってこないようにします。

TCPのコネクションの向きも制限できます。LANからインターネットへはTCPコネクションを確立できるが、インターネットからLANへはTCPコネクションを確立できないようにする制限や、その逆の制限などです。このために、ファイアウォールはTCPヘッダのSYNフラグとACKフラグを検査します。「SYNフラグが1、かつ、ACKフラグが0」のパケットは、TCPコネクションの確立を要求するパケットです。これらのパケットを、LANからインターネットへは中継するけれど、インターネットからLANへは中継しないこととし、その他のパケットは中継します。これにより、LANからインターネットへはTCPコネクションを確立できるが、インターネットからLANへは確立できないという制御が実現します。

企業などでは、ファイアウォール以外に、**IDS**（Intrusion Detection System）や**IPS**（Intrusion Prevention System）を導入している場合があります。IDSは侵入検知システムで、IPSは侵入防止システムです。IDSは、攻撃や侵入を試みた形跡があると管理者に通知します。これに対して、IPSは、攻撃や侵入を試みた形跡があると、その通信を遮断します。

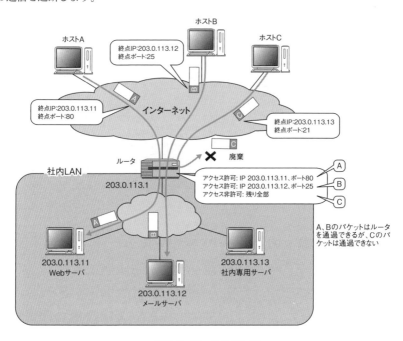

▶ 図8.7　フィルタリング

8.4.3 プロキシサーバ（代理サーバ）

より安全なネットワーク環境を構築しようとするとき、図8.8のような**プロキシサーバ（代理サーバ：proxy server）**が利用されることがあります。プロキシサーバは、3.3.5項で説明したようにキャッシュとしても働きますが、最近ではセキュリティ対策として導入されることが多くなってきています。

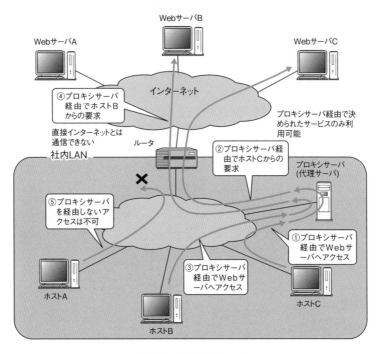

▶ 図8.8　プロキシサーバ

セキュリティ対策としてプロキシサーバを導入する場合は、

- 社内LANからインターネットへの自由な通信を一切許可しない
- インターネットへはプロキシサーバを経由した通信のみを許可する

という形で運用されます。これにより、組織内の利用者の通信を監視できるようになり、ダウンロードしたファイルにウイルスが入っていないかをチェックしたり、企業なら業務に無関係なサイトへのアクセスをブロックしたりして、セキュリティを高めることができます。

■ サイバー攻撃

最近、「サイバー攻撃」や「サイバーテロ」などの言葉がニュースや新聞をさわがすように
なってきました。これはいったいどのようなものなのでしょうか？

これは、多くの場合、特定の組織のサーバに対して、何らかの不正な行為をすることで
す。たとえば、サーバをダウンさせたり、データを改ざんしたり、機密情報を盗み出したり
することです。そこで使われる主な攻撃手法を紹介します。

- **DoS攻撃**（サービス妨害攻撃：Denial of Service attack）
  特定のサーバやネットワークに向けて大量のパケットを送ることで、サーバやネッ
  トワークの負荷を上げ、通信サービスをマヒさせること。
- **DDoS攻撃**（分散サービス妨害攻撃：Distributed Denial of Service attack）
  インターネット上の複数のコンピュータから一斉に特定のサーバやネットワークに
  向かってパケットを送ることで、DoSと比べてとんでもない量のパケットを送るこ
  とができ、さらに複数のコンピュータから送られてくるので防御もしにくい。
- **MITM攻撃**（中間者攻撃：man-in-the-middle attack）
  通信の間に入り込んで、通信内容を盗聴し、通信内容を自分の望む内容にすり替え
  ることで、本来とは異なる通信に変えてしまう。
- **パスワードクラッキング**（password cracking）
  アクセス権のないコンピュータに対してユーザ名、パスワードを推測して侵入を
  試みること。ブルートフォースアタックといって、しらみつぶしに試す方法も使わ
  れる。
- **踏み台**
  攻撃元を探られないように、第三者のコンピュータを経由して攻撃が行われる。そ
  のときに経由するコンピュータが踏み台と呼ばれる。

一般の人が使っているコンピュータは踏み台として狙われます。セキュリティ対策が不
十分な場合には、踏み台として使われ、サイバー攻撃やサイバーテロを助けてしまうおそれ
もあります。セキュリティ対策をすることは被害者にならないようにするためだけではな
く、加害者にならないためでもあるのです。

8.5 暗号化

8.5.1 暗号化とは

　ネットワークはとても便利ですが、通信内容を盗聴される危険があります。特にインターネットを介した通信の場合、どのようなネットワークを経由して相手までパケットが届いているのかわかりません。図8.9の①のように、文字をそのまま送ると、盗聴されたときに内容をすべて読まれてしまう危険性があります。本書の2.2節では、Wiresharkというパケットキャプチャツールを紹介しました。これを通信途中で使われたらパケットの中身をすべて見られてしまいます。クレジットカードの番号や暗証番号、パスワードなどの機密情報を伝えるときには、読み取られないようにする工夫が必要です。

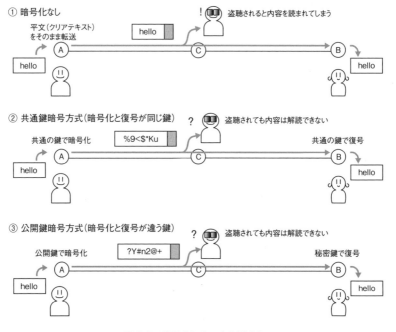

▶ 図8.9　暗号化しないと盗聴される

　盗聴を防ぐのは容易ではありません。そのため、TCP/IPネットワークでは「盗聴されても解読できない」ようにする**暗号化**が使われます。暗号化には、共通鍵暗号方式と公開鍵暗号方式という2種類の暗号方式が主に利用されます。

8.5.2 共通鍵暗号方式と公開鍵暗号方式

共通鍵暗号方式は、図8.10の左のように、秘密にしたい人同士で**同じ鍵を持ち合う**方法です。同じ鍵を使って暗号化と復号を行います。これは一般的なドアの鍵と同じような方式で、右に回せば鍵が閉まり、左に回せば鍵が開くようなものです。ドアの鍵を回す方向がアルゴリズムに相当すると考えてもいいでしょう。暗号化のときと同じ鍵で、異なるアルゴリズムにより、復号できるというわけです。

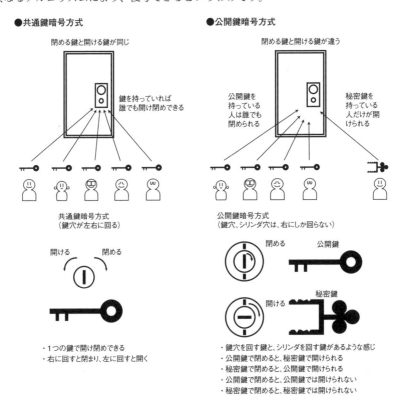

▶ 図8.10　共通鍵暗号方式と公開鍵暗号方式

公開鍵暗号方式は図8.10の右のように、暗号化する鍵と復号する鍵が異なります。

- 公開鍵で暗号化すると秘密鍵でしか復号できない
- 秘密鍵で暗号化すると公開鍵でしか復号できない

ドアの鍵でいえば、鍵穴とシリンダが別の鍵で回せるようになっていて、それぞれの回し方によって鍵が閉まったり開いたりするようなイメージです。

- 鍵が開いた状態で鍵穴を右に回せば鍵が閉まる。その状態でシリンダを右に回せ

ば鍵が開く
- 鍵が開いた状態でシリンダを右に回せば鍵が閉まる。その状態で鍵穴を右に回せば鍵が開く

やはり鍵を回す方向がアルゴリズムに相当すると考えると、「暗号化と復号は同じアルゴリズムになっている方式もあるが、鍵によって開いたり閉まったりする」といえます。暗号化の逆演算が事実上ないので、公開鍵から秘密鍵を推測することはできません。

共通鍵暗号方式の鍵は、第三者に対して秘密にしなければなりません。このため、取り扱いがとても大変です。相手に渡すときに誰かにばれてしまっては意味がありませんし、秘密の通信をしたい相手の数だけ鍵を管理する必要があります。

●共通鍵暗号方式

暗号化通信

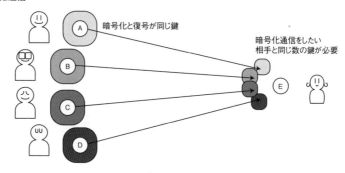

▶ 図 8.11　共通鍵暗号方式の特徴

これに対して、公開鍵暗号方式は鍵の取り扱いがとても楽です。公開鍵は誰に知られても問題ありません[†1]。公開鍵で暗号化したデータは公開鍵では復号できません。秘密鍵を持っている人以外には読めないのです。逆に、自分だけが持っている秘密鍵を使って、公開鍵で誰でも読めるようにデータを暗号化できます。これは、そのデータを暗号化したのが確かに自分であることを証明する手段として利用できます。

[†1] 公開鍵は知られてもかまわないとはいっても、コンピュータを使って計算したら、いつかは秘密鍵がわかってしまう可能性があります。

●公開鍵暗号方式

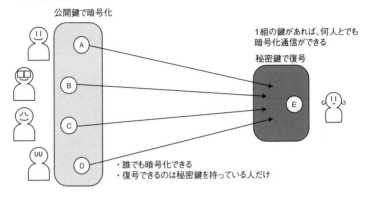

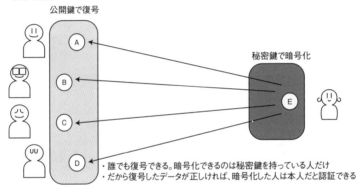

▶ 図8.12　公開鍵暗号方式の特徴

8.5.3　暗号化を使った通信

　公開鍵暗号方式はとても便利なのですが、アルゴリズムが複雑なため、暗号化するメッセージが長くなると、暗号化処理や復号処理に極端に時間がかかるという問題があります。そのため、実際の通信では、「公開鍵暗号方式を使って共通鍵暗号方式の鍵を送る」ということが行われています。

　図8.13は、Webの通信を暗号化するhttpsや、メールのPOP3やIMAP4を暗号化するPOP3SやIMAP4Sで使われている**SSL/TLS**（Secure Socket Layer/Transport Layer Security）の概念図です。SSL/TLSは、TCPを使ってコネクションを確立した後で、TCPセグメント上で暗号化通信を行います。

① 通信開始

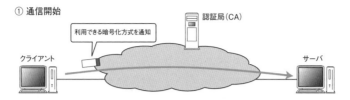

② サーバの公開鍵を送信（クライアントが利用できる暗号化方式に合わせる）

③ 送られてきた公開鍵が、本当に通信しているサーバから送られてきたものか確認（すりかえられていないか）

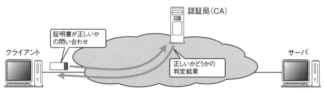

④「共通鍵暗号方式の鍵」を作成し、サーバの公開鍵で暗号化して送信（今回の通信限りの共通の鍵）

⑤ 共通鍵暗号方式を使って通信開始

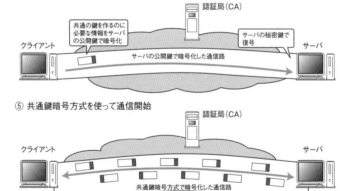

▶ 図 8.13　SSL、TLS を使った通信

　サーバは、クライアントから利用できる暗号方式が通知されたら、サーバの公開鍵を送ります。クライアントは、サーバから送られてきた公開鍵がネットワークの途中ですり替えられていたら大変なので、**認証局（CA：Certificate Authority）**にアクセスして本当に正しい鍵が送られてきたかどうかを検査します。公開鍵に問題がなければ、クライアント側で共通鍵暗号方式の鍵のもとになる情報を作成し、それをサーバの公開鍵

を使って暗号化してからサーバに送ります。この手順により、共通鍵暗号方式による暗号化通信が実現します。

認証局が偽者では困ります。認証局が正しいかどうかをネットワークを使って調べようとすると、次は認証局の認証局が正しいかどうかを検証しなければいけないという、イタチごっこになってしまいます。最終的には、ネットワークだけを使って調べることはできません。このため、いくつかの信頼できる認証局の情報が、あらかじめWebブラウザに保存されています。Webブラウザに登録されていない認証局の場合には、画面に警告文が表示されるので、信頼できる認証局の情報であるかどうかをユーザ自身が何らかの方法で確認しなければなりません。

8.6　IPv6

8.6.1　IPv6とは

現在よく使われているインターネットプロトコルは、IPバージョン4（IPv4）です。IPv4には大きな制限事項があります。それは、IPアドレスが32ビット（4バイト）であるということです。32ビットで表現できる数値は、0〜4294967295です。つまり、最大でも約42億台の機器にしか、ユニークなアドレスを割り振ることができないということです。これが大きな問題になりました。人類の数より少ないのです。

そこで、1993年ごろから、IPアドレスを長くした次世代IPの標準化が進められ、いくつもの提案がなされました。その結果として標準化が決まったプロトコルが、**IPv6**（Internet Protocol version 6）です。IPv6のアドレスは128ビット（16バイト）の長さです。128ビットで表現できる数値は0〜340282366920938463463374607431768211455であり、これはもう実用上無限ともいえるアドレスの個数です。これにより、IPv6ネットワークではアドレスの節約のためにプライベートアドレスを使う必要もなく、NATも不要になります。

8.6.2　IPv6アドレス

IPv4アドレスは、

```
192.168.0.1
```

のように、8ビット単位で区切って10進数で表記しました。IPv6アドレスは

```
2001:e38:3560:188:b9b6:1636:df3e:9607
```

のように、16ビット単位で区切って16進数で表記します。

```
fe80:0:0:0:203:93ff:fed1:4870
```

のような途中に0が連続するアドレスは、

```
fe80::203:93ff:fed1:4870
```

として、::で省略することができます。また、ネットワーク部を表現するときには、サブネットマスクは使用せず、プレフィックス表記（5.2.3項参照）を使います。

8.6.3 IPv6アドレスのネットワーク部とホスト部

　IPv6のアドレスにも「ネットワーク部」と「ホスト部」があります。現在の運用方式では、128ビットのIPv6アドレスのうち「ネットワーク部」は先頭から64ビット長と決められています。このため、ホスト部には64ビット分のアドレスを付けることができます。これはIPv4アドレス約40億個分に相当します。つまり、1つのサブネットの中に、現在のインターネットが40億個も入ってしまう計算になります。ですから、1つのサブネットに接続できるコンピュータの台数に制限がなくなったといってもかまわないでしょう。

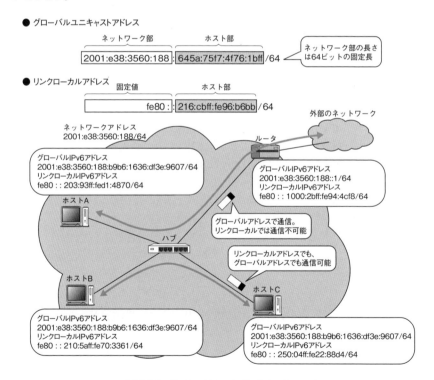

▶ 図8.14　IPv6アドレスとIPv6ネットワーク

IPv6では、NICにいくつものIPv6アドレスが同時に付けられることになります。通常はグローバルIPv6アドレスとリンクローカルIPv6アドレスという2種類のアドレスが付けられます。リンクローカルIPv6アドレスは、ルータを越えない同一セグメント内の通信で利用されます。リンクローカルIPv6アドレスのネットワーク部は`fe80::/64`と決まっていて、ホスト部には64ビットのMACアドレスが格納されます（48ビットのMACアドレスの場合には、64ビットに変換されてから格納されます）。

グローバルIPv6アドレスは、インターネットと接続されているホストとの通信のために利用されるアドレスです。そのほかに、インターネットとの通信を考えないときにプライベートアドレスとして使えるユニークローカルアドレスもあります。

IPv6アドレスは、IPv4アドレスと比べると長くて覚えるのが大変なため、できるだけ手作業でアドレスを設定しなくて済むような工夫がされています。管理者が手動で固定的にIPv6アドレスを割り当てたり、DHCPを使って動的にIPv6アドレスを取得したりするほか、ノードが自動的にIPv6アドレスを生成するしくみが用意されているのです。これは、ネットワークアドレス部をルータから教わり、ホストアドレス部を64ビットのMACアドレスから生成したり（ステートレスアドレス）、一時的にランダムなアドレスを使ったり（匿名アドレス）することで実現しています。このようなアドレスの自動生成は、クライアントコンピュータを使う場合には便利な方法です。

■ **IPv6アドレスのホスト部はインターフェイスID**

IPv6アドレスのホスト部は「インターフェイスID」と呼ばれます。IPアドレスがホストを識別するためのものではなく、NICを識別するためのものであることを強調するために、このように名付けられました。インターフェイスIDはいろいろな方法で決められます。最も基本となるのは、64ビットのMACアドレスを格納する**ステートレスアドレス**です。このMACアドレスをEUI-64といいます。EthernetやWi-FiのMACアドレスは48ビットであり（EUI-48）、長さが違いますが、EUI-64に変換する方法が決められています。その方法を図8.15に示します。

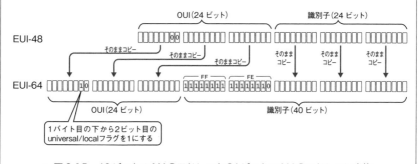

▶ 図8.15　48ビットのMACアドレスを64ビットのMACアドレスに変換

8.6.4 IPv6による通信

図8.16は、IPv6ネットワーク、IPv4ネットワーク、IPv4/IPv6混在ネットワークが互いに接続されている様子です。

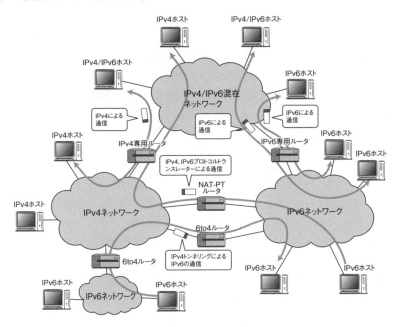

▶ 図8.16　IPv6とIPv4ネットワークの運用

IPv6が標準化されてから20年になります[†2]。IPv4からIPv6への移行は進んでいるとはいえませんが、着実にIPv6の利用は広がっています。

IPv6は、IPv4と完全には互換性がありませんが、**デュアルスタック**、**NAT-PT**、**6to4**などの技術により、IPv6とIPv4の両方を使いながら、少しずつIPv6へ移行するためのしくみが作られています。

デュアルスタックは、1台のホストやルータでIPv6とIPv4の両方に対応しているということです。通信相手がIPv4ならばIPv4を使い、IPv6ならばIPv6を使って、どちらのノードとも通信することができます。両方のプロトコルをサポートすることは大変ですが、スマートフォンやパソコンなど、能力が高いコンピュータはデュアルスタックになっています。

NAT-PTはNetwork Address Translation - Protocol Translationの略で、IPv4とIPv6の間でアドレス変換とプロトコル変換を行う技術のことです。アドレスの数の

[†2] IPv6の仕様は、1995年にRFC1883として公表されました。ただし、1998年のRFC2460で一部修正されています。

違いから、IPv4をIPv6に変換できても、その逆はできない場合があります。

6to4は、IPv4ネットワークを使ってIPv6ネットワーク同士をつなぐしくみです。これにより、IPv6ネットワークがそばになくても、IPv4ネットワークを利用して仮想的にIPv6ネットワークを延長することができます。

これら以外に、アプリケーションゲートウェイを使う方法もあります。HTTPなどの限定された通信に限られますが、プロキシサーバを使えば、IPアドレスを意識することなくプロトコル変換をすることができます。

IPv6の特徴を本当に生かしたければ、IPv4を使わずに、たくさんのIPv6の機器同士が直接通信できる環境が必要です。それまでは、IPv6とIPv4は互いに影響を与えながら相互に進化していくことでしょう。

■IPv4アドレスが4バイトだったのは良かった？ 悪かった？

IPv4がRFCになったのは1983年です。IPv4にほころびが見え始め、次世代IPの設計が始まったのが、その10年後の1993年ごろです。ほころびは、IPv4アドレスが4バイトだったことに起因します。4バイトではアドレスの絶対数が少ないため、急速なインターネットの拡大によりアドレスが足りなくなり、ネットワークの発展に限界が訪れると考えられました。

その結果、1995年にIPv6が誕生し、それから約20年たちました。当時と今を比較すると、何が変わっているでしょう？

IPv4は、20年前と比べたら、とてつもない普及を遂げています。ところが、IPv6への移行は進んでいません。このような状況の中で、次の2つの見方があります。

1. IPv4アドレスを最初から16バイトにしてくれていたらよかった
2. 1983年当時、IPv4アドレスを4バイトにしたのは正しい選択だった

2つの考え方はまるっきり逆です。しかし、著者には後者の考え方がしっくりきます。なぜかといえば、「IPv4アドレスを最初から16バイトにしていたら、IPv4は普及しなかった」と思うからです。

4バイトのIPアドレスは、人間が覚えるのに無理のない長さです。コンピュータも32ビットCPUの時代が長かったため、4バイトが最も処理しやすいバイト長でした。つまり、4バイトという大きさは、人にとっても機械にとっても最適な大きさだったのです。これを8バイトや16バイトにすると、人も覚えにくく、機械も処理しにくくなります。運用もプログラミングも大変になり、ネットワークを構築することも、動作する機械を作ることも難しくなります。

1993年当時は、IPv4アドレスをすぐに使い切ってしまいそうでしたが、技術者は賢い方法で問題を解決しました。IPヘッダの変更ではなく、処理方法の変更、つまり、運用でカバーしていったのです。その代表が、可変長サブネットマスクやNAT（8.3.1項参照）、プロキシサーバ（8.4.3項参照）です。これらの技術を使うと、IPアドレスが有効に使え、全世界でユニークにIPアドレスを割り当てなくてもよくなって、IPアドレスの不足を補うことができたのです。

IPv4アドレスが8バイトや16バイトだったら、そもそもIPv4が普及しなかった可能性があります。そうしたら、今のようなインターネットも存在しなかったでしょう。IPv4が誕生して広まり始めたころは、OSIプロトコルなどが華々しくデビューした時代です。IPv4が勝つかOSIが勝つか競争していた時代でもあります。IPv4が勝って、世界を征服した要

因には、IPv4アドレスを4バイトにしていたことも挙げられるでしょう。仮に次のように考えてみてください。

- IPv4アドレスを4バイトにしたから、世界中でIPv4が使われている
- IPv4アドレスを8バイトや16バイトにしていたら、IPv4は使われなかった

普及しないものを提案するのは無駄といえます。問題や制限があっても、普及したほうがいいに決まっています。そう考えると、IPv4でIPアドレスを4バイトにしたことは、結果的に正しい選択だったといえるのです。

とはいえ、すでに、スマートフォン、パソコンのほとんどがIPv6の機能を備えています。いつでもIPv4からIPv6に切り替えられる時代になっています。何かをきっかけにして、ある日突然、IPv4からIPv6に移ってしまうかもしれません。未来を見据えて、両者を使い分けていきましょう。

8.7 第8章のまとめ

この章では、次のようなことを学びました。

- DNS
- DHCP
- NAT
- セキュリティ（ファイアウォール、IDS、IPS）
- 暗号化（共通鍵暗号方式、公開鍵暗号方式、SSL・TLSと認証局）
- IPv6

これらの技術はTCP/IPを使う上で、なくてはならない技術です。さまざまな技術が組み合わさって、世の中を便利にしていることがわかったと思います。

また、現在ではIPをパワーアップさせたIPv6も使われています。スマートフォンなどの小さくてパワフルなコンピュータの爆発的な普及によってコンピュータの世界、インターネットの世界が大きく変貌しつつあります。新しい時代に向けて、TCP/IP技術はこれからもますます発展していくことでしょう。

付録

付A：ヘッダフォーマット
付B：IPアドレスに関する情報
付C：代表的なポート番号

付A　ヘッダフォーマット

付A.1　Ethernet（Ethernet II）

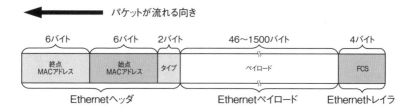

▶ 図付.1　Ethernetフレームフォーマット

- **終点MACアドレス（Destination）**
  送信先のMACアドレスです。
- **始点MACアドレス（Source）**
  送信元のMACアドレスです。

- **タイプ（Type）**
  Ethernetヘッダに続くヘッダの種類です。

- **ペイロード**
  Ethernetフレームが運ぶデータ部です。上位層のヘッダとデータが含まれます。長さは46〜1500バイトになります。46バイトより小さい場合には詰め物が入ります（このような詰め物のことを**パディング**といいます）。Wiresharkでキャプチャすると46バイトよりも小さいことがありますが、これは、実際にネットワークに流れたフレームではなく、これから送信するフレームに詰め物を入れる前にWiresharkがキャプチャしたからです。

- **FCS（Frame Check Sequence）**
  Ethernetヘッダ、ペイロードが壊れていないことを保証するためのチェックディジットです。ハードウェアが設定・検査するため、Wiresharkでは表示されません。

付A.2　ARP（Address Resolution Protocol）

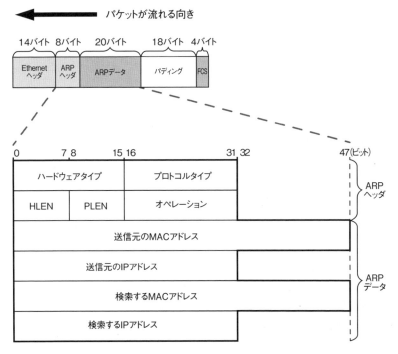

▶ 図付.2　ARPパケットフォーマット（Ethernetの場合、RFC826参照）

付A ヘッダフォーマット 299

- **ハードウェアタイプ（Hardware type）**
  ハードウェアアドレス（MACアドレス）の種類が入ります。Ethernetの場合には1です。

- **プロトコルタイプ（Protocol type）**
  上位層のアドレスのプロトコルを指定します。Ethernetの場合には、Ethernetのタイプ（Type）の値がそのまま入ります。IPの場合には16進数で0800が入ります。

- **HLEN（Hardware size）**
  ハードウェアアドレス（MACアドレス）の長さを指定します。Ethernetの場合は6になります。

- **PLEN（Protocol size）**
  上位プロトコルのアドレスの長さを指定します。IPの場合は4になります。

- **オペレーション（Opcode）**
  処理の指示をします。ARP要求の場合は1で、ARP応答の場合は2になります。

- **送信元のMACアドレス（Sender MAC address）**
  ARP要求パケットでは送信元ノードのMACアドレス、ARP応答パケットでは送信先ノードのMACアドレスが格納されます。

- **送信元のIPアドレス（Sender IP Address）**
  ARPパケットを送信したノードのIPアドレスです。

- **検索するMACアドレス（Target MAC address）**
  ARP要求パケットでは0で埋められていて、ARP応答パケットでは応答パケットを受け取る相手のMACアドレスになっています。

- **検索するIPアドレス（Target IP address）**
  ARPパケットの送信先ノードのIPアドレスです。

付A.3 IP (Internet Protocol Version 4)

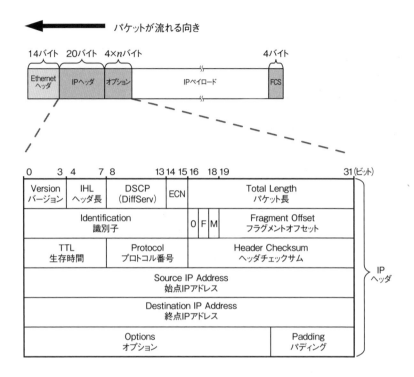

▶ 図付.3　IPパケット（IPデータグラム）フォーマット（RFC791、RFC2474、RFC3168参照）

- **バージョン（Version）**
  IPバージョンを意味する4ビットのフィールドです。IPv4の場合は4が入っています。

- **ヘッダ長（IHL：Internet Header Length、Header Length）**
  IPヘッダの長さを意味する4ビットのフィールドです。単位は4バイト（32ビット）なので、IPヘッダは最大で $4 \times 15 = 60$ バイト長です。オプションのないIPヘッダは20バイトですので、通常は5になります。

- **DSCP、ECN（Differentiated Services Field）**
  DSCPは6ビット、ECNは2ビットのフィールドです。もともとのIPv4の仕様では「サービスタイプ」（TOS：Type of Service）という8ビットのフィールドでした。しかし実用化のめどが立たなかったためDSCP、ECNに改定されました。
  DSCPはDifferentiated Services CodePointの略で、ネットワークでDiffServ（Differentiated Services）を運用するときに使われます。DiffServを使うと、IP

に品質制御（QoS）を導入することができます。たとえば、WebとIP電話の通信を比較すると、パケットが損失したときに影響が大きいのはIP電話の通信です。DiffServを使うと、WebよりもIP電話の優先度を高くすることができ、ふくそう状態になったときにWebのパケットを廃棄して、IP電話のパケットを廃棄しないように処理することができます。ただし、このフィールドはDiffServを運用している特定のプロバイダ内でのみ意味を持ち、インターネット全体としてはベストエフォートとして処理されます。

ECN（Explicit Congestion Notification）は、途中のルータがふくそう状態かどうかを通知するために使われます。ECNを使う場合には、送信側のホストはこのフィールドに10または01を格納して送ります。途中のルータがふくそう状態にある場合、このフィールドを11に変更して転送します。この情報を受け取ったホストは、ふくそう状態にあることを送信側に伝えて、送信量を減らしてもらうべきですが、このような機能はIPにはありません。TCPを使っている場合にはCWRやECEを使って途中のネットワークがふくそうしていることを伝えることができます。

- **パケット長（Total Length）**

  IPデータグラム全体のバイト長を意味する16ビットのフィールドです。このフィールド長から、IPが運べる最大データ長は $65535 - 20 = 65515$ バイトと計算できます。

- **識別子（ID：Identification）**

  フラグメントを復元するときの識別子として使われる16ビットのフィールドです。通常は、コンピュータの電源投入時に識別子の初期値が決められ、IPパケットを1つ送信するごとに、識別子の値が1つずつ足されていきます。65536個のパケットを送信すると値が1周します。

- **フラグ（Flags）**

  IPパケットの分割処理を制御する3ビットのフィールドです。各ビットには表付.1に示す意味があります。

▶ 表付.1　フラグの意味

ビット	意味
0	未使用。0にしなければならない
F	途中のルータに分割してよいかを指示する（Don't Fragment） 0：分割可 1：分割不可
M	運んでいるデータが、フラグメントの途中か最後かを示す（More Fragment） 0：最後のフラグメント（または、フラグメントしていない） 1：途中のフラグメント

- **フラグメントオフセット（Fragment Offset）**

  分割されたデータが、オリジナルデータのどこに位置しているかを意味する13ビットのフィールドです。単位は8バイト単位です。

● 生存時間（TTL：Time to Live）

パケットが永遠にネットワーク中を回り続けることを防ぐための8ビットのフィールドです。もともとはIPパケットがネットワークに存在してよい秒単位の時間（生存時間）を意味しますが、実際には、IPパケットが通過できるルータの個数を表します。生存時間は、IPパケットを送信したホストで初期値が付けられ、ルータを通過するたびに1ずつ減らされていきます。0になったらパケットは破棄されます。8ビット長なので、通過できるルータの数は最大で255になります。

● プロトコル番号（Protocol）

上位層のプロトコルがなんであるかを示す8ビットのフィールドです。主なプロトコル番号は表付.2に示すとおりです。

▶ 表付.2　代表的なプロトコル番号

番号	キーワード	プロトコル名	RFC
1	ICMP	Internet Control Message	RFC792
2	IGMP	Internet Group Management	RFC1112
4	IP	IP in IP (encapsulation)	RFC2003
6	TCP	Transmission Control	RFC793
8	EGP	Exterior Gateway Protocol	RFC888
17	UDP	User Datagram	RFC768
33	DCCP	Datagram Congestion Control Protocol	RFC4340
41	IPv6	Ipv6	RFC2460
46	RSVP	Reservation Protocol	RFC2745
50	ESP	Encapsulating Security Payload	RFC2406
51	AH	Authentication Header	RFC2402
55	MOBILE	IP Mobility	RFC3344
88	EIGRP	EIGRP	−
89	OSPFIGP	OSPFIGP	RFC2328
97	ETHERIP	Ethernet-within-IP Encapsulation	RFC3378
103	PIM	Protocol Independent Multicast	RFC4601, RFC3973
108	IPComp	IP Payload Compression Protocol	RFC2393
112	VRRP	Virtual Router Redundancy Protocol	RFC3768
115	L2TP	Layer Two Tunneling Protocol	RFC3931
132	SCTP	Stream Control Transmission Protocol	RFC2960
134	RSVP-E2E-IGNORE	−	RFC3175
135	Mobility Header	−	RFC3775
136	UDPLite	−	RFC3828
137	MPLS-in-IP	−	RFC4023

付A　ヘッダフォーマット　　*303*

- **ヘッダチェックサム（Header Checksum）**

IPヘッダ（IPオプションを含む）が壊れていないことを保証するための16ビットの
フィールドです。チェックサムは次のように計算します。

- チェックサムのフィールドに0を格納する
- IPヘッダ（IPオプションを含む）について、16ビット単位で1の補数和を求める
- 求まった和の1の補数を、IPヘッダのチェックサムのフィールドに格納する

受信側では、チェックサムのフィールドを含むIPヘッダ（IPオプションを含む）、IP
データ、疑似ヘッダのすべてについて1の補数和を計算し、求まった値が1の補数で
いう、すべてビットが1のゼロ表現になったら、正しいと判断します。

- **始点IPアドレス（Source IP Address、Source）**

IPデータグラムの送信元のIPアドレスを示す32ビットのフィールドです。

- **終点IPアドレス（Destination IP Address、Destination）**

IPデータグラムの送信先のIPアドレスを示す32ビットのフィールドです。

- **オプション（Options）**

IPではいくつかのオプション機能が定義されています。オプションは最大で40バイ
トまで付けることができます。オプションフィールドの最初のバイトには、そのオプ
ションが何を意味するかを示すタイプがきます。タイプは8ビットの長さがあります
が、その8ビットを1ビット、2ビット、5ビットに分け、それぞれコピーフラグ、ク
ラス、番号の3つの意味に分けています。

コピーフラグは、パケットを分割するときにすべてのパケットにオプションをコピー
するかどうかを意味します。0ならコピーせず、1ならすべての断片にオプションを
コピーします。

クラスには0と2があり、次のような意味で使われます。0の場合には制御を意味し、
ルータやホストにオプションの中身を理解して処理することを要求します。2の場合
には計測を意味し、ルータやホストに対して、オプションに追加することを要求しま
す。番号は、各オプションの識別子です。

表付.3にIPv4で利用できる主なオプションをまとめます。

- **パディング（Padding）**

オプションを付けた場合、ヘッダ長が32ビットの整数倍にならない場合があります。
この場合、詰め物として0を入れて32ビットの整数倍に合わせます。

▶ 表付.3 主なIPv4のオプション

タイプ	コピー (1)	クラス (2)	番号 (5)	名前	RFC
0	0	0	0	EOOL (End of Options List)	RFC791
1	0	0	1	NOP (No Operation)	RFC791
7	0	0	7	RR (Record Route)	RFC791
68	0	2	4	TS (Time Stamp)	RFC791
82	0	2	18	TR (Traceroute)	RFC1393
130	1	0	2	SEC (Security)	RFC1108
131	1	0	3	LSR (Loose Source Route)	RFC791
133	1	0	5	E-SEC (Extended Security)	RFC1108
136	1	0	8	SID (Stream ID)	RFC791
137	1	0	9	SSR (Strict Source Route)	RFC791
145	1	0	17	EIP (Extended Internet Protocol)	RFC1358
148	1	0	20	RTRALT (Router Alert)	RFC2113

付A.4 ICMP (Internet Control Message Protocol)

ICMPは、ネットワークの診断や情報提供、エラー処理などに利用されます。pingコマンドで利用されるタイプ8のEchoや、タイプ0のEcho Reply、タイプ3のDestination Unreachable (到達不能)、タイプ11のTime Exceeded (時間超過、TTLが0になる) などが重要です。

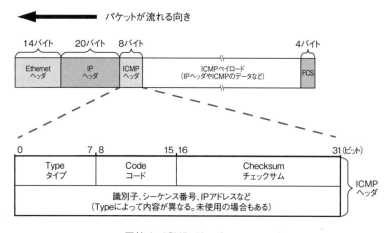

▶ 図付.4 ICMPパケットフォーマット

付A ヘッダフォーマット　　*305*

▶ 表付.4　主なICMPのタイプ番号

番号	名前	RFC
0	Echo Reply	RFC792
3	Destination Unreachable	RFC792
4	Source Quench	RFC792
5	Redirect	RFC792
8	Echo	RFC792
9	Router Advertisement	RFC1256
10	Router Solicitation	RFC1256
11	Time Exceeded	RFC792
12	Parameter Problem	RFC792
13	Timestamp	RFC792
14	Timestamp Reply	RFC792
17	Address Mask Request	RFC950
18	Address Mask Reply	RFC950
30	Traceroute	RFC1393

- **タイプ（Type）**

  ICMPの種類が入ります。表付.4に主なICMPのタイプ番号を示します。

- **コード（Code）**

  タイプをさらに細分化したコードが入ります。

- **チェックサム（Checksum）**

  ICMPヘッダと、ICMPペイロードが壊れていないことを保証します。

付A.5 IPv6（Internet Protocol Version 6）

図付.5にIPバージョン6（IPv6）のヘッダフォーマットを示します。IPv4のヘッダからIPフラグメンテーションに関するフィールドとチェックサムを削除し、IPアドレスのフィールドを巨大化したようなフォーマットになっています。

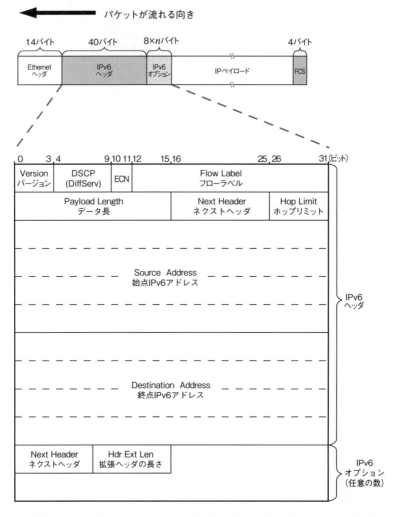

▶ 図付.5 IPv6パケットフォーマット（RFC2460、RFC2474、RFC3168参照）

付A　ヘッダフォーマット　　*307*

- **バージョン（Version）**

  このフィールドはIPv4と同じ4ビット長です。IPv6の場合には6が入ります。

- **DSCP、ECN**

  もともとのIPv6の仕様では「トラフィッククラス」（Traffic Class）という8ビットのフィールドで、IPv4の「サービスタイプ」（TOS：Type of Service）と同等のものでしたが、実用化のめどが立たなかったためIPv4と同様に、DSCP、ECNに改定されました。意味については付A.3を参照してください。

- **フローラベル（Flow Label）**

  品質制御（QoS：Quality of Service）で利用するための20ビット長のフィールドです。同じフローに属するパケットはすべて同じ番号にします。フローラベルを利用しない場合は、すべてのビットを0にします。

  フローラベルは、ルータが品質制御の情報を「高速に検索する」ために利用する索引番号であり、フローラベルの数値自体に意味はありません。なお、フローラベルと終点IPアドレス、始点IPアドレスの3つのすべてが同じでなければ、同じフローとは見なされません。

- **データ長（Payload Length）**

  IPv6が運んでいるデータの長さを意味する16ビットのフィールドです。IPv4のTotal Length（パケット長）ではヘッダの長さも含まれましたが、IPv6のPayload Lengthではヘッダを除いたデータ部の長さを意味します。ただし、オプションがある場合には、オプションの長さもPayload Lengthに含まれます。

- **ネクストヘッダ（Next Header）**

  IPヘッダの次にあるヘッダを意味する16ビットのフィールドです。IPv4のProtocol（プロトコル番号）と同じプロトコルや番号が利用されます。ただし、TCPやUDPなどのプロトコルだけではなく、IPv6のオプションがある場合にもここで指定します。

- **ホップリミット（Hop Limit）**

  パケットが永遠にネットワーク中を回り続けることを防ぐための、8ビットのフィールドです。IPv4のTTL（生存時間）と同じように、ルータを通過するたびに1つずつ減らされ、0になったらそのIPデータグラムは破棄されます。

- **始点IPアドレス（Source IP Address）**

  IPデータグラムの送信元のIPアドレスを示す128ビットのフィールドです。

- **終点IPアドレス（Destination IP Address）**

  IPデータグラムの送信先のIPアドレスを示す128ビットのフィールドです。

- **オプション（Options）**

  IPv6でオプションがある場合には、Next Header（ネクストヘッダ）にオプション

番号を指定します。TCPやUDPといった上位層のプロトコル番号も、オプションの
Next Header（ネクストヘッダ）で指定します。複数のオプションを付けることも
できます。ただし、オプションの最後のNext Headerで上位層のプロトコル番号を
示します。

▶ 表付.5　IPv6のオプション番号

番号	キーワード	名前	RFC
0	HOPOPT	IPv6 Hop-by-Hop Option	RFC2460
1	PadN	PadN Option	RFC2460
43	IPv6-Route	Routing Header for IPv6	RFC2460
44	IPv6-Frag	Fragment Header for IPv6	RFC2460
50	ESP	Encapsulating Security Payload	RFC2406
51	AH	Authentication Header	RFC2402
58	IPv6-ICMP	ICMP for IPv6	RFC2460
59	IPv6-NoNxt	No Next Header for IPv6	RFC2460
60	IPv6-Opts	Destination Options for IPv6	RFC2460

付A.6 TCP (Transmission Control Protocol)

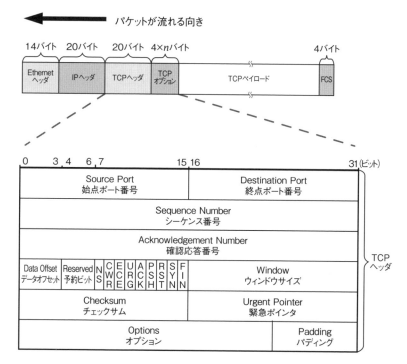

▶図付.6 TCPヘッダフォーマット（RFC793、RFC3168、RFC3540参照）

- **始点ポート番号（Source Port）**

  パケットの送信元のポート番号を示す16ビット長のフィールドです。

- **終点ポート番号（Destination Port）**

  パケットの送信先のポート番号を示す16ビット長のフィールドです。

- **シーケンス番号（Sequence Number）**

  データの到着順序や信頼性を保証するために利用される、32ビット長のフィールドです。

  シーケンス番号は、送信したデータの位置をバイト単位で表します。コネクションを確立するときに乱数で初期値が決定され、相手に通知されます。それ以降は、データを送信するたびに、送信したデータのバイト数だけ加算されます。

  なお、コネクションを確立するときのSYNセグメントや、切断するときのFINセグメントは、データを含んでいなくても1バイト分と数えて処理が行われます。

- **確認応答番号（Acknowledgement Number）**

  TCPによる通信の信頼性を提供するために利用される、32ビット長のフィールドで

す。これは、次に受信すべきデータのシーケンス番号で表されます。つまり、受信したデータの最後尾のシーケンス番号に1を加えた値が確認応答番号になります。

- **データオフセット、ヘッダ長（Data Offset、Header Length）**
TCPが運んでいるデータがどこから始まるかを意味し、結果としてヘッダの長さを表します。このフィールドは4ビット長で、1ビットが4バイト（= 32ビット）長を意味します。特別なオプションを含まない場合には、TCPヘッダは20バイト長なので、5が入ります。

- **予約ビット（Reserved）**
将来の拡張のために用意されている3ビットのフィールドです。未使用のため、0にしておく必要があります。

- **コントロールフラグ（Control Flags）**
NS、CWR、ECE、URG、ACK、PSH、RST、SYN、FINのフィールドは、コントロールフラグと呼ばれます。このフィールドは1ビット単位で意味が決められており、全体で9ビットの長さがあります。
初期のTCPではNS、CWR、ECEがなく、6ビット長でしたが、現在は拡張されて9ビットになりました。このためネット上ではNS、CWR、ECEに対応していない機器がたくさん使われています。これらのビットに対応していない機器の場合、送信するときにはNS、CWR、ECEをともに0に設定し、受信したときにはNS、CWR、ECEが0でも1でも気にせず無視して処理することになっています。

  - **NS**（Nonce Sum flag）
  NSは実験用（experimental）に用意されているビットで、標準（standard）としては使われません。IPでECN（Explicit Congestion Notification）が使われるときに、それを堅牢にする目的で使われます。

  - **CWR**（Congestion Window Reduced flag）
  CWRとECEは、IPでECN（Explicit Congestion Notification）が使われているときに働きます。ECNはネットワークでふくそうが発生していることを伝えるためのしくみです。
  CWRはECEが1になったセグメントを受信して、ふくそうウィンドウを小さくしたことを通知するために使われます。

  - **ECE**（ECn-Echo flag）
  ECEフラグが1の場合は、ネットワークの途中でふくそうが起きていることを表しています。ECEが1になっていたら、ふくそうウィンドウを小さくして、データセグメントの送信量を減らす必要があります。

  - **URG**（URGent flag）
  このビットが1の場合は、緊急に処理すべきデータが含まれています。緊急に処理すべきデータはUrgent Pointer（緊急ポインタ）で示されます。

- **ACK**（ACKnowledgement flag）

  このビットが1の場合には、Acknowledgement Number（確認応答番号）が有効であることを意味します。コネクション確立時の一番最初のTCPセグメント以外は、必ず1になっていなければなりません。

- **PSH**（PuSH flag）

  このビットが1の場合には、できるだけ速やかにデータをアプリケーションに渡さなければなりません。0の場合には、しばらくの間バッファにためておくことが許されます。

- **RST**（ReSeT flag）

  このビットが1の場合にはコネクションが強制的に切断されます。これは、正常な通信が行えない場合など、コネクションを強制的に初期化するときに使われます。

- **SYN**（SYNchronize flag）

  このビットが1の場合は、コネクションの確立要求を意味します。このとき、Sequence Number（シーケンス番号）の値をシーケンス番号の初期値にして、通信が開始されます。

- **FIN**（FIN flag）

  このビットが1の場合は、通信の最後のセグメントであることを意味します。

- **ウィンドウサイズ（Window、Window size value）**

  フロー制御に使われる16ビットのフィールドです。具体的には、受信可能なデータ長をバイト単位で表します。16ビット長なので、確認応答がなくても、最大で65535バイトまでのデータを送ることができます。ここに示されているデータ量を超えて送信することは許されません。

  なお、このウィンドウの最大値では高遅延・広帯域ネットワークの性能を生かしきれないという問題があるため、オプションでウィンドウの最大値を1Gバイトまで拡張できるようになっています。

- **チェックサム（Checksum）**

  TCPヘッダ（TCPオプションを含む）、TCPデータ、IPヘッダの一部（IPアドレス、パケット長、プロトコル番号）が壊れていないことを保証するための16ビットのフィールドです。チェックサムは次のように計算します。

  - 始点IPアドレス、終点IPアドレス、TCPパケット長（IPパケット長からIPヘッダ長を引いた値）、プロトコル番号からなる疑似ヘッダを作成する
  - チェックサムのフィールドに0を格納する
  - 16ビット単位で計算できるように、TCPデータが奇数バイトの場合にはTCPデータの末尾に1バイト（値は0）を追加する
  - TCPヘッダ（TCPオプションを含む）、TCPデータ、疑似ヘッダについて、16

ビット単位で1の補数和を求める

- 求まった和の1の補数を、TCPヘッダのチェックサムのフィールドに格納する

受信側では、チェックサムのフィールドを含むTCPヘッダ（TCPオプションを含む）、TCPデータ、疑似ヘッダのすべてについて1の補数和を計算し、求まった値が1の補数でいう、すべてビットが1のゼロ表現になったら、正しいと判断します。

- **緊急ポインタ（Urgent Pointer）**

緊急に処理しなければならないデータが格納されている場所を示す16ビットのフィールドです。TCPヘッダに続くデータの先頭から、この緊急ポインタで示されている数値分のデータ（バイト長）が緊急に処理しなければならないデータで、帯域外データとも呼ばれます。

帯域外データをどのように扱うかは、アプリケーションが決定します。一般的には、通信を途中で中断したり、処理を中断したりする場合に使われますが、TCPのストリームに属さないデータとして利用することもできます。

- **オプション（Options）**

オプションは、TCPによる通信性能を向上させるために利用されます。Data Offset（データオフセット）、すなわちヘッダ長による制限のため、オプションは最大で40バイトまでです。オプションフィールドは、全体で32ビットの整数倍になるように調整されます。

代表的なTCPオプションを表付.6に示します。

▶ 表付.6 代表的なTCPオプション

タイプ	長さ	意味	RFC
0	－	End of Option List	RFC793
1	－	No-Operation	RFC793
2	4	Maximum Segment Size	RFC793
3	3	WSOPT - Window Scale	RFC1323
4	2	SACK Permitted	RFC2018
5	N	SACK (Selective Acknowledgement)	RFC2018
8	10	TSOPT - Time Stamp Option	RFC1323
9	2	Partial Order Connection Permitted	RFC1693
10	5	Partial Order Service Profile	RFC1693
11	－	CC (Transaction/TCP)	RFC1644
12	－	CC.NEW (Transaction/TCP)	RFC1644
13	－	CC.ECHO (Transaction/TCP)	RFC1644
14	3	TCP Alternate Checksum Request	RFC1146
15	N	TCP Alternate Checksum Data	RFC1146

付A.7 UDP（User Datagram Protocol）

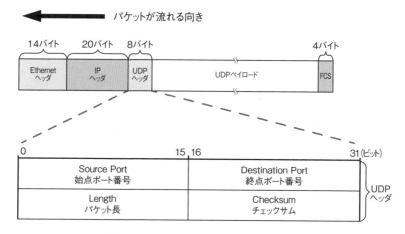

▶ 図付.7　UDPヘッダフォーマット（RFC768参照）

- **始点ポート番号（Source Port）**
  IPデータグラムの送信元のポート番号を示す16ビット長のフィールドです。

- **終点ポート番号（Destination Port）**
  IPデータグラムの送信先のポート番号を示す16ビット長のフィールドです。

- **パケット長（Length）**
  UDPヘッダとデータの長さの和が格納される16ビットのフィールドです。

- **チェックサム（Checksum）**
  UDPヘッダ、UDPデータ、IPヘッダの一部（IPアドレス、パケット長、プロトコル番号）が壊れていないことを保証するための16ビットのフィールドです。チェックサムは次のように計算します。

  - 始点IPアドレス、終点IPアドレス、UDPパケット長（IPパケット長からIPヘッダ長を引いた値）、プロトコル番号からなる疑似ヘッダを作成する
  - チェックサムのフィールドに0を格納する
  - 16ビット単位で計算できるように、UDPデータが奇数バイトの場合にはUDPデータの末尾に1バイト（値は0）を追加する
  - UDPヘッダ、UDPデータ、疑似ヘッダについて、16ビット単位で1の補数和を求める
  - 求まった和の1の補数を、UDPヘッダのチェックサムのフィールドに格納する

  受信側では、チェックサムのフィールドを含むUDPヘッダ、UDPデータ、疑似ヘッ

ダのすべてについて1の補数和を計算し、求まった値が1の補数でいう、すべてビットが1のゼロ表現になったら、正しいと判断します。

なお、UDPのチェックサムはオプションになっており、使用しない場合には、すべてのビットが0のゼロ表現を格納します。

 ## IPアドレスに関する情報

付B.1 プライベートIPアドレス

▶ 表付.7 プライベートIPアドレス

ネットワークアドレス	IPアドレスの範囲
10/8	10. 0. 0. 0 ～ 10.255.255.255
172.16/12	172. 16. 0. 0 ～ 172. 31.255.255
192.168/16	192.168. 0. 0 ～ 192.168.255.255

付B.2 ネットマスク一覧表

▶ 表付.8 ネットマスク一覧表

ネットアドレスのビット数	ネットマスク（2進数）	ネットマスク（10進数）	ネットマスク（16進数）
0	00000000.00000000.00000000.00000000	0. 0. 0. 0	00.00.00.00
1	10000000.00000000.00000000.00000000	128. 0. 0. 0	80.00.00.00
2	11000000.00000000.00000000.00000000	192. 0. 0. 0	c0.00.00.00
3	11100000.00000000.00000000.00000000	224. 0. 0. 0	e0.00.00.00
4	11110000.00000000.00000000.00000000	240. 0. 0. 0	f0.00.00.00
5	11111000.00000000.00000000.00000000	248. 0. 0. 0	f8.00.00.00
6	11111100.00000000.00000000.00000000	252. 0. 0. 0	fc.00.00.00
7	11111110.00000000.00000000.00000000	254. 0. 0. 0	fe.00.00.00
8 (クラスA)	11111111.00000000.00000000.00000000	255. 0. 0. 0	ff.00.00.00
9	11111111.10000000.00000000.00000000	255.128. 0. 0	ff.80.00.00
10	11111111.11000000.00000000.00000000	255.192. 0. 0	ff.c0.00.00
11	11111111.11100000.00000000.00000000	255.224. 0. 0	ff.e0.00.00
12	11111111.11110000.00000000.00000000	255.240. 0. 0	ff.f0.00.00
13	11111111.11111000.00000000.00000000	255.248. 0. 0	ff.f8.00.00
14	11111111.11111100.00000000.00000000	255.252. 0. 0	ff.fc.00.00
15	11111111.11111110.00000000.00000000	255.254. 0. 0	ff.fe.00.00
16 (クラスB)	11111111.11111111.00000000.00000000	255.255. 0. 0	ff.ff.00.00
17	11111111.11111111.10000000.00000000	255.255.128. 0	ff.ff.80.00
18	11111111.11111111.11000000.00000000	255.255.192. 0	ff.ff.c0.00
19	11111111.11111111.11100000.00000000	255.255.224. 0	ff.ff.e0.00
20	11111111.11111111.11110000.00000000	255.255.240. 0	ff.ff.f0.00
21	11111111.11111111.11111000.00000000	255.255.248. 0	ff.ff.f8.00
22	11111111.11111111.11111100.00000000	255.255.252. 0	ff.ff.fc.00
23	11111111.11111111.11111110.00000000	255.255.254. 0	ff.ff.fe.00
24 (クラスC)	11111111.11111111.11111111.00000000	255.255.255. 0	ff.ff.ff.00
25	11111111.11111111.11111111.10000000	255.255.255.128	ff.ff.ff.80
26	11111111.11111111.11111111.11000000	255.255.255.192	ff.ff.ff.c0
27	11111111.11111111.11111111.11100000	255.255.255.224	ff.ff.ff.e0
28	11111111.11111111.11111111.11110000	255.255.255.240	ff.ff.ff.f0
29	11111111.11111111.11111111.11111000	255.255.255.248	ff.ff.ff.f8
30	11111111.11111111.11111111.11111100	255.255.255.252	ff.ff.ff.fc
31	11111111.11111111.11111111.11111110	255.255.255.254	ff.ff.ff.fe
32	11111111.11111111.11111111.11111111	255.255.255.255	ff.ff.ff.ff

付録 B IPアドレスに関する情報　　*315*

付B.3　ネットマスクとネットワークアドレス

▶ 表付.9　192.168.10/24 をサブネットワークに分ける場合（30 以降は省略）

ネットアドレスのビット数	IPホストアドレス	ネットワークアドレス	ブロードキャストアドレス	ネットマスク
24	192.168.10. 1~254	192.168.10. 0	192.168.10.255	255.255.255. 0
25	192.168.10. 1~126	192.168.10. 0	192.168.10.127	255.255.255.128
	192.168.10.129~254	192.168.10.128	192.168.10.255	255.255.255.128
26	192.168.10. 1~ 62	192.168.10. 0	192.168.10. 63	255.255.255.192
	192.168.10. 65~126	192.168.10. 64	192.168.10.127	255.255.255.192
	192.168.10.129~190	192.168.10.128	192.168.10.191	255.255.255.192
	192.168.10.193~254	192.168.10.192	192.168.10.255	255.255.255.192
27	192.168.10. 1~ 30	192.168.10. 0	192.168.10. 31	255.255.255.224
	192.168.10. 33~ 62	192.168.10. 32	192.168.10. 63	255.255.255.224
	192.168.10. 65~ 94	192.168.10. 64	192.168.10. 95	255.255.255.224
	192.168.10. 97~126	192.168.10. 96	192.168.10.127	255.255.255.224
	192.168.10.129~158	192.168.10.128	192.168.10.159	255.255.255.224
	192.168.10.161~190	192.168.10.160	192.168.10.191	255.255.255.224
	192.168.10.193~222	192.168.10.192	192.168.10.223	255.255.255.224
	192.168.10.225~254	192.168.10.224	192.168.10.255	255.255.255.224
28	192.168.10. 1~ 14	192.168.10. 0	192.168.10. 15	255.255.255.240
	192.168.10. 17~ 30	192.168.10. 16	192.168.10. 31	255.255.255.240
	192.168.10. 33~ 46	192.168.10. 32	192.168.10. 47	255.255.255.240
	192.168.10. 49~ 62	192.168.10. 48	192.168.10. 63	255.255.255.240
	192.168.10. 65~ 78	192.168.10. 64	192.168.10. 79	255.255.255.240
	192.168.10. 81~ 94	192.168.10. 80	192.168.10. 95	255.255.255.240
	192.168.10. 97~110	192.168.10. 96	192.168.10.111	255.255.255.240
	192.168.10.113~126	192.168.10.112	192.168.10.127	255.255.255.240
	192.168.10.129~142	192.168.10.128	192.168.10.143	255.255.255.240
	192.168.10.145~158	192.168.10.144	192.168.10.159	255.255.255.240
	192.168.10.161~174	192.168.10.160	192.168.10.175	255.255.255.240
	192.168.10.177~190	192.168.10.176	192.168.10.191	255.255.255.240
	192.168.10.193~206	192.168.10.192	192.168.10.207	255.255.255.240
	192.168.10.209~222	192.168.10.208	192.168.10.223	255.255.255.240
	192.168.10.225~238	192.168.10.224	192.168.10.239	255.255.255.240
	192.168.10.241~254	192.168.10.240	192.168.10.255	255.255.255.240
29	192.168.10. 1~ 6	192.168.10. 0	192.168.10. 7	255.255.255.248
	192.168.10. 9~ 14	192.168.10. 8	192.168.10. 15	255.255.255.248
	192.168.10. 17~ 22	192.168.10. 16	192.168.10. 23	255.255.255.248
	192.168.10. 25~ 30	192.168.10. 24	192.168.10. 31	255.255.255.248
	192.168.10. 33~ 38	192.168.10. 32	192.168.10. 39	255.255.255.248
	192.168.10. 41~ 46	192.168.10. 40	192.168.10. 47	255.255.255.248
	192.168.10. 49~ 54	192.168.10. 48	192.168.10. 55	255.255.255.248
	192.168.10. 57~ 62	192.168.10. 56	192.168.10. 63	255.255.255.248
	192.168.10. 65~ 70	192.168.10. 64	192.168.10. 71	255.255.255.248
	192.168.10. 73~ 78	192.168.10. 72	192.168.10. 79	255.255.255.248
	192.168.10. 81~ 86	192.168.10. 80	192.168.10. 87	255.255.255.248
	192.168.10. 89~ 94	192.168.10. 88	192.168.10. 95	255.255.255.248
	192.168.10. 97~102	192.168.10. 96	192.168.10.103	255.255.255.248
	192.168.10.105~110	192.168.10.104	192.168.10.111	255.255.255.248
	192.168.10.113~118	192.168.10.112	192.168.10.119	255.255.255.248
	192.168.10.121~126	192.168.10.120	192.168.10.127	255.255.255.248
	192.168.10.129~134	192.168.10.128	192.168.10.135	255.255.255.248
	192.168.10.137~142	192.168.10.136	192.168.10.143	255.255.255.248
	192.168.10.145~150	192.168.10.144	192.168.10.151	255.255.255.248
	192.168.10.153~158	192.168.10.152	192.168.10.159	255.255.255.248
	192.168.10.161~166	192.168.10.160	192.168.10.167	255.255.255.248
	192.168.10.169~174	192.168.10.168	192.168.10.175	255.255.255.248
	192.168.10.177~182	192.168.10.176	192.168.10.183	255.255.255.248
	192.168.10.185~190	192.168.10.184	192.168.10.191	255.255.255.248
	192.168.10.193~198	192.168.10.192	192.168.10.199	255.255.255.248
	192.168.10.201~206	192.168.10.200	192.168.10.207	255.255.255.248
	192.168.10.209~214	192.168.10.208	192.168.10.215	255.255.255.248
	192.168.10.217~222	192.168.10.216	192.168.10.223	255.255.255.248
	192.168.10.225~230	192.168.10.224	192.168.10.231	255.255.255.248
	192.168.10.233~238	192.168.10.232	192.168.10.239	255.255.255.248
	192.168.10.241~246	192.168.10.240	192.168.10.247	255.255.255.248
	192.168.10.249~254	192.168.10.248	192.168.10.255	255.255.255.248

付B.4 10進数、16進数、2進数の対応表

▶ 表付.10　10進数、16進数、2進数の対応表

10進数	16進数	2進数	10進数	16進数	2進数
0	0	0	64	40	1000000
1	1	1	65	41	1000001
2	2	10	66	42	1000010
3	3	11	67	43	1000011
4	4	100	68	44	1000100
5	5	101	69	45	1000101
6	6	110	70	46	1000110
7	7	111	71	47	1000111
8	8	1000	72	48	1001000
9	9	1001	73	49	1001001
10	a	1010	74	4a	1001010
11	b	1011	75	4b	1001011
12	c	1100	76	4c	1001100
13	d	1101	77	4d	1001101
14	e	1110	78	4e	1001110
15	f	1111	79	4f	1001111
16	10	10000	80	50	1010000
17	11	10001	81	51	1010001
18	12	10010	82	52	1010010
19	13	10011	83	53	1010011
20	14	10100	84	54	1010100
21	15	10101	85	55	1010101
22	16	10110	86	56	1010110
23	17	10111	87	57	1010111
24	18	11000	88	58	1011000
25	19	11001	89	59	1011001
26	1a	11010	90	5a	1011010
27	1b	11011	91	5b	1011011
28	1c	11100	92	5c	1011100
29	1d	11101	93	5d	1011101
30	1e	11110	94	5e	1011110
31	1f	11111	95	5f	1011111
32	20	100000	96	60	1100000
33	21	100001	97	61	1100001
34	22	100010	98	62	1100010
35	23	100011	99	63	1100011
36	24	100100	100	64	1100100
37	25	100101	101	65	1100101
38	26	100110	102	66	1100110
39	27	100111	103	67	1100111
40	28	101000	104	68	1101000
41	29	101001	105	69	1101001
42	2a	101010	106	6a	1101010
43	2b	101011	107	6b	1101011
44	2c	101100	108	6c	1101100
45	2d	101101	109	6d	1101101
46	2e	101110	110	6e	1101110
47	2f	101111	111	6f	1101111
48	30	110000	112	70	1110000
49	31	110001	113	71	1110001
50	32	110010	114	72	1110010
51	33	110011	115	73	1110011
52	34	110100	116	74	1110100
53	35	110101	117	75	1110101
54	36	110110	118	76	1110110
55	37	110111	119	77	1110111
56	38	111000	120	78	1111000
57	39	111001	121	79	1111001
58	3a	111010	122	7a	1111010
59	3b	111011	123	7b	1111011
60	3c	111100	124	7c	1111100
61	3d	111101	125	7d	1111101
62	3e	111110	126	7e	1111110
63	3f	111111	127	7f	1111111

付 B　IP アドレスに関する情報　　*317*

▶ 表付.11　10進数、16進数、2進数の対応表（つづき）

10進数	16進数	2進数	10進数	16進数	2進数
128	80	10000000	192	c0	11000000
129	81	10000001	193	c1	11000001
130	82	10000010	194	c2	11000010
131	83	10000011	195	c3	11000011
132	84	10000100	196	c4	11000100
133	85	10000101	197	c5	11000101
134	86	10000110	198	c6	11000110
135	87	10000111	199	c7	11000111
136	88	10001000	200	c8	11001000
137	89	10001001	201	c9	11001001
138	8a	10001010	202	ca	11001010
139	8b	10001011	203	cb	11001011
140	8c	10001100	204	cc	11001100
141	8d	10001101	205	cd	11001101
142	8e	10001110	206	ce	11001110
143	8f	10001111	207	cf	11001111
144	90	10010000	208	d0	11010000
145	91	10010001	209	d1	11010001
146	92	10010010	210	d2	11010010
147	93	10010011	211	d3	11010011
148	94	10010100	212	d4	11010100
149	95	10010101	213	d5	11010101
150	96	10010110	214	d6	11010110
151	97	10010111	215	d7	11010111
152	98	10011000	216	d8	11011000
153	99	10011001	217	d9	11011001
154	9a	10011010	218	da	11011010
155	9b	10011011	219	db	11011011
156	9c	10011100	220	dc	11011100
157	9d	10011101	221	dd	11011101
158	9e	10011110	222	de	11011110
159	9f	10011111	223	df	11011111
160	a0	10100000	224	e0	11100000
161	a1	10100001	225	e1	11100001
162	a2	10100010	226	e2	11100010
163	a3	10100011	227	e3	11100011
164	a4	10100100	228	e4	11100100
165	a5	10100101	229	e5	11100101
166	a6	10100110	230	e6	11100110
167	a7	10100111	231	e7	11100111
168	a8	10101000	232	e8	11101000
169	a9	10101001	233	e9	11101001
170	aa	10101010	234	ea	11101010
171	ab	10101011	235	eb	11101011
172	ac	10101100	236	ec	11101100
173	ad	10101101	237	ed	11101101
174	ae	10101110	238	ee	11101110
175	af	10101111	239	ef	11101111
176	b0	10110000	240	f0	11110000
177	b1	10110001	241	f1	11110001
178	b2	10110010	242	f2	11110010
179	b3	10110011	243	f3	11110011
180	b4	10110100	244	f4	11110100
181	b5	10110101	245	f5	11110101
182	b6	10110110	246	f6	11110110
183	b7	10110111	247	f7	11110111
184	b8	10111000	248	f8	11111000
185	b9	10111001	249	f9	11111001
186	ba	10111010	250	fa	11111010
187	bb	10111011	251	fb	11111011
188	bc	10111100	252	fc	11111100
189	bd	10111101	253	fd	11111101
190	be	10111110	254	fe	11111110
191	bf	10111111	255	ff	11111111

代表的なポート番号

付C.1 代表的なTCPのポート番号

▶ 表付.12 代表的なTCPのポート番号

ポート番号	キーワード	説明
1	tcpmux	TCP Port Service Multiplexer
5	rje	Remote Job Entry
7	echo	Echo
9	discard	Discard
11	systat	Active Users
13	daytime	Daytime (RFC867)
17	qotd	Quote of the Day
18	msp	Message Send Protocol
19	chargen	Character Generator
20	ftp-data	File Transfer [Default Data]
21	ftp	File Transfer [Control]
22	ssh	SSH Remote Login Protocol
23	telnet	Telnet
25	smtp	Simple Mail Transfer
38	rap	Route Access Protocol
42	name, nameserver	Host Name Server
43	nicname	Who Is
49	tacacs	Login Host Protocol (TACACS)
53	domain	Domain Name Server
70	gopher	Gopher
79	finger	Finger
80	http	World Wide Web HTTP
88	kerberos	Kerberos
101	hostname	NIC Host Name Server
102	iso-tsap	ISO-TSAP Class 0
109	pop2	Post Office Protocol - Version 2
110	pop3	Post Office Protocol - Version 3
111	sunrpc	SUN Remote Procedure Call
113	auth, ident	Authentication Service
117	uucp-path	UUCP Path Service
119	nntp	Network News Transfer Protocol
135	epmap	DCE endpoint resolution
139	netbios-ssn	NETBIOS Session Service
143	imap	Internet Message Access Protocol
152	bftp	Background File Transfer Program
163	cmip-man	CMIP/TCP Manager
164	cmip-agent	CMIP/TCP Agent
179	bgp	Border Gateway Protocol
190	gacp	Gateway Access Control Protocol
191	prospero	Prospero Directory Service
194	irc	Internet Relay Chat Protocol
197	dls	Directory Location Service
198	dls-mon	Directory Location Service Monitor
201	at-rtmp	AppleTalk Routing Maintenance
202	at-nbp	AppleTalk Name Binding
204	at-echo	AppleTalk Echo
206	at-zis	AppleTalk Zone Information
213	ipx	IPX
218	mpp	Netix Message Posting Protocol
220	imap3	Interactive Mail Access Protocol v3
259	esro-gen	Efficient Short Remote Operations
264	bgmp	BGMP
311	asip-webadmin	AppleShare IP WebAdmin

付 C 代表的なポート番号 *319*

▶ 表付.13 代表的な TCP のポート番号（つづき）

ポート番号	キーワード	説明
381	hp-collector	hp performance data collector
382	hp-managed-node	hp performance data managed node
383	hp-alarm-mgr	hp performance data alarm manager
389	ldap	Lightweight Directory Access Protocol
407	timbuktu	Timbuktu
427	svrloc	Server Location
443	https	http protocol over TLS/SSL
444	snpp	Simple Network Paging Protocol
445	microsoft-ds	Microsoft-DS
464	kpasswd	kpasswd
497	dantz	dantz
500	isakmp	isakmp
512	exec	remote process execution
513	login	remote login a telnet
514	shell	cmd
515	printer	spooler
517	talk	like tenex link, but across
518	ntalk	ntalk
519	utime	unixtime
524	ncp	NCP
531	conference	chat
532	netnews	readnews
540	uucp	uucpd
541	uucp-rlogin	uucp-rlogin
543	klogin	klogin
544	kshell	krcmd
545	appleqtcsrvr	appleqtcsrvr
548	afpovertcp	AFP over TCP
550	new-rwho	new-who
552	devshr-nts	DeviceShare
553	pirp	pirp
556	remotefs	rfs server
560	rmonitor	rmonitord
561	monitor	monitor
562	chshell	chcmd
563	nntps	nntp protocol over TLS/SSL (was snntp)
587	submission	Submission (RFC4409)
591	http-alt	FileMaker, Inc. - HTTP Alternate (see Port 80)
626	asia	ASIA
631	ipp	IPP (Internet Printing Protocol)
636	ldaps	ldap protocol over TLS/SSL (was sldap)
660	mac-srvr-admin	Mac OS Server Admin
666	doom	doom Id Software
691	msexch-routing	MS Exchange Routing
695	ieee-mms-ssl	IEEE-MMS-SSL
700	epp	Extensible Provisioning Protocol
701	lmp	Link Management Protocol (LMP) (RFC4204)
711	cisco-tdp	Cisco TDP
712	tbrpf	TBRPF
749	kerberos-adm	kerberos administration
767	phonebook	phone
829	pkix-3-ca-ra	PKIX-3 CA/RA
860	iscsi	iSCSI
873	rsync	rsync
989	ftps-data	ftp protocol, data, over TLS/SSL
990	ftps	ftp protocol, control, over TLS/SSL
991	nas	Netnews Administration System
992	telnets	telnet protocol over TLS/SSL
993	imaps	imap4 protocol over TLS/SSL
994	ircs	irc protocol over TLS/SSL
995	pop3s	pop3 protocol over TLS/SSL (was spop3)

320 付録

付**C.2** 代表的な UDP のポート番号

▶ 表付.14　代表的な UDP のポート番号

ポート番号	キーワード	説明
7	echo	Echo
9	discard	Discard
11	systat	Active Users
13	daytime	Daytime (RFC867)
17	qotd	Quote of the Day
18	msp	Message Send Protocol
19	chargen	Character Generator
37	time	Time
38	rap	Route Access Protocol
39	rlp	Resource Location Protocol
42	name, nameserver	Host Name Server
49	tacacs	Login Host Protocol (TACACS)
53	domain	Domain Name Server
67	bootps	Bootstrap Protocol Server
68	bootpc	Bootstrap Protocol Client
69	tftp	Trivial File Transfer
88	kerberos	Kerberos
111	sunrpc	SUN Remote Procedure Call
123	ntp	Network Time Protocol
137	netbios-ns	NETBIOS Name Service
138	netbios-dgm	NETBIOS Datagram Service
160	sgmp-traps	SGMP-TRAPS
161	snmp	SNMP
162	snmptrap	SNMPTRAP
177	xdmcp	X Display Manager Control Protocol
213	ipx	IPX
427	svrloc	Server Location
434	mobileip-agent	MobileIP-Agent
435	mobilip-mn	MobilIP-MN
445	microsoft-ds	Microsoft-DS
465	igmpv3lite	IGMP over UDP for SSM
497	dantz	dantz
500	isakmp	isakmp
512	biff	biff
513	who	who
520	router	local routing process (on site)
521	ripng	ripng
524	ncp	NCP
525	timed	timeserver
532	netnews	readnews
533	netwall	for emergency broadcasts
546	dhcpv6-client	DHCPv6 Client
547	dhcpv6-server	DHCPv6 Server
554	rtsp	Real Time Stream Control Protocol
626	asia	ASIA

索引

記号・数字

/（IPアドレスのプレフィックス表記） ...182	
::（IPv6アドレス）	292
0.0.0.0	180
0.0.0.0/0	190
1000BASE-T	65, 158
100BASE-TX	158
10BASE-T	158, 165
127.0.0.1	180
169.254.0.0	180
16進数	81, 316(表)
1の補数	85
224.0.0.0	181
255.255.255.255	180
2進数	78, 316(表)
10進数との変換	81
負の値	85
2の補数	85
3G	2
3ウェイハンドシェイク	237
4G	2
5つの数値の組み合わせ	223
NAT	279
6to4	294, 295
7つの階層	142
8進数	81

A

ACK	233
API	95, 141
Webのプログラム	259
ARP	198, 199
パケットフォーマット	298(図)
ARPANET	156
ARP応答パケット	200, 299
ARPテーブル	200, 215
ARP要求パケット	199, 299
AS	207
ASCIIコード表	89(図)
ASパスリスト	212
AS番号	212

B

BGP	212
BIOS	92
Bluetooth	22
bps	149

C

CA	290
CGI	257, 259
Cisco	218
Compound TCP	242
CPU	56, 57
CR	252
CRC	136
CSMA	132
CSMA/CD	132
CUBIC TCP	242
CWR	301

D

DCE	169
DDoS攻撃	285
DHCP	169, 277
DHCPクライアント	277
DHCPサーバ	277
DiffServ	301
DNS	43, 273
DoS攻撃	285
DSCP	300
DTE	169

E

E-mail	16
ECE	301
ECN	300
EGP	207
Ethernet	2, 22, 119, 197
規格	158
データ転送のしくみ	157
内部処理	159
フレームフォーマット	297(図)
EUCコード	89
EUI-48	293
EUI-64	293

F

FCS	136, 298
FDDI	134
fe80::/64	293
FeliCa	54
FIFO	71
FILO	71
Flash	259

FQDN	274
FTP	16

G

G（ギガ）	80(表)
GIF	90
GUI	16, 125

H

hosts	276
HTML	255
HTTP	255, 257
手作業で体験してみる	49
Hz	67

I

I/O	56
IC	67
ICMP	196
タイプ	305(表)
フォーマット	304(図)
ICMP 時間超過メッセージ	215(注)
ICMP 到達不能メッセージ	215
IC カード	54
IDS	283
IETF	18
IF（BSD の）	141
ifconfig	42
IGP	207
IMAP	260
IOCS	92
IoT	20
IP	28, 138, 173
制限事項	175
パケットフォーマット	300(図)
ipconfig	42
IPS	283
IPv6	291
IPv4 との共存	294
パケットフォーマット	306(図)
IP アドレス	176, 177
調べる	42
ホスト名から調べる	43
IP データグラム	28
IP 電話	270
IP パケット	27, 184
送信処理の詳細	216
配送例	192
ホストでの処理	214
ルータでの処理	215
IP パケット配送中の	
エラー	196
IP フラグメンテーション	198, 200, 232

IP ヘッダ	173
IP モジュール	138
irs	236(表)
ISO	142
ISP	10, 122, 207
ISR	106
iss	236(表)
IX	122, 213

J

Java	259
JavaScript	259
JIS コード	89
JPEG	90
JPNIC	179

K

K、k（キロ）	80(表)

L

L3 スイッチ	188
LAN	2
LF	252
LIFO	71
localhost	180
LRU	77

M

M（メガ）	80(表)
MAC アドレス	157, 293
調べる	42
MDI	168
MDI-X	168
MIDI 形式	90
MIME	255
MIME ヘッダ	257
電子メール	262(表)
MITM 攻撃	285
MLT-3	165
MMU	101
MP3	90
MPEG	90
MPU	57(注)
MSS	147, 232
mss	236(表)
MTA	260
MTU	147, 198, 200
MUA	260
MULTOS	54
MX レコード	264

N

Nagle アルゴリズム	246

索引 *323*

NAPT	169, 279
NAS	8
NAT	169, 278
NAT-PT	294
NATトラバーサル	280
NDIS	141
netstat	48, 195
new Reno	242
NIC	25
パケット受信時の処理	107
NOS	59
nslookup	43, 273

O

OP25B	265
OpenGL	96
OS	57, 91, 104
OSI	142
OSI参照モデル	142
OSPF	209
OSS	19

P

P (ペタ)	80(表)
PAM-5	165
PCM	90
ping	44
PLC	14(注), 55(表)
PNG	90
POP	260, 265
POP before SMTP	265
POSIX	95
PPPoE	119
promiscuous	160

Q

QoS	73, 301, 307

R

rcv.nxt	236(表)
rcv.wnd	236(表), 240
Reno	242
RFC	18
RIP	207
RJ45	158
ROM	92
RS-232C	65
RTP	268
RTT	44, 152
rtt	236(表)

S

SATA	65
SDカード	56
SIP	268
SMTP	260, 262
SMTP認証	265
snd.cwnd	236(表), 242
snd.nxt	236(表)
snd.una	236(表)
snd.wnd	236(表)
SNS	20
SOHO	144
SSID	170
SSL/TLS	289
STP	158
SYN	238

T

T (テラ)	80(表)
Tahoe	242
TCB	236
TCP	221
再送制御	233
詳細説明	231
ストリーム型アプリケーション	253
内部処理	245
内部変数	236
ヘッダフォーマット	309(図)
リアルタイム通信	270
TCP/IP	4
3つの意味	9
インターネット以外で利用される	13
TCP/UDPモジュール	137
TCPヘッダ	232(図)
TCPモジュール	137
Telnet	16, 137
telnet	49
tmp	70
TOE	246
TOS	300
traceroute	46, 215(注)
tracert	46
TTL	197, 302

U

UDP	221
詳細説明	228
データグラム型アプリケーション	253
内部処理	244
ヘッダフォーマット	313(図)
リアルタイム通信	270
UDP/IP	9
UDP疑似ヘッダ	230(図)
UDPヘッダ	229(図)
UDPモジュール	137

324 索引

Unicode...89
UPnP...27, 280
URI...255
URL..254
USB..65
USB メモリ..56
UTF-8...89(注)
UTP..158

V

VM...114
VPN...12

W

WAN..2
Web...16, 22, 254
Web ブラウザ.......................................256
WEP...170
whois データベース.............................179
Wi-Fi...2, 22, 197
Wi-Fi アクセスポイント...............55(表), 144
Wireshark.......................................35, 37
　　IP ヘッダの表示................................186
　　インストール....................................37
　　自動スクロールを止める....................38
　　チェックサムが正しくない................246
　　特定の通信に着目したい....................39
　　複数パケットの表示.........................148
　　ヘッダの表示..................................139
WPA...170

ア

アソシエーション.................................223
圧縮処理..267
アドレス..41
　　IP...176
　　メモリ..61
アドレスバス..61
アドレス変換テーブル............................101
アプリ...57, 91
アプリケーション..................................135
アプリケーションインターフェイス.........141
アプリケーション層...............................143
アプリケーションソフトウェア..........57, 91
アプリケーションプログラム.........137, 249
暗号化...286
アンチウイルスソフト...........................281

イ

イーサネット..................................2, 119
移植..93
イベント駆動..110
イベントドリブン..................................110

インターオペラビリティ..........................19
インターネット.................1, 12, 122, 135
インターネットブーム.............................17
インターネットモジュール....................138
インターネットワーキング...............9, 138
　　例..188
インターネットワーキング技術.............119
インターフェイス.................................141
イントラネット......................................12
インフラ...3

ウ

ウイルス..281
ウィンドウ...239
ウィンドウサイズ.................................240

エ

エイジング...77
映像系ネット..13
エクストラネット...................................12
エニーキャスト....................................130
エミュレータ..114
遠隔ログイン..16
エンディアン..85
エンハンスドカテゴリ 5.........................158

オ

応用ソフトウェア....................................57
オーバーヘッド..............................103, 151
オープン化...18
オープンソースソフトウェア....................19
オクテット...80
オプション（IP）..............................304(表)
オプション（IPv6）............................308(表)
オプション（TCP）............................312(表)
オフロード...246
オペレーティングシステム..........57, 91, 104
音声系ネット..13
オンデマンド型.......................................17

カ

カーネル..58
カーネルモード....................................105
改行コード..252
回線交換方式..127
学習（スイッチングハブの）..................162
拡張性（ネットワークの）......................129
確認応答..233
数の接頭語...80
仮想化...114
仮想記憶..100
カテゴリ 3..158

索引　*325*

カテゴリ 5 158
可用性 282
勘定系ネット 13
緩衝装置 69
関数呼び出し 106
間接配送 191, 192
完全性 282

キ

キーボード 56
ギガ ....80(表)
機械語 57
疑似ヘッダ 230
機密性 282
キャッシュ 76
　Web ブラウザ 78
キャッシュメモリ 70
キャリー 88
キュー 69, 71, 267
　ルータ内部の 156
共通鍵暗号方式 287
共通信号線 60
共有 7
距離ベクトル 207
キロ ....80(表)

ク

組み込みシステム 11
クライアント 123
クライアント/サーバモデル...123, 222, 250
クライアント機 125
クラウドサービス 116
クラッカー 7
クラック 7
グローバル IP アドレス 178
クロスケーブル 168
クロック 67

ケ

経路 MTU 探索 202
経路制御 187
経路制御表 176
ゲートウェイ 144
　ルータ 188
ゲスト OS 114
検索エンジン 16

コ

コア 100
公開鍵暗号方式 287
公共網 12
高速 149

広帯域 150
コーデック 267
コード化 89
国際標準化機構 142
コネクション 143, 237
コネクション指向 143
コマンド 42
コマンドプロンプト（Windows）.....42
コリジョン 132
コンテキストスイッチ 99
コントロールフラグ（TCP）........310
コンピュータネットワーク 1, 9

サ

サーバ 123
サーバ機 125
再構築処理 200
財政層 ....145(表)
最善努力 176
再送処理 235
最大セグメント長 232
最大転送単位 198
最長一致 192
サイバー攻撃 285
サブネット 166
サブネットマスク 182
サブネットワーク 166
サブネットワークマスク 182
サブミッションポート 265

シ

シーケンス番号 233
　0 から始めない理由 238
シグナリング 268
システムコール 58, 106, 110
実行可能状態 110
実行状態 110
ジッター 153, 235
シフト JIS コード 89
指名ルータ 209
宗教層 ....145(表)
周波数 67
主記憶装置 56
出力装置 56
常駐 58
冗長経路のあるネットワーク 204
衝突 132
情報系ネット 13
シリアル 65
自律システム 207
シングルコア 100

ス

スイッチ	132
スイッチングハブ	144
スーパーコンピュータ	55(表)
スーパバイザコール	58, 110
スーパバイザモード	105
スケジューラ	111
スケジューリング	111
スター型	118, 126
スタック	71
スタックセグメント	98
スタティックルーティング	204
スタブ	134, 135
スタブAS	212
スタンドアロン	5
ステータスコード（HTTP）	259
ステートレスアドレス	293
ストリーミング	22, 270
ストリーム型	251
ストレートケーブル	168
スマホ	54, 55(表)
スループット	151, 239
スレッド	102
スワップ	102

セ

制御系ネット	13
制御バス	61
政治層	145(表)
生存時間	197, 302
静的経路制御	204
セキュリティ対策	281
セグメント	98, 147, 166, 232
セッション層	143
接続口	161
セマフォ	103
セレクティング	222
センサーネット	13
全二重	66
専用コンピュータ	11

ソ

相互接続性	19
装置	69
双方向アプリケーション	280
ソケット	224
ソフトウェア	22, 56
ソフトウェア割り込み	113

タ

ターミナル（Mac）	42
帯域	149

待機状態	110
ダイナミックルーティング	204
タイマー	68, 77
タイムアウト（TCP再送処理）	235
タイムクォンタム	111
タイムスタンプ	268
代理サーバ	144, 284
タスク	99
タブレット	55(表)

チ

チェックサム	186
IP	230, 303
TCP	243, 311
UDP	229, 313
遅延時間	152
遅延実行	113
蓄積型通信	270
蓄積交換	128
中央処理装置	56
抽象化（ハードウェアの）	92
直接配送	191, 192

ツ

ツイストペアケーブル	158
通信手順	8, 143

テ

ディスプレイ	56
逓倍	67
データグラム	28, 147
データグラム型	251
データセグメント	98
データバス	61
データフォーマット	90, 143
データリンク技術	119
データリンク層	144
テキスト	251
テキストセグメント	98
デコード	89
テザリング	11, 118
デジタル化	89
デジタル回路	53
デバイスドライバ	25, 92
開発者	94
デバッグ	44, 104
デフォルトゲートウェイ	190
デフォルトルート	190
デュアルスタック	294
テラ	80(表)
電子メール	16, 22, 260
サービス形態	126
伝送速度	149

索引　*327*

テンポラリ 70

ト

同期 238
同期信号 67
同期ポイント 144
到達性
　IP 176
　TCP 236
動的経路制御 204
トークン 133
トークンバス 134
トークンパッシング 132
トークンリング 134
土管層 .... 145(表)
匿名アドレス 293
ドット付き 10 進表記法 178
トポロジ 118
ドメイン名 273
ドライバインターフェイス 141
トラックバック 126
トラフィック 154
トラブルシューティング 44
トランジット AS 212
トランスポート 135
トランスポート層 144
トランスポートプロトコル
　TCP と UDP の違い 227
トランスポートモジュール 137
トレイラ 136

ニ

入力装置 56
認証局 290

ネ

ネット 1
ネットマスク .... 182, 314(表), 315
ネットワーク 2
ネットワークアドレス 181, 182, 315
ネットワークアドレス部 182
ネットワークアプリケーション 59
ネットワークインターフェイス 135
ネットワークオペレーティングシステム 59
ネットワーク層 144
ネットワークハードウェア 59
ネットワークバイトオーダ 86
ネットワークモジュール 224
　構成例 105
ネットワークリンク状態情報 209

ノ

ノード 117

ハ

パーソナルファイアウォール 281
バーチャルホスト 258
バーチャルマシン 114
ハードウェア 22, 56
ハードウェア割り込み 110, 113
ハードディスク 56
排他制御 103
排他的論理和 83
バイト 79
バイナリ 79, 253
ハイパーテキスト 256
ハイパーバイザ型 115
ハイパーメディア 256
パケット 27, 127
パケットキャプチャ 36
パケット交換方式 127
パケットモニタリング 36
バス 60
バス型 118
パスワードクラッキング 285
ハッカー 7
ハック 7
バックボーン 134, 135
バックボーンルータ 118
バッファ 62, 69, 267
パディング 298
ハブ 9, 120, 161
速さ（ネットワークの） 149
パラレル 65
反転 83
半二重 66
汎用コンピュータ 11

ヒ

ピアツーピア 124
ピアリング 213
ヒープ（メモリ領域） 98
ビジーウェイト型 107
ビッグエンディアン 85
ビッグデータ 17
ビット 64, 79
表現形式 143
　〜と実行形式 87

フ

ファームウェア 92
ファイアウォール 169, 282
ファイル転送 16
フィルタリング
　MAC アドレス学習 161
　ファイアウォール 282
ブート 96, 97

索引

ブートストラップ	96
復号	
符号の	89
ふくそう	154
ふくそうウィンドウ	242
符号化	89
物理層	144
物理的な接続	26
踏み台	285
プライベートIPアドレス	178, 314(表)
プラグ＆プレイ	27
フラクタル	123
フラグメンテーション	198, 200
ブラックハット	7
ブラックボックス	34
フラッシュメモリ	56
プリアンブル	165
フリーウェア	19
プリエンプション	111
プリエンプティブ	110
カーネル	112
ブリッジ	144
プリンタ	56
ブレードサーバ	55(表)
フレーム	147
プレゼンテーション層	143
プレフィックス表記	182
IPv6	292
フロー制御	70, 240
ブロードキャスト	130
ブロードキャストアドレス	180, 182
ブロードバンド	150
ブロードバンドルータ	10, 169, 278
フローラベル	307
プロキシサーバ	144, 284
IPv6とIPv4	295
telnetするとき	51
ブログ	20, 126
プログラム	24, 57
プロセス	99
プロセス管理	58
プロセスの3状態	109
プロトコル	8
プロトコルスタック	9
プロトコル番号	302
プロバイダ	10, 122, 207
分割禁止フラグ	202
分割処理	200
フラグ	301
分散型のネットワーク	30
分周	67

ヘ

ペイロード	27

ページ（メモリ領域）	100
ベストエフォート	176
ペタ	80(表)
ヘッダ	27, 136
実際の通信における構成	146
ヘッダ構造図の読み方	184

ホ

ポイントツーポイント	120
ポータブル	93
ポート（接続口）	161
ポート番号	223
TCP	318(表)
UDP	320(表)
調べる	48
ポーリング	222
ポーリング/セレクティング方式	222
補助記憶装置	56
補数	83
ホスト	118
ホストアドレス部	182
ホスト型	115
ホスト名	43
ホットスポット	4
ホップリミット	307
ボトムハーフ	113
ホワイトハット	7
ボンジュール	27

マ

マイコン	55(表)
マウス	56
マシン語	57
待ち行列	69, 71
マルウェア	281
マルチキャスト	130
マルチキャストアドレス	181
マルチコア	100
マルチスレッド	102
マルチタスク	99
マルチポイント	120
マルチホーム	134, 135
マルチホームAS	212
マルチメディア	17, 267
マンチェスタ	165

メ

メインフレーム	55(表)
メーリングリスト	126
メガ	80(表)
メソッド	257
メッセージ	146
メトリック	206

メ

メモリ	56
メモリ保護	101
メモリマップドI/O	61

モ

文字コード	89
モジュール	59, 105
モノのインターネット	20
モバイル通信	2
モバイルルータ	10

ユ

ユーザモード	105
ユニーク	177, 178
ユニキャスト	130
ユニバーサルプラグアンドプレイ	27, 280
ユビキタス	4

ヨ

| 要求指向型 | 17 |

ラ

ライブラリ	92
ライブラリルーチン	91, 95
ラウンドトリップ時間	44, 152
ラウンドロビン	111

リ

リアルタイム通信	270
リエントラント	99
リスト	74
リトルエンディアン	85
リピータ	144
リピータハブ	144
流量制御	70
料金（ネットワークの）	129
リンク	117
リング型	118
リンク状態	209

| リングバッファ | 74 |
| リンクローカルアドレス | 180 |

ル

ルータ	9, 55(表), 118, 122, 144, 167, 187
ルータリンク状態情報	209
ルーチン	92
ルーティング	187
例	188
ルーティングテーブル	176
検索順	192
実装	217
送信先に入る情報	190
表示する方法	195
例	188
ルーティングプロトコル	204
ルート（DNS）	274
ループ	
IPパケットの	196
経路制御情報の	206
ループバックアドレス	180

レ

レイテンシ	151
レイヤ3スイッチ	188
レジスタ	64

ロ

ローカルネットワークインターフェイス	139
ロード	96
論理積	83
論理的な接続	26
論理和	83

ワ

ワークステーション	55(表)
割り込み型	107
割り込みサービスルーチン	106
割り込みハンドラ	106

〈著者略歴〉

村 山 公 保（むらやま ゆきお）

1992年　東京学芸大教育学部 卒業
1992-94年 日本電気技術情報システム開発株式会社 勤務
1998年　奈良先端科学技術大学院大学情報科学研究科
　　　　博士後期課程 修了
現　在　倉敷芸術科学大学 危機管理学部
　　　　危機管理学科 教授、博士（工学）

「大学は社会人になるための準備をするところ。社会に出てから役立つことを教えるべきだ」という信念のもと、学問の枠にとらわれることなく、技術者に必要とされる知識や技術、ものの見方、考え方を幅広く学生に指導する。

〈主な著書〉
『マスタリング TCP/IP 入門編 第5版』（共著）
『基礎からわかる TCP/IP ネットワーク実験プログラミング 第2版』
　　　　　　　　　　　　　　　　　　　　　　　　（以上、オーム社）
『C プログラミング入門以前』　　　　　　　　　　　（マイナビ）

- 本書の内容に関する質問は、オーム社書籍編集局「（書名を明記）」係宛に、書状または FAX（03-3293-2824）、E-mail（shoseki@ohmsha.co.jp）にてお願いします。お受けできる質問は本書で紹介した内容に限らせていただきます。なお、電話での質問にはお答えできませんので、あらかじめご了承ください。
- 万一、落丁・乱丁の場合は、送料当社負担でお取替えいたします。当社販売課宛にお送りください。
- 本書の一部の複写複製を希望される場合は、本書扉裏を参照してください。
JCOPY ＜出版者著作権管理機構 委託出版物＞

基礎からわかる TCP/IP
ネットワークコンピューティング入門 第3版

2003年4月25日	第1版第1刷 発行
2007年8月23日	第2版第1刷 発行
2015年2月25日	第3版第1刷 発行
2019年6月30日	第3版第6刷 発行

著　　者　　村 山 公 保
発 行 者　　村 上 和 夫
発 行 所　　株式会社 オ ー ム 社
　　　　　　郵便番号　101-8460
　　　　　　東京都千代田区神田錦町 3-1
　　　　　　電話　03（3233）0641　（代表）
　　　　　　URL　https://www.ohmsha.co.jp/

© 村山公保 2015

印刷・製本　大日本印刷
ISBN 978-4-274-05073-2　Printed in Japan

好評関連書籍

マスタリング TCP/IP 入門編 第5版

竹下隆史・村山公保・
荒井 透・苅田幸雄 共著

B5判 376頁 本体2200円【税別】
ISBN 978-4-274-06876-8

インターネットのカタチ
もろさが織り成す粘り強い世界

あきみち・空閑洋平 共著

A5判 312頁 本体1900円【税別】
ISBN 978-4-274-06824-9

マスタリング TCP/IP 情報セキュリティ編

齋藤孝道 著

B5判 272頁 本体2800円【税別】
ISBN 978-4-274-06921-5

マスタリング TCP/IP IPv6編 第2版

志田 智・小林直行・
鈴木 暢・井上博之・
黒木秀和・矢野ミチル 共著

B5判 336頁 本体3400円【税別】
ISBN 978-4-274-06919-2

基礎からわかる TCP/IP
ネットワーク実験プログラミング 第2版

村山公保 著

A5判 400頁 本体2400円【税別】
ISBN 4-274-06584-7

TCP/IP ソケットプログラミング
C言語編

Michael J. Donahoo・
Kenneth L. Calvert 共著／
小高知宏 監訳

B5変判 184頁 本体1800円【税別】
ISBN 4-274-06519-7

たのしいプログラミング
Pythonではじめよう！

Jason R. Briggs 著／
磯 蘭水・藤永奈央子・
鈴木 悠 共訳

B5変判 280頁 本体2800円【税別】
ISBN 978-4-274-06944-4

ディジタル作法
カーニハン先生の「情報」教室

Brian W. Kernighan 著／
久野 靖 訳

A5判 336頁 本体2200円【税別】
ISBN 978-4-274-06909-3

◎本体価格の変更、品切れが生じる場合もございますので、ご了承ください。
◎書店に商品がない場合または直接ご注文の場合は下記宛にご連絡ください。
TEL.03-3233-0643 FAX.03-3233-3440 http://www.ohmsha.co.jp/